APPLICATION OF

BIOACTIVE

INGREDIENTS IN

COSMETICS

BIO
ACTIVE

姬胜利　主编

生物活性物质在化妆品中的应用

中国轻工业出版社

图书在版编目（CIP）数据

生物活性物质在化妆品中的应用／姬胜利主编.
北京：中国轻工业出版社，2024.12. -- ISBN 978-7
-5184-5028-2

Ⅰ．TQ658

中国国家版本馆 CIP 数据核字第 2024DP2330 号

责任编辑：张　靓

文字编辑：王　婕　　责任终审：劳国强　　封面设计：锋尚设计
版式设计：砚祥志远　　责任校对：朱燕春　　责任监印：张京华

出版发行：中国轻工业出版社（北京鲁谷东街 5 号，邮编：100040）

印　　刷：鸿博昊天科技有限公司

经　　销：各地新华书店

版　　次：2024 年 12 月第 1 版第 1 次印刷

开　　本：710×1000　1/16　印张：20.25

字　　数：386 千字

书　　号：ISBN 978-7-5184-5028-2　定价：98.00 元

邮购电话：010-85119873

发行电话：010-85119832　010-85119912

网　　址：http://www.chlip.com.cn

Email：club@ chlip.com.cn

本书编审人员

主　编　姬胜利

副主编　张永文　李启艳

编　委（按照姓氏笔画顺序排列）
　　　　于甜甜　王夙博　年　锐　牟云帆
　　　　吕文娇　张　威　张珊珊　李海岩
　　　　吴玉良　郭　凯　殷金岗　崔慧斐
　　　　崔本文

主　审　王凤山

序言一

在浩瀚的自然界中，生命以其无尽的创造力与复杂性，孕育了无数令人惊叹的奇迹。而今，随着科技的进步与对生命本质的不断探索，我们逐渐揭开了那些潜藏于生命体内的活性物质——多肽、蛋白质、多糖、核酸等的神秘面纱。这些生命活性物质，不仅承载着生命的奥秘与力量，更在化妆品领域展现出了前所未有的应用潜力与魅力。

《生物活性物质在化妆品中的应用》正是这样一部集科学性、实用性与前瞻性于一体的佳作。它不仅仅是一部关于化妆品技术的专业书籍，更是一次深入生命微观世界、探寻美丽真谛的奇妙旅程。在书中，作者以严谨的科学态度，深入浅出地介绍了多肽、蛋白质、多糖、核酸等生物活性物质的性质、功能及其在化妆品中的具体应用。我们将看到，这些活性物质是如何通过现代科技的提炼与加工，转化为能够改善肌肤状况、提升化妆品品质的神奇成分。

多肽，以其卓越的抗衰老、修复、保湿、抗氧化等功效，成为了众多高端抗衰老化妆品中的明星成分。它们能够深入肌肤底层，激活细胞活力，促进胶原蛋白和弹性蛋白的生成，从而有效对抗岁月痕迹，让肌肤焕发青春光彩。

蛋白质，作为生命活动的直接参与者，同样在化妆品中发挥着不可替代的作用。胶原蛋白、弹性蛋白等蛋白质成分，以其良好的生物相容性和生物活性，被广泛应用于保湿、修复、抗衰老等护肤品中。它们能够增强肌肤的支撑力，恢复肌肤的弹性与光泽，使肌肤焕发青春活力。

多糖，则以其强大的保湿、修复、抗粉刺等特性，在化妆品领域占据了一席之地。它们能够形成一层保护膜，锁住肌肤水分，同时促进皮肤细胞的再生与修复，让肌肤保持水润、光滑、健康。

核酸，作为生命遗传信息的载体，其在化妆品中的应用更是充满了无限可能。通过促进细胞的新陈代谢与再生，核酸能够显著改善肌肤质量，减少皱纹与细纹的出现，让肌肤焕发自然光彩。

本书的价值远不止于此。它更是一次对生命美丽本质的深刻思考与探索。通过对生命活性物质在化妆品中应用的研究与介绍，我们不仅能够更好地理解生命的奥秘与力量，更能够感受到科技与自然和谐共生的美好愿景。

在此，我衷心希望本书能够成为广大读者探索生命美丽奥秘的桥梁与纽带。愿每一位读者都能在阅读中收获知识、启迪智慧、感受美丽。同时，也期待更多的科学家与化妆品从业者能够携手合作，共同推动生命活性物质在化妆品领域的研究与应用，为人类的美丽事业贡献更多的智慧与力量。

中国香料香精化妆品工业协会　理事长

序言二

　　在追求美丽与健康的征途中，人类从未停止过对自然奥秘的探索与利用。在众多自然赋予的宝藏中，多糖、核酸、多肽及蛋白质等生物活性物质以其独特的生物功能和卓越的护肤效果，逐渐成为化妆品领域的璀璨明星。

　　多糖类物质，如透明质酸和肝素，以其卓越的保湿、修复及抗衰老特性，在改善皮肤质量方面展现出非凡的魅力。透明质酸，作为自然界中最强大的保湿因子之一，能够像海绵一样吸收并锁住大量的水分，为肌肤提供持久的保湿屏障。而肝素，则以其卓越的抗炎、抗凝血及促进细胞修复的能力，成为敏感肌肤和受损肌肤的修复圣品。这两种多糖的完美结合，不仅能为肌肤带来深层的滋养与保护，更能促进肌肤的自我修复与再生，让肌肤焕发自然光彩。

　　核酸类物质，如多聚脱氧核糖核苷酸（PDRN）、DNA 等，则是近年来化妆品科学研究的新宠。它们通过模拟皮肤细胞自身的修复机制，促进皮肤细胞的再生与更新，从而有效改善肌肤老化、暗沉及敏感等问题。PDRN 以其独特的分子结构和生物活性，深入肌肤底层，激活皮肤细胞的自我修复能力，加速受损组织的恢复与重建。而 DNA 则以其作为生命遗传信息的载体身份，为肌肤提供全面的营养支持与保护，使肌肤更加健康、年轻。

　　多肽类物质，作为蛋白质的片段，同样在改善皮肤质量方面发挥着重要作用。它们能够模拟皮肤细胞间的信号传导过程，调节细胞的功能与行为，从而实现对肌肤的精准调控。无论是促进胶原蛋白的合成与分布、增强皮肤弹性与紧致度，还是抑制黑色素的生成与沉积、淡化色斑与提亮肤色，多肽类物质都能以其独特的生物活性和高效性，为肌肤带来全方位的改善与提升。

　　本书深入探讨多糖、核酸、多肽及蛋白质等生物活性物质在改善皮肤质量方面的最新研究成果与应用实践。通过详实的案例分析与科学解读，揭示这些生物活性物质如何以其独特的生物功能和卓越的护肤效果，成为现代化妆品行业不可或缺的重要组成部分。同时，我们也期待通过本书的出版，能够激发更多人对生物活性物质的研究兴趣与热情，共同推动化妆品行业的创新与发展，为人类的美丽与健康事业贡献更多的智慧与力量。

山东省化妆品行业协会促进产业高质量发展委员会　主任

主编简介

　　姬胜利，博士，润辉生物技术（威海）有限公司董事长、总经理。兼任国家药品监督管理局药品审评中心的外聘专家；中国生物化学与分子生物学会工业专业委员会副理事长；中国生化制药工业协会专家委员会副主任委员；中国生化制药工业协会多肽分会副理事长；中国抗衰老促进会化妆品产业分会专家委员；山东生物医学工程学会副主任委员；山东省药学会生化与生物技术药物专业委员会副主任委员；山东大学客座教授；潍坊医学院校外教授；滨州医学院校外特聘教授。曾任山东大学教授、河北常山生化药业股份有限公司董事、总经理、首席科学家。

　　2011年获得河北省省管优秀专家称号；2013年获得河北省科技型中小企业创新技术人才称号；2015年获得河北省巨人计划领军人才称号；2015年被评为石家庄市科技领军人物；2017年获得山东省泰山产业领军人才称号；2018年被评为威海市科技发展计划高层次人才；2020年张天民糖类药物突出贡献奖；2021年被评为威海市海洋产业科技人才团队带头人；还曾获得不同级别的科学技术进步奖共计9项。

　　主要从事多糖类、多肽和蛋白质类以及核酸类药物和化妆品原料的研发工作，成功开发了多个多糖类药物，累计实现收入数百亿元。主持开发的Ⅰ类新药长效治疗糖尿病的多肽药物，目前已经批准上市；另有多个多肽仿制原料药已经开发成功，多个寡核苷酸类药物在研中。承担国家级、省部级和地方科技攻关项目40余项；完成科技成果20余项。主编或参编专著10部；发表论文70余篇；近几年共获得发明专利19项，正在受理的发明专利有20多项。

前　言

当今社会，随着人们生活水平的提高和消费观念的转变，化妆品已经成为人们日常生活中的必需品，用于保持皮肤健康，尤其在女性群体中拥有广泛的消费基础。目前，化妆品行业处于稳步增长阶段，市场规模不断扩大，产品类型和品牌也呈现出多元化和细分化的趋势，功效型化妆品成为消费者关注的重点。

随着科技的不断发展，化妆品活性成分的发展趋势与药品原料的发展趋势越来越相似。从中药和中药提取物，到现在的生物技术药物、多肽类药物、核酸类药物以及精准医疗药物，药品的发展历程体现了行业的不断探索和创新。同样地，化妆品行业也在不断推陈出新，通过研发各种具有特定功效的原料，如植物提取物、多肽、蛋白质、核酸等生物活性物质，来满足消费者对化妆品功效的需求。这些新原料和新配方组合在化妆品中的应用，不仅提高了化妆品的品质和效果，也进一步推动了化妆品行业的发展。相信未来还会有更多的新原料、新配方以及新科学涌现出来，为化妆品行业带来更多的惊喜和创新。

本书主要介绍了用于化妆品的各种活性物质的类别和功效，从皮肤的生理结构入手，概述了这些活性物质的应用。

全书共分十三章。第一章和第二章分别概述了皮肤的结构及功能和问题性皮肤，为后续研究化妆品活性物质在解决皮肤问题方面的应用奠定了基础；第三章到第十一章介绍了各类生物活性物质的基础知识，并描述了这些物质的生物活性和在化妆品中的应用，包括蛋白质类、生物酶类、多肽类、氨基酸类、多糖类、脂质类、核酸类、超分子和纳米材料类、脂质体类活性物质；第十二章列举了抵抗各种皮肤问题的功效配方及其作用机制；最后一章介绍了常用化妆品行业法律法规的相关内容，以便读者查阅、理解。

本书可以为化妆品研发人员提供参考和借鉴，帮助他们更好地研发出具有特定功效的化妆品。同时消费者也可以通过阅读本书，了解各种化妆品功效原料的基本知识，掌握其在化妆品中的作用原理和应用方法，明白化妆品背后的科学原理，避免潜在的风险和陷阱，从而更好地选择和使用适合自己的化妆品，这对于保护皮肤健康至关重要。

在撰写本书的过程中，我们尽可能地收集了最新的研究成果和资料，力求内容准确、完整。由于化妆品功效原料的研发和应用是一个快速发展的领域，新的原料和技术不断涌现，因此本书的内容可能存在一定的局限性，读者在使用本书时可以结合实际情况和最新资料进行参考和应用。化妆品的应用效果因人而异，在使用任何新的化妆品之前应进行皮肤测试，以确保不会引起过敏或其他的不适感。

希望本书能成为读者在研发、应用、选择和使用化妆品时的得力助手。如有不当，请批评指正！

目 录

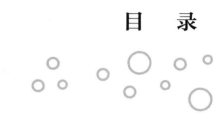

第一章　皮肤的结构及功能

第一节　皮肤的结构

　　皮肤是人体面积最大的器官，其包裹在身体表面，直接同外界环境接触，具有保护机体、排泄废物、调节体温和感受外界刺激等作用。皮肤总重量占体重的 $5\% \sim 15\%$，总面积为 $1.5 \sim 2m^2$，厚度因人或部位而异，为 $0.5 \sim 4mm$。一个成年人的皮肤展开面积在 $2m^2$ 左右，质量约为人体重量的 15%。最厚的皮肤在足底部，厚度达 4mm，眼皮上的皮肤最薄，只有不到 1mm。皮肤覆盖全身，它使体内各种组织和器官免受物理性、机械性、化学性和病原微生物性的伤害与侵袭。皮肤具有两个方面的屏障作用：一方面，防止体内水分、电解质和其他物质丢失；另一方面，阻止外界有害物质的侵入。皮肤保持着人体内环境的稳定，同时皮肤也参与人体的代谢过程。

　　皮肤由表皮、真皮和皮下组织构成，并含有附属器官（汗腺、皮脂腺、指甲、趾甲、毛发）以及血管、淋巴管、神经、肌肉等。

一、表皮

　　表皮是皮肤最外面的一层，平均厚度为 1mm，是一种多层的上皮组织。表皮最外层是角质层，形成表皮渗透屏障。表皮其他防护作用包括免疫防御、紫外线防御和氧化损伤保护。由环境因素、年龄或其他条件引起的表皮屏障的变化会改变皮肤的外观和功能，因此了解角质层和表皮的屏障结构和功能至关重要，也是维护皮肤健康的关键。

　　表皮是人体屏障的第一道防线，能够在一定程度保护机体免受不良因素的影响。表皮细胞具有自我更新的能力，能够修复皮肤（物理/化学）损伤。正常更新换代的表皮细胞会使皮肤展现光滑润泽、细腻柔软的外观和触感，是人体外观特征的重要指标。

　　角质形成细胞由基底细胞增殖分化而来，约占表皮细胞的80%，是表皮的主要细胞。在基底细胞到最终形成角质形成细胞的过程中，细胞在分化和成熟的不同阶段其形态、排列和大小均有变化。根据角质形成细胞的不同发展阶段和形态特点，由外向内可分为4层：角质层、颗粒层、有棘层和基底层（图1-1）。

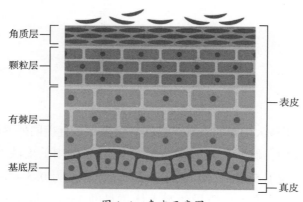

图1-1　表皮示意图

1. 角质层

　　角质层是表皮的最外层，该层由数层紧密排列的富含角质的角质细胞和细胞间质构成。角质层能抵抗摩擦、防止体液外渗和化学物质内侵，是皮肤屏障功能的重要组成部分之一。此外，角质层也是皮肤吸收外界物质的主要部位，其吸收能力占皮肤全部吸收能力的90%。由于角质层间隙以脂质为主，因此脂溶性化妆品更易被皮肤吸收。

　　角质细胞由表皮颗粒层的角质形成细胞终末分化形成。在有棘层中的角质形成细胞呈椭圆形或多面体形状，随后在颗粒层中开始扁平化，然后呈梭形，最后变为扁平的角质细胞。表皮和大多数组织一样含有70%的水分，而角质层含水量为10%~20%。伴随着含水量的降低，角质形成细胞的细胞核和几乎所有的亚细胞器在颗粒层中开始消失，留下一个含有角蛋白、其他结构蛋白、游离氨基酸和氨基酸衍生物的蛋白质核心以及黑色素颗粒，它们在整个角质层中一直存在。角质细胞本身在细胞的外围发育出一条坚韧的耐化学腐蚀的蛋白带，称为角质化细胞包膜，由相互交联的细胞骨架蛋白形成。

　　角质化细胞包膜包含由颗粒层中合成的特殊前体蛋白形成的高度交联的蛋白质，特别是外皮蛋白、兜甲蛋白和角质蛋白。除了这些主要的蛋白质组分外，其他几个次要的独特蛋白质，如钙结合蛋白、抗菌和免疫功能蛋白，通过与脂质和桥粒结合为角质层，从而提供结构完整性的蛋白屏障层，蛋白酶抑制剂也与角质化细胞包膜存在交叉连接。这种交联是由转谷氨酰胺酶催化的，该酶引起的 γ-谷氨酰基连接具有极强的耐化学性，为角质层提供了内聚性和弹性。

角质层与皮肤锁水功能关系最为密切，一般含水量不低于 10%，以维持皮肤的柔润。如果含水量低于 10%，皮肤则变得干燥，出现鳞屑或皲裂。研究表明，角质层中保持一定的含水量是维持角质层正常生理功能的必要条件，并且对皮肤健康和美观极为重要，因此角质层是美容及皮肤护理关注的重点。

2. 颗粒层

颗粒层由 2~4 层扁平梭形细胞组成，含有大量嗜碱性透明角质颗粒，这些颗粒中含有丰富的角蛋白，由多种其他蛋白"捆绑"在一起，其中最重要的是连丝蛋白。连丝蛋白含多种氨基酸，除了捆绑表皮的角蛋白外，还为角质层提供天然的保湿因子。连丝蛋白在颗粒细胞成熟为角化细胞的过程中，在适宜的条件下会发生去磷酸化和蛋白水解。来自连丝蛋白的氨基酸通过酶处理进一步转化为天然保湿因子组分，并作为天然保湿因子的组分保留在角化细胞内部。

颗粒层细胞中部分为板层颗粒，是基底角质形成细胞具有的特殊脂质运载囊泡，其作用是将脂质运送到角化细胞之间的界面。这些脂质是表皮渗透屏障的必要成分，并为渗透屏障的形成提供了角质细胞"砖块"的"灰浆"。当颗粒状的角质形成细胞成熟迁移到角质层时，板层颗粒内的特定酶对脂质进行加工，将极性前体如磷脂、葡萄糖基神经酰胺、胆固醇硫酸酯等转化为非极性脂质胆固醇、游离脂肪酸、神经酰胺等，并释放到表皮形成渗透性屏障脂质。参与这一过程的酶包括脂肪酶、磷脂酶、鞘磷脂酶、葡萄糖基神经酰胺酶类和甾醇硫酸酯酶。脂质在角质层中融合在一起形成连续的双分子层。正是这些脂质与角质细胞共同构成了角质层水阻隔性能的主体。

颗粒层含晶样角质素，它具有折射紫外线的功能，有助于减少紫外线对皮肤的伤害。颗粒层呈弱酸性，因此长期使用碱性的洁面乳洗脸会降低该层结构的功能，导致皮肤的抵抗力下降，产生皮肤问题。

3. 有棘层

有棘层由 4~8 层多角形的棘细胞组成，细胞较大，呈多角状，由下向上渐趋扁平，细胞间借桥粒互相连接，形成细胞间桥。有棘层是表皮中最厚的一层，最底层的棘细胞具有分裂功能，可参与表皮的损伤修复。有棘层 pH 为 7.3~7.5，呈弱碱性。相邻棘细胞外存在含有唾液酸的多糖，使棘细胞能够相互粘连并互相运动。唾液酸的嗜水性能够使表皮细胞所需的水溶性物质从真皮层输送至表皮，也能使表皮代谢产物进入机体。

细胞桥粒是有棘层中细胞的一种特殊的细胞结构，提供细胞与细胞之间的黏附能力。它们有助于抵抗剪切力，并存在于简单和分层的鳞状上皮中，如人类表皮。细胞桥粒是细胞黏附蛋白和连接蛋白的分子复合物，将细胞表面黏附蛋白连接到细胞内角蛋白细胞骨架丝蛋白上。桥粒中存在的一些特殊蛋白质，如钙黏蛋白、钙结合蛋白、桥粒核心糖蛋白、桥粒胶黏蛋白等。桥粒结构会随着细胞的角化变为角质桥粒，它为角质层中的角质细胞提供额外的附着位点。角质形成细胞必须通过特殊的蛋白酶和糖苷酶降解，主要是丝氨酸蛋白酶，处理后的皮肤会出现蜕皮现象。

年纪不大皮肤却出现老化一般都是有棘层出现了问题，需要补充大量的营养和水分。但是，一般的化妆品，只会在表皮层形成一层水油膜，不能把营养和水分输送到这一层，因此不能从根本上解决皮肤的问题，只有功能性的化妆品才能解决。

4. 基底层

基底层由一层排列呈栅状的圆柱细胞组成，又称生发层。此层细胞不断分裂（通常有 3%~5% 的细胞进行分裂），逐渐向上推移、角化、变形，形成表皮其他各层，最后角化脱落。基底细胞分裂后至脱落的时间一般认为是 28 天左右，称为更替时间，其中自基底细胞分裂后到颗粒层最上层为 14 天左右，形成角质层到最后脱落为 14 天左右。基底细胞间夹杂着一种来源于神经嵴的黑素细胞（又称树枝状细胞），占整个基底细胞的 4%~10%，能产生黑色素（色素颗粒），决定着皮肤颜色的深浅，因此基底层也可以解释为由基底细胞和黑素细胞组成。基底层的细胞有再生和分裂的功能，因此被认为是一类母性细胞，该层的基底细胞与黑素细胞正常的比例是 10:1，如果黑素细胞多了就会产生多余的色素，代谢到表面形成斑。黑素细胞在缺少水分和营养或在紫外线照射的环境下会产生大量的黑色素，如果不想长斑，就要给皮肤的基底层补充大量的水分和营养，一年四季都要做好防护。

从护肤的角度来讲，表皮并不是最外面的皮肤成分，表皮外还有一层清澈透明的起保护作用的脂质层，覆盖于皮肤表面。该层主要来源于皮脂腺分泌和表皮细胞的脂质，主要由胆固醇、甘油三酯、蜡脂、角鲨烯、甘油二酯、甘油单酯和游离脂肪酸组成，形成一层无形的屏障保护皮肤。多种皮肤问题都与脂质层破坏有直接或间接的关系，如特应性皮炎、皮肤干燥、痤疮等。

二、真皮

真皮位于表皮深层下，是皮肤的主要部分之一。根据各部分的成分和形态，真皮可分为真皮乳头层和真皮网状层。乳头状真皮以手指状突起延伸至表皮，因此得名"乳头状"。网状真皮是一种无血管、致密的胶原纤维束结构，含有弹性组织和糖胺聚糖。网状真皮富含紧凑的纤维，赋予了皮肤抗拉伸和回弹性能，以抵抗施加到皮肤上的变形力。真皮的成分和分布、细胞群的相互作用以及它们在皮肤的各种生理病理情况下的变化对人们了解皮肤至关重要。

（一）细胞

真皮层中各种类型细胞间存在着协调保护作用，以抵御损伤、物理刺激或病原体攻击。真皮层的细胞群也协调皮肤附属器的形成，如毛囊、皮脂腺和汗腺，有助于机体的保护和体温调节。此外，真皮上的特化细胞作为神经终端感受温度、疼痛和机械力。成纤维细胞是真皮中的主要细胞成分，其他细胞分布于成纤维细胞中。

1. 成纤维细胞

成纤维细胞是具有不同起源、位置和功能的间充质细胞，它们最基本的生物学特性是合成细胞外基质。真皮层中的成纤维细胞能合成胶原蛋白、纤维粘连蛋白、板层素、糖胺聚糖、韧黏素、层粘连蛋白、二聚糖、核心蛋白聚糖等多种细胞外基质成分，它的这种生物学功能是化妆品界研究抗皮肤老化产品的主要理论依据。

真皮层中的成纤维细胞可分为乳头状成纤维细胞和网状成纤维细胞等亚型。成纤维细胞亚型呈现不同的基因和蛋白表达。乳头状成纤维细胞具有较强的表达与乳头状真皮形成、血管形成和真皮-表皮连接相关的Ⅶ型和Ⅲ型胶原蛋白的功能，网状成纤维细胞表现出较强的表达细胞外基质的能力。

当皮肤的完整性受到损害时，伤口中的成纤维细胞和免疫细胞会被特定细胞因子如转化生长因子β-1（TGF β-1）、白细胞介素-1（IL-1）、白细胞介素-6（IL-6）以及受损角质形成细胞和血小板分泌的趋化因子刺激成纤维细胞和免疫细胞增殖，加速损伤修复过程。在某些情况下，成纤维细胞反应过度调节，易导致异常疤痕形成，如增生性瘢痕或瘢痕瘤。增生性瘢痕和瘢痕瘤之间的区别在于，瘢痕瘤超出了原始伤口的范围，并且纤维含量随着时间的推移而增加。然而，这两种纤维化过程都呈现出活化的成纤维细胞增加，它们重塑和分泌大量的Ⅰ型胶原蛋白。因此，阻止成纤维细胞活化，有助于无瘢痕的伤口修复。

成纤维细胞的功能也与皮肤的稳态有关。皮肤稳态受衰老的影响，衰老是一个涉及全人类的复杂多因素过程。皮肤老化受外源性和内源性因素的影响，其特征是皮肤功能的丧失，如屏障功能受损、硬度丧失、愈合过程受损、免疫反应改变等。就成纤维细胞而言，其衰老是因为皮肤过度暴露于紫外线中导致产生的活性氧增加，促进了成纤维细胞上与脱氧核糖核酸损伤相关的突变。此外，衰老的成纤维细胞产生白细胞介素-6 和白细胞介素-8（IL-8）等细胞因子，参与慢性炎症。衰老的成纤维细胞也增加了能够水解胶原蛋白的基质金属蛋白酶-1（Matrix metalloproteinase-1，MMP-1）的分泌，降解真皮层的胶原蛋白，降低皮肤的硬度。真皮刚性的丧失改变了表皮角质形成细胞的增殖，增强了成纤维细胞的衰老表型，促进了基质金属蛋白酶-1 的分泌。这些机理证明，成纤维细胞是真皮生理中的关键细胞，它们的异常可能会导致纤维化、瘢痕瘤、屏障功能受损、皮肤病等。

2. 免疫细胞

皮肤的原始功能是通过表皮的角质层和所有皮肤上的免疫细胞起屏障作用。真皮存在特异性免疫细胞群体，具有充足的表皮免疫细胞功能，其中包括肥大细胞、树突状细胞、CD4+ T 细胞、CD8+ T 细胞、γδT 细胞和驻留记忆 T 细胞。这些具有免疫功能的细胞正常时协助表皮抵抗微生物的侵害，清除衰老的细胞；但在异常刺激和免疫功能紊乱时，皮肤的免疫反应会发生改变，导致 Omenn 综合征（一种特殊的原发性免疫缺陷病，为常染色体隐性遗传）、白癜风、银屑病、特应性皮炎或变应性接触性皮炎等疾病。在免疫缺陷综合征如 Omenn 综合征中，当 T 细胞或 B 细胞缺乏时，朗格汉斯细胞可以穿透真皮，这种免疫失调会产生一些皮肤状况，如红斑和免疫系统攻击皮肤毛囊导致的脱发。

（二）细胞外基质

真皮细胞外基质主要由成纤维细胞分泌到胞外间质中的大分子蛋白质组成，可影响细胞分化、增殖、黏附、形态发生、表达等生物学过程。构成细胞间基质的成分包括胶原蛋白、弹性纤维、蛋白聚糖、黏附糖蛋白和细胞外基质重塑酶（金属蛋白酶、赖氨酰氧化酶等）。根据其结构与功能可分为纤维与基质两部分。

1. 纤维

（1）胶原纤维 胶原纤维是由胶原蛋白为基础构成的粗细不等的胶原纤维束，为真皮的主要成分，约占 70%。乳头层纤维束较细，排列紧密，走行方向不一，亦不互相交织；网状层胶原纤维聚成走向与表皮平行的粗大纤维束，交织成网，在一个水平面上向各个方向延伸。胶原纤维韧性大、抗拉力强，但缺乏弹性，主要功能是维持皮肤的张力。

胶原蛋白是由 3 条螺旋结构的 α 链沿同一中心轴相互交织形成的超螺旋结构的胶原单体。成年人真皮内主要含有 I 型胶原蛋白、III 型胶原蛋白和 V 型胶原蛋白，其中以Ⅰ型胶原蛋白为主，占皮肤胶原蛋白成分的80%～85%。Ⅰ型胶原蛋白三股螺旋通常由两条相同的α1（Ⅰ）-链和一条α2（Ⅰ）-链形成异源三聚体，提供拉伸刚度。Ⅲ型胶原蛋白含量不超过10%，是由3条α1（Ⅲ）-链组成的同源三聚体，广泛分布于含Ⅰ型胶原蛋白的组织中，是网状纤维的主要成分。这种同型三聚体分子也常常有助于与Ⅰ型胶原蛋白的混合，并且在弹性组织中也很丰富。Ⅴ型胶原蛋白在真皮内广泛存在，是由3种不同的α链（α1、α2、α3）构成的异三聚体形成。

其他类型的胶原也在真皮层中发现。Ⅳ型胶原蛋白主要存在于基底膜带致密板，Ⅵ型胶原蛋白主要存在于真皮神经和血管周围，Ⅶ型胶原蛋白是锚丝纤维的主要成分。

（2）弹力纤维　弹力纤维在网状层下部较多，多盘绕在胶原纤维束下及皮肤附属器官周围。弹力纤维由成纤维细胞、平滑肌细胞等产生，除赋予皮肤弹性外，也构成皮肤及其附属器的支架。

弹性蛋白独有的锁链氨基酸能通过形成共价交联从而维持弹性纤维结构的完整性。弹性纤维能够维持皮肤弹性，它们与糖胺聚糖一起在防止皮肤过度松弛方面发挥作用。在皮肤老化过程中，弹力纤维降解、片段化，直至消失。紫外线照射可以使弹力纤维结团，皮肤松弛，过度延展后出现皱纹。

（3）网状纤维　网状纤维被认为是未成熟的胶原纤维，它环绕于皮肤附属器及血管周围。在网状层，纤维束较粗，排列较疏松，交织成网状，与皮肤表面平行者较多。由于纤维束呈螺旋状，故有一定伸缩性。

2. 基质

基质是一种无定形的、均匀的胶样物质，充塞于纤维束间及细胞间，由多种结构性蛋白、蛋白聚糖和糖胺聚糖组成，占皮肤干重的0.1%～0.3%。这些物质不仅为皮肤各种细胞提供物质支持和物质代谢场所，也参与细胞形态变化、增殖、分化、迁移等多种生物学作用。基质中的蛋白多糖由蛋白质与糖胺聚糖结合而成，包括透明质酸、硫酸软骨素、硫酸皮肤素、硫酸角质素、肝素等。这些糖胺聚糖对保持皮肤水分有重要作用，其中透明质酸与皮肤美容保湿关系最为密切。此外，基质中还存在多种细胞因子和各种酶类如基质金属蛋白酶（MMPs）等，与皮肤美容密切相关。

（1）透明质酸　透明质酸由 N-乙酰氨基葡糖和 D-葡糖醛酸组成的二糖单元重复组成，广泛存在于哺乳动物体内，与皮肤美容保湿的关系最为密切。透明质酸是细胞外基质的重要组成部分，在细胞胞质中合成，相对分子质量在 2×10^5～2×10^7，通过出胞作用分泌到细胞外间质中。皮肤所含的透明质酸达到机体总量的 50%，但随着年龄增长，皮肤中透明质酸含量逐渐降低。

透明质酸

透明质酸参与细胞分化、胚胎学发育、炎症、伤口愈合等生物过程。透明质酸的相对分子质量及其合成或降解方式决定了它的生物学效应。透明质酸的保湿性与其相对分子质量有关，相对分子质量越大保湿性越好，然而相对分子质量大的透明质酸难以透过皮肤表层屏障到达真皮层。小分子透明质酸可以深入表皮层，促进表皮细胞正常分化，清除表皮层内的氧自由基，促进皮肤再生，修复皮肤屏障。通过被动机制，相对分子质量大的透明质酸允许组织水化，有助于渗透平衡，并稳定细胞外基质的结构。

透明质酸因其独特的生物学和物理学特性在皮肤美容中发挥着重要作用。

①透明质酸分子中的羟基和其他极性基团可以通过氢键结合大量水分，从而在皮肤中发挥重要的保湿作用。透明质酸添加在化妆品中的主要作用是在皮肤表面形成水化膜，保持表皮湿润，维持和加强角质层吸水能力和屏障功能，防止皮肤干燥。

②透明质酸能够通过影响角质形成细胞和成纤维细胞的生物学行为，如增殖、迁移及分化过程，在创伤愈合及瘢痕形成过程中发挥重要作用。

③与正常皮肤相比，患有湿疹、异位性皮炎、银屑病、干燥、松弛等皮肤病变或老化皮肤中透明质酸含量显著降低。因此，含有透明质酸的护肤品在皮肤美容及皮肤病辅助治疗中具有重要意义。

（2）基质金属蛋白酶 由真皮成纤维细胞产生的降解基质的基质金属蛋白酶包括：①基质金属蛋白酶-1，又称间质胶原蛋白酶或成纤维细胞胶原蛋白酶，可降解Ⅰ、Ⅲ、Ⅶ、Ⅹ型胶原蛋白；②基质金属蛋白酶-2，又称明胶酶A或Ⅳ型胶原蛋白酶，可降解Ⅳ、Ⅴ型胶原蛋白、变性胶原蛋白和弹性蛋白；③基质金属蛋白酶-3，又称基质溶解素或蛋白聚糖酶，能降解Ⅲ、Ⅳ、Ⅴ、Ⅵ型胶原蛋白以及蛋白聚糖、纤维粘连蛋白、板层素和变性胶原蛋白。这些基质金属蛋白酶根据外界对细胞的刺激有选择地表达、释放，具有帮助成纤维细胞正常生长、分化和迁移，维持正常真皮结缔组织含量的相对稳定以及修复受损皮肤和重塑组织的作用。

（3）细胞因子　细胞因子在皮肤的日常维护和更新中起到核心作用，它们刺激皮肤细胞（如角质形成细胞和成纤维细胞）的增殖和分化，以维持皮肤组织的结构和功能。如表皮生长因子（EGF）和碱性成纤维细胞生长因子（bFGF）是皮肤细胞生长和分裂的关键刺激因素。当皮肤受到损伤时，在伤口愈合过程中，细胞因子如转化生长因子β、骨形成蛋白-2（BMP-2）等会刺激皮肤细胞合成大量的胶原蛋白和弹性纤维，这些是形成新的组织、填补损伤部位并重建皮肤屏障所必需的。一些细胞因子如白细胞介素-1、白细胞介素-6、肿瘤坏死因子α（TNF-α）等在炎症起始和传播中起到关键作用，而另一些细胞因子如白细胞介素-10（IL-10）、转化生长因子β等则具有抗炎和免疫调节功能，有助于控制炎症，防止皮肤疾病的发生或减轻皮肤疾病的严重程度。研究表明，细胞因子的水平和活性会随着年龄的增长而改变，导致皮肤细胞的生长和分裂减慢，胶原蛋白和弹性纤维的合成减少，进而导致皮肤松弛、皱纹等衰老现象的出现。

三、皮肤附属器

皮肤附属器在胚胎发育中由表皮衍生而来，包括毛发、皮脂腺、汗腺、指（趾）甲等。皮肤附属器对维持正常的皮肤功能具有重要作用。

1. 毛发

毛发由角化的表皮细胞演化而来，从毛囊内长出，露出皮肤表面的部分为毛干，埋在皮内的称为毛根。毛根末端膨大部分称为毛球，深入毛球基底部的向内凹入真皮结缔组织部分称为毛乳头，内有血管及神经末梢，给毛球提供营养。毛球下部含有毛母质细胞，是毛发和毛囊的生长区，并含有黑素细胞。毛囊是由内、外毛根鞘及最外的结缔组织构成，并包裹毛根。成人全身毛发约500万根，其中头发为6万~10万根，头顶部头发约300根/cm^2，后顶部约为200根/cm^2，毛发的直径为50~100μm。

毛发的颜色因人种的不同而存在一定差异。黄种人普遍为黑发，黑人多为黑褐发，白种人多为黄金发。头发的颜色与所含黑素、微量元素及健康状况密切相关，如含黑素量多则为黑发，少则为灰色，没有黑素为白色。含铁多呈现红色，含钛多呈现金黄色，红棕发中含较多的铜和钴，含钼多为灰白色。

毛发有一定的生长周期，但并非同时或按季节生长、脱落，而是不同时期分散地脱落和再生。正常人每天脱落50~100根头发，同时有相等发量再生。不同部位的毛发长短不同，这是由于其生长周期长短不一。头发的生长期为 2~6 年，休止期约 4 个月，退行期为数周。头发每天生长 0.27~0.40mm。眉毛的生长期为 2~6 个月，休止期为 8~9 个月，因此较短。头发生长速度可受季节和年龄的影响，一般夏天比春天长得快，秋天比冬天长得快。3—4 月份和 9—10 月份为掉发比较多的时期。年轻人的头发比老年人长得快，女性比男性长得快。

毛发除保护皮肤外还有机械性保护作用。如鼻毛和睫毛可以阻止灰尘等异物进入呼吸道或眼内；腋毛能减少局部摩擦；头发有保护头皮、防止紫外线过多照射和保温作用，并可减轻头部碰撞后的损伤；眉毛可以引流汗液并阻止其流入眼内。毛囊有丰富的感觉神经末梢，是灵敏的触觉感受器，触碰睫毛可引起闭眼反射。

人类毛发的生理功能实际上已经退化严重，但头发、眉毛、睫毛、胡须等在人类社会生活中至关重要，成为人们平时最为关心和谈论最多的话题之一。毛发在某种程度上标志着年龄、性别和容貌。浓黑的胡须显示出男性的强健；一头乌黑发亮、柔润的秀发，配上相宜优美的发型，显示出一个人的神采和风韵。

2. 皮脂腺

人体除掌跖和指（趾）区外，皮脂腺分布全身，面、头、上背及躯干中线部较多。皮脂腺分腺体和导管两部分。腺体位于真皮的毛囊与立毛肌的夹角之间，其导管大多开口于毛囊漏斗部的一侧。皮脂腺腺体的分泌细胞由边缘逐渐移向中央并成熟，最后腺体细胞解体，细胞质内的脂肪滴与细胞碎片组成的无定形物质称皮脂，经导管排至皮肤表面。皮脂腺的发育及皮脂分泌受性激素特别是雄性激素的调节，青春期分泌活跃。皮脂有柔润皮肤、保护毛发及抑制细菌生长的作用。头部长期皮脂分泌过多，可使头发脱落，形成脂溢性脱发；反之，皮脂分泌过少，引起头发干燥易断，失去光泽。若面部等处皮脂分泌较多，毛囊口被皮脂阻塞，加上痤疮丙酸杆菌等作用，可形成痤疮，影响美观。

3. 汗腺

汗腺遍布全身的皮肤，不同部位的皮肤内汗腺数目有显著差别，以手掌和足底最多。汗腺是单曲管状腺，由分泌部和导管部组成。分泌部位于真皮深层和皮下组织中，盘曲成团；腺上由 1~2 层淡染的立方形或锥形细胞组成，外方有肌上皮细胞，其收缩有助于排出分泌物。导管部管腔较细，关闭口由两层较小的立方上皮细胞围成，细胞质呈弱嗜碱性。导管穿过真皮，在表皮内呈螺旋状走行，开口于皮肤表面。

汗腺分泌的汗液除含大量水分外，还含钠、钾、氯、乳酸盐、尿素等。汗液分泌是身体散热的重要方式，对调节体温起重要作用。此外还有湿润皮肤、排泄代谢产物和离子等作用。

在腋窝、乳晕和阴部等处，有一种大汗腺，称顶泌汗腺。其分泌物为黏稠的乳状液，含蛋白质、碳水化合物、脂类等，分泌物被细菌分解后产生特别的气味。分泌过盛而气味过浓时，则称狐臭。顶泌汗腺受性激素刺激，青春期分泌旺盛，老年时退化。

4. 指（趾）甲

指（趾）甲由角化上皮细胞组成。甲含硫量较高，含水量少，故较坚硬。甲外露部分称为甲板，甲板下位称甲床，甲板周围的皮肤称甲廓。甲廓与甲板之间称甲沟，埋在皮肤中的部分称甲根，其下部有甲母质是甲的生长区。指甲每天生长约 0.1mm，趾甲生长较慢，每周生长约 0.25mm。疾病、营养、环境、气候、职业、生活习惯等的改变可影响甲的外形及生长速度。另外，指（趾）甲的变化与全身健康状况有关。甲的功能主要为保护其下的组织少受外伤及帮助手指完成各种精细的手工劳动。指（趾）甲光洁发亮、白里透红，给人以健康的美感。

第二节　皮肤的生理功能

一、屏障功能

皮肤覆盖于人体表面，是人体的天然屏障。皮肤既可防止体内水分、电解质和营养物质的流失，又可保护体内器官和组织免受外界机械性、物理性、化学性、生物性等有害因素的伤害，保持机体内环境稳定。皮肤屏障包含机械性屏障、表皮渗透屏障、化学性屏障、抗菌和免疫屏障、色素和紫外线屏障、氧化应激屏障等。

1. 机械性屏障

完整的皮肤坚韧、柔软，具有一定的弹性和张力，能够承受一定程度的外界机械刺激，如牵拉、挤压、摩擦及冲撞等，并且在刺激结束后能够迅速恢复到正常状态。角质化包膜为表皮提供机械强度和刚性，从而保护宿主免受伤害。特殊的蛋白质前体及其修饰的氨基酸残基交联为角质层提供了机械强度。其中，毛透明蛋白是一种多功能的交叉桥连蛋白，在细胞包膜结构和细胞质角蛋白细丝网络之间形成蛋白质内和蛋白质间的交叉连接，专一存在于表皮中的转谷酰胺酶催化交联反应。此外，相邻的角化细胞通过角质体连接，角质层屏障的许多脂质也与角质化包膜发生化学交联。所有化学环节都为角质层提供了机械强度和刚性。

2. 表皮渗透屏障

角质层位于皮肤的最表面，角质层细胞像砖块一样交叉叠合在一起，形成"砖墙结构"，角质形成细胞间隙中的脂质则是"水泥"。这种结构是构成表皮渗透屏障功能的重要因素，不但能够防止体内水分、电解质和营养物质的流失，也能阻止外界物质的侵入，达到有效的防护作用，以保持体内环境的稳定。

天然保湿因子是在角质层中发现的水溶性化合物的集合，这些化合物占角质细胞干重的 20%～30%。天然保湿因子的许多成分来源于富含组氨酸和谷氨酰胺的丝聚蛋白的水解。由于天然保湿因子是水溶性的，可以很容易地从角质层中洗脱下来，而角质细胞周围的脂质层有助于密封角质细胞以防止天然保湿因子的损失。

角质层除了能够防止水分流失，还能起到为皮肤提供水合和保湿作用。天然保湿因子吸收并保持水分，使角质层的最外层即使暴露在恶劣的外部环境中也能保持水分。甘油是天然保湿因子的主要成分，是皮肤中重要的保湿剂，有助于皮肤保湿。甘油在角质层内通过脂肪酶水解甘油三酯局部产生，也通过存在于表皮内称为水通道蛋白的特异性受体从循环中进入表皮。天然保湿因子中还存在其他保湿剂包括尿素、钠、乳酸钾、吡烷酮羧酸（PCA）等。

角质层由大量高弹性和交联蛋白质外壳的角质细胞和富含脂质的细胞间结构域组成，因此它作为一种保护膜，也具有防止有毒物质和局部用药物穿透皮肤的重要作用。药理学家和外用或"透皮"药物开发者对增加药物在皮肤角质层的渗透感兴趣。药物进入皮肤的途径可以是通过毛囊、滤泡间部位，也可以是通过角化细胞和角质层的脂质双分子层膜。毒素和药物的相对分子质量、溶解度和分子构型极大地影响其渗透速率。因此，不同的化学物质需采用不同的透皮途径。

3. 化学性屏障

正常皮肤对各种化学物质都有一定的屏障作用，发挥屏障功能的主要部位是角质层。角质层中角质细胞的细胞质、细胞膜及细胞间隙物质都对化学物质有屏障作用。角质层中的致密部分是对化学物质的主要屏障区。

4. 抗菌和免疫屏障

表皮屏障对试图从外界环境穿透皮肤的病原生物起到物理屏障的作用。皮脂、汗液等分泌物及其酸性 pH 为皮肤提供抗菌特性。正常生活在人类皮肤中的微生物群可以通过竞争更多病原微生物所需要的营养物质和生态位、表达杀死或抑制病原微生物生长的抗菌分子、调节炎症反应来促进皮肤的屏障防御。角质形成细胞和表皮的其他先天性免疫细胞（如朗格汉斯细胞和吞噬细胞）能够提供额外的免疫保护。表皮细胞还产生一系列抗菌脂类、多肽、核酸、蛋白酶和化学信号，共同形成抗菌屏障。抗菌肽由高度保守的富含半胱氨酸的阳离子多肽组成，在皮肤中大量表达，具有杀死微生物或抑制其生长的能力。产生和调节皮肤抗菌屏障的通路与调节渗透性屏障功能的通路密切相关。内源性抗菌肽的表达与一些表皮结构成分的存在相吻合，这些表皮结构成分能够成为渗透性屏障的一部分。

5. 色素和紫外线屏障

虽然色素通常不被认为是表皮屏障的功能成分，但它在保护皮肤免受紫外线照射方面的作用是无可争议的，如黑色素。太阳紫外线辐射对蛋白质、脂类和核酸具有很强的破坏性，并对这些大分子造成氧化损伤。尽管角质层能够吸收一些紫外线的能量，但是对皮肤提供最大保护的是角质细胞内的黑色素颗粒。深色皮肤（真黑素含量较高）明显比浅色皮肤更能够抵抗紫外线对 DNA 的破坏作用。此外，紫外线在深色皮肤中更易诱导细胞凋亡。这种减少 DNA 损伤和更有效地去除紫外线损伤的细胞的组合保护机制在减少皮肤颜色较深的个体的光致癌作用中起着关键作用。

6. 氧化应激屏障

角质层已被公认为是紫外线和其他大气氧化剂（如污染物和香烟烟雾）的主要皮肤氧化目标。长波紫外线照射除了破坏成纤维细胞的 DNA 外，还间接造成表皮角质形成细胞的氧化应激损伤。角质层的脂质氧化和蛋白质羰基化导致表皮屏障破坏和皮肤状况差。而随着大气臭氧层的破坏，使得太阳辐射中的更高能量的短波紫外线（UVC）和中波紫外线（UVB）到达地表，这些高能量的紫外线辐射能够深入到真皮乳头层，对皮肤造成更大的损伤。除了对角质层的影响外，紫外线还启动和激活表皮内复杂的级联生化反应，导致细胞抗氧化剂和抗氧化酶如超氧化物歧化酶（Superoxide dismutase，SOD）、过氧化氢酶的耗竭。这种抗氧化保护的缺失进一步引起 DNA 损伤，激活促炎细胞因子和神经分泌介质，导致炎症和自由基生成。皮肤中存在天然的抗氧化剂以保护自己免受光损伤。在角质层中，抗氧化剂（维生素 E、维生素 C、谷胱甘肽、尿酸盐等）在外层的浓度最低，随着角质层深度增加，抗氧化剂含量急剧增加，以此保护角质层免受氧化应激的影响。局部应用抗氧化剂能够有效改善由于皮肤自身抗氧化保护功能耗竭导致的皮肤屏障功能异常，恢复健康的皮肤屏障功能。

二、吸收功能

皮肤有吸收外界物质的能力，这一过程称为经皮吸收。物质经皮吸收的主要途径是渗透入角质层细胞，再经表皮其他各层到达真皮而被吸收；物质还可通过毛囊、皮脂腺和汗腺导管而被吸收。皮肤被水浸软后吸收功能增强，水溶性物质不易被吸收，脂溶性物质较易被吸收。吸收量取决于物质量、接触时间、部位、涂敷面积等。皮肤吸收功能对维护身体健康不可缺少，并且是现代皮肤科外用药物治疗皮肤病的理论基础。多种因素影响皮肤的吸收功能。

1. 皮肤的状态

身体不同部位的角质层厚薄不一，吸收程度也不相同。掌、跖部角质层较厚，吸收作用较弱。柔软、细嫩、角质层薄的皮肤容易吸收，如婴儿、儿童皮肤吸收作用较成人强。黏膜无角质层，吸收作用强。表皮角质层破损后，皮肤失去屏障作用，吸收就会变得非常容易。皮肤被水浸软后，可增加皮肤的渗透性。

2. 物质的性质

经皮吸收也与被吸收物质的性质有关，不同性质的物质经皮吸收的难易遵循以下规律。

（1）水及水溶性的成分一般不能经皮肤吸收，如电解质、维生素 C、B 族维生素、葡萄糖等。

（2）脂溶性物质易从角质层和毛囊被吸收。在维生素类中，脂溶性的维生素 A、维生素 D、维生素 E、维生素 K 等比较容易透过皮肤吸收。睾酮及类固醇皮质激素等也易被吸收。而凡士林、液体石蜡等几乎或完全不能被皮肤吸收。酚类化合物、激素类等容易被皮肤吸收。

（3）亲水亲油平衡值（Hydrophile-lipophile balance value，HLB）低的亲油性表面活性剂较易被皮肤吸收，而且表面活性剂还可以促进皮肤对其他物质的吸收。

3. 剂型

皮肤对粉剂、水溶液、悬浮剂的吸收较差。油剂、乳剂类由于能在皮肤表面形成油膜，阻止水分蒸发，使皮肤柔软，故能增加吸收。当基质中存在表面活性剂时，对皮肤细胞膜的透过性增强，吸收量也增大。就两种乳化体的类型而言，一般认为水包油型乳化体较好，因为水包油型乳化体中的油成微粒分散，可促进毛囊的渗透。但总体而言，水包油型乳化体和油包水型乳化体对皮肤的渗透几乎没有差别。

4. 使用方法

简单搽于皮肤表面的药比加上包扎的药吸收得少，这是因为包扎有利于降低角质层水分蒸发速度、软化皮肤，吸收作用较强。因此，将化妆品涂在湿润的皮肤上比涂在干燥的皮肤上易于吸收。在涂化妆品的同时，配以按摩，会加速血液循环、促进新陈代谢，有利于皮肤吸收。

5. 作用时间

在其他条件相同时，作用时间越长吸收量越多。根据这个特点，不同功能的成分应注意剂型的选择。如增白、皮肤收敛等高风险用途的化妆品，采用水溶性成分为宜，以避免皮肤过度吸收，造成伤害；从皮肤表面吸收，起保护皮肤作用的化妆品，应选用油溶性成分为宜。

三、感觉功能

皮肤是人体主要的感觉器官之一，能感受外界各种刺激。皮肤的感觉功能可以分为两类：一类是单一感觉，通过神经传导和大脑皮质的分析，产生触觉、压觉、痛觉、冷觉、温觉等感觉；另一类是复合感觉，即由不同感受器或神经末梢共同感知，经大脑综合分析形成的感觉，如潮湿、干燥、平滑、粗糙、柔软、坚硬及形体觉、两点辨别觉、定位觉、图形觉等。这些感觉经大脑分析、判断，做出有益于机体的反应。

不同性质的各种皮肤感觉的形成机理尚不清楚。有人认为皮肤存在特异感受器，这些感受器分别接受不同的刺激，即可引起不同的感受。也有人认为皮肤感觉的性质不同，是因为皮肤接受刺激后产生一组在空间和时间序列上构型复杂的冲动，不同类型的冲动传达到中枢神经，引起不同的皮肤感觉。

四、分泌和排泄功能

1. 汗液的分泌和排泄

汗液由小汗腺分泌，在正常室温下分泌较少，以肉眼看不见的气体形式排出。当气温升高，活动性小汗腺增加，汗液就以明显的液体形式排出。此外，小汗腺的分泌量也受情绪影响，紧张、羞耻、疼痛、恐惧等都会引起流汗的现象。小汗腺分泌的汗是无色透明的液体，水分占比超过 90%，此外还含有盐分、乳酸、氨基酸、尿素等。正常情况下，汗液呈弱酸性，pH 为 4.5~5.0，使皮肤带有酸性，可抑制一些细菌生长。汗液排出后与皮脂混合，形成乳状的脂膜，可使角质层柔软、润泽，防止干裂。

2. 皮脂的分泌和排泄

皮脂由皮脂腺分泌，主要含有脂肪酸和甘油三酯。皮脂具有润滑皮肤和毛发、防止体内水分蒸发和抑制细菌的作用，还有一定的保温作用。身体不同部位分泌的皮脂的量有所不同，头部、面部、胸部等皮脂分泌量较多，手脚分泌量较少。皮脂分泌受性激素影响很大，儿童时期分泌较少，青春期时皮脂分泌迅速增加，到老年时又开始分泌下降。此外，过多地摄入糖类食物，如淀粉会使皮脂分泌量显著增加，摄入脂肪对皮脂分泌影响较小。

五、调节体温功能

皮肤是热的不良导体，既可防止过多体内热外散，又可防止过高的体外热传入。不论是寒冷的冬天，还是炎热的夏季，人的体温总是维持在 37℃ 左右，这是由于皮肤通过保温和散热两种方式参与体温的调节。当外界气温降低时，交感神经功能加强，皮肤毛细血管收缩，血流量减少，同时立毛肌收缩，排出皮脂，保护皮肤表面，阻止热量散失，防止体温过度降低；当外界气温升高时，交感神经功能降低，皮肤毛细血管扩张，血流量增多，流速加快，汗腺功能活跃，水分蒸发增加，促使热量散发，使体温不致过高。皮肤就是依靠控制热传导、辐射和蒸发来维持人体体温的恒定。

六、代谢功能

皮肤作为人体的组成部分，也存在着一些基础的代谢活动，如糖、脂肪、水、电解质和蛋白质的代谢。同时，调节人体代谢方式，如神经调节、内分泌调节、酶系统调节等，在调节皮肤代谢活动中也发挥着积极的作用。

七、免疫功能

皮肤可看作一个具有免疫功能并与全身免疫系统密切相关的外周淋巴器官。皮肤内免疫活性细胞主要有朗格汉斯细胞、淋巴细胞、巨噬细胞、肥大细胞等，细胞分布在真皮浅层毛细血管的周围并相互作用，通过其合成的细胞因子相互调节，对免疫细胞的活化、游走、增殖分化、免疫应答的诱导、炎症损伤及创伤修复均有重要的作用。临床上检测变应原的点刺试验、斑贴试验、结核菌素试验、麻风菌素试验以及预防某些传染病的疫苗注射，均需通过皮肤进行。

第三节　皮肤的类型与保养原则

根据皮肤性质的不同，医学美容将皮肤分为五种类型，即中性皮肤、油性皮肤、干性皮肤、混合性皮肤和过敏性皮肤。

一、中性皮肤

中性皮肤又称正常皮肤、普通皮肤、中间型或健美型皮肤，是最理想的皮肤类型。这类皮肤润滑、光泽、细腻、丰满、富有弹性，特别是面部的皮肤细致、柔软、洁白红润，不干燥也不油腻。皮脂和汗液分泌通畅，并能适应季节的变化。夏季，皮脂及汗液分泌较多，皮肤稍感湿润，趋向油性；冬季，由于分泌减少，皮肤稍感干燥，趋向干性。

此类皮肤保养原则以清洁、保护皮肤为主。一般用中性皮肤洗面奶洗脸，日常可用优质雪花膏涂于面部，夏天可用防晒霜或遮光霜防止皮肤晒黑，冬天可用香脂防止皮肤干燥。

二、油性皮肤

油性皮肤又称多脂型或脂质性皮肤。由于皮脂腺分泌旺盛，皮脂较多，易与外界污秽、尘埃黏着。面部显得油腻发亮，特别是面部中线处及鼻翼部更为明显。这类型皮肤毛孔粗大，易被皮脂等堵塞，继发细菌感染及游离脂肪酸等刺激，发生痤疮、脂溢性皮炎及脂溢性脱发，使皮肤稍增厚、发红。但这类皮肤弹性较好，对日光有较好的耐受力，不易出现皱纹而耐老化。

油性皮肤保养原则以清洁、去油腻为主。以选用中性皂温水洗涤为宜，或用硫黄皂洗脸、洗头以减少皮肤油脂的分泌和抑制微生物的滋生。洗脸时可选用清洁霜以帮助彻底去除污垢。这类皮肤上妆较麻烦，化妆后较容易脱妆，不宜使用油性护肤品。洗脸后，可适当扑些粉剂或粉状粉底霜，冬天可搽水包油型乳剂。

三、干性皮肤

干性皮肤皮脂分泌较少，皮肤比较干燥，甚至手感粗糙，弹性较差，毛孔不明显，看上去皮肤细腻、洁白美观，但日晒后面部容易变红，风吹后易干裂、脱屑。洗脸后皮肤发紧，特别是冬天更明显，面部容易早期起皱。

干性皮肤的保养原则以油性护肤为主，不宜过度地洗涤，少用肥皂，特别是碱性较重的肥皂，宜用多脂皂，洗脸水要偏温凉。洗后外用油性护肤品或油包水型乳剂，也可用尿素霜或尿素脂涂布皮肤，有软化、润滑、保护皮肤作用。每天起床清洗面部后，可选用干性皮肤按摩油按摩 5min，再用热毛巾揩去多余的按摩油即可。

四、混合性皮肤

混合性皮肤既有油性部位，又有干性的部位。在前额、鼻翼、嘴唇沟及下颌部位表现为油脂分泌较多的油性皮肤，在面颊等面部其他部位表现为干燥、脱屑的干性皮肤的特征。

混合性皮肤的保养应按不同部位分别对待，偏油性的部位可按油性皮肤的保养方法，偏干性的部位则选择油性护肤品。

五、过敏性皮肤

过敏性皮肤又称敏感型皮肤，多见于过敏体质者。过敏性皮肤对外界某种化学物质容易发生过敏，产生过敏性皮炎或湿疹，皮肤出现瘙痒、红斑、丘疹、水疱及渗出。对化妆品如染发剂过敏，引起面部接触性皮炎较为常见，有的合成纤维的内衣也会引起接触性皮炎。

过敏性皮肤最好用特别温和的洗面奶洗脸，洗时用力要轻，洗后适当外用硅霜等保护皮肤。此型皮肤在使用化妆品及药物时应多加注意，先小面积试用，观察是否有过敏反应，一旦发生过敏，将不能使用该类化妆品或药物。

皮肤的类型并非终生不变，而随着年龄、环境、生活条件、饮食习惯、职业、季节等变化而改变，因此应作相应的保养处理。

第二章　问题性皮肤

健康的皮肤柔润光滑，有良好的弹性，表面呈弱酸性。基于各种内外因素影响，面部皮肤会出现一系列问题，如老化、色斑、黑眼圈、皱纹、弹性降低、松弛、干燥、痤疮、酒渣鼻、皮肤敏感等。这些问题严重影响皮肤美观，甚至会让患者产生疼痛、灼热、发痒等不适症状。因为影响容貌，这些问题性皮肤在美容行业常被称成为损容性皮肤。皮肤发生损容性病变不一定是皮肤病，很多时候是其他疾病的皮肤反应。

一、皮肤老化

一般人体的皮肤自25岁开始，随着年龄的增长，由于弹力纤维逐渐老化，皮肤的水分和皮下脂肪减少，使皮肤失去弹力和张力，这种现象称为皮肤老化现象。一般来说，皮肤老化的特征是颜色变化（色素沉着不均）和弹性下降，甚至皮肤萎缩、底层组织丧失和屏障功能受损。皮肤老化表型变化特征包括：真皮和表皮变薄和萎缩，皮下脂肪减少，皮肤-真皮连接变平，胶原蛋白丢失，弹性纤维网络中断。这些变化最终会破坏不同皮肤区域的结构完整性和功能，导致可见特征不佳和弹性降低，使老化的皮肤容易受到伤害和产生疾病。充分了解皮肤老化的因素，有助于延缓皮肤老化的进程。

（一）皮肤老化机制

目前，关于皮肤老化机制的经典理论主要有自由基和氧化应激、炎症、光、非酶糖基化等。

1. 自由基和氧化应激与皮肤老化

自由基是机体功能下降和皮肤老化的主要原因之一。活性氧（Reactive oxygen species，ROS）是细胞内一类含氧且容易与其他分子发生反应的不稳定分子。氧化应激是指细胞内氧化与抗氧化活性失衡，细胞易发生氧化并产生大量活性氧。在细胞代谢过程中，线粒体通过氧化代谢产生活性氧。当细胞内活性氧过多时，线粒体受损，线粒体 ATP 生成减少，线粒体膜电位降低，产生连锁反应，加速衰老。过量的活性氧还会损伤 DNA 结构，引起细胞功能损伤、细胞复制障碍等衰老症状。活性氧水平的显著增加也会通过影响基质金属蛋白酶表达，皮肤组织中胶原蛋白水平的降低，最终导致皮肤老化。因此，从皮肤细胞中清除过量的活性氧成为对抗皮肤老化的最常见的方法之一。

2. 炎症与皮肤老化

随着年龄的增长，细胞对突变或缺损的 DNA 的修复能力逐渐下降，导致细胞衰老或死亡。细胞衰老在皮肤老化过程中起着重要作用。细胞衰老是机体为了应对包括 DNA 损伤、染色体端粒变短在内的应激因素，细胞进入不可逆的生长停滞状态。衰老成纤维细胞和角质形成细胞分泌大量的"衰老相关分泌表型（SASP）"因子，包括促炎因子肿瘤坏死因子-α、白细胞介素-1、白细胞介素-6、干扰素 γ（IFN-γ）和基质金属蛋白酶等。这些促炎因子通过促进活性氧的产生和激活毛细血管扩张性共济失调突变（ATM）p53/p21 信号通路诱导皮肤细胞老化。同时，当皮肤细胞发生炎症时，会导致基质金属蛋白酶的释放增加、胶原蛋白的降解及皮肤细胞的松弛和皱纹产生。此外，衰老的角质形成细胞、黑素细胞以及最重要的成纤维细胞的积累会导致各种与年龄相关的疾病并破坏皮肤的稳态。因此，抑制皮肤细胞炎症是控制皮肤细胞衰老的重要策略之一。

3. 光与皮肤老化

日光中的紫外线等外界因素在皮肤老化过程中起着非常重要的作用，不同波长的紫外线具有不同的效应和全身影响。紫外线的特定波长决定了其转导信号的性质，从而影响局部神经内分泌功能，并可能导致皮肤老化。根据光老化机制理论，紫外线可导致活性氧的产生和基质金属蛋白酶的分泌。长期暴露在太阳紫外线辐射下会引起光老化，影响色素沉着、免疫和血管系统。随着年龄的增长，基质金属蛋白酶-1、基质金属蛋白酶-2、基质金属蛋白酶-9 和基质金属蛋白酶-12 水平升高，而前胶原 mRNA 表达明显下降，导致成人真皮胶原蛋白含量逐年减少。大量证据表明，基质金属蛋白酶在诱导光老化的发生中起重要作用。紫外线照射诱导角质形成细胞和成纤维细胞分泌基质金属蛋白酶，进而降解胶原蛋白等真皮细胞外基质成分。抑制皮肤紫外线照射及其相关损伤是预防皮肤细胞衰老的重要策略之一。

4. 非酶糖基化与皮肤老化

内部因素如非酶糖基化（称为美拉德反应）也在皮肤细胞衰老中起着非常重

要的作用。根据这一理论，糖基化引起的蛋白质交联损伤是衰老的主要原因。这种糖基化是游离还原糖与蛋白质、DNA 和脂质的游离氨基之间的非酶促反应，产生晚期糖基化终末产物（Advanced glycation end products，AGEs）。晚期糖基化终末产物的蓄积会影响细胞稳态和蛋白质结构的改变，导致皮肤变黑和老化。晚期糖基化终末产物的积累还会导致活性氧的产生和炎症，从而加速皮肤老化，而晚期糖基化终末产物的形成是不可逆的。此外，皮肤细胞在高水平的糖基化中衰老。随着人口老龄化，糖尿病患者数量将显著增加，皮肤非酶糖基化将更常见。抑制皮肤非酶糖基化也是控制皮肤老化的重要途径之一。

此外，遗传因素、细胞凋亡、雌激素缺乏、昼夜节律、神经内分泌、疾病、体力活动、应激以及其他环境因素（如饮食、污染和吸烟）也会导致皮肤老化。

总之，皮肤老化的机制主要与细胞内活性氧水平和氧化应激的增加、炎症水平的增加以及随之而来的胶原蛋白水平的降低有关。过度的外部紫外线照射和糖基化等内部微环境的变化也是导致皮肤老化的重要因素，但基本机制仍与皮肤细胞活性氧的上调、氧化应激和炎症的增加有关。因此，抑制皮肤细胞活性氧的产生对延缓皮肤老化至关重要。此外，直接上调胶原蛋白水平也是修复皮肤细胞达到美容目的的重要策略之一。

（二）预防皮肤老化的生物活性物质

1. 氨基酸

氨基酸水平的适当平衡对维持皮肤健康具有重要的作用。然而氨基酸的水平随着年龄的增长而降低，导致身体无法有效地再生皮肤细胞。人们可以通过摄入蛋白类食物来进行氨基酸的补充，从而有效改善皮肤状况。

20 种氨基酸均能够在调节皮肤老化过程中发挥作用，保持和创造光滑、健康、年轻的皮肤。构成蛋白质的氨基酸是天然、安全、无毒、环保、可持续的营养物质，不会引起过敏反应。它们激活胶原蛋白合成并具有抗氧化特性。其中一些氨基酸具有更特殊的作用：丙氨酸能够作为水结合分子发挥天然保湿作用；精氨酸可以提供氮源促进胶原蛋白的产生，从而促进皮肤的修复和再生；天冬氨酸和谷氨酰胺参与构建皮肤细胞 DNA 的核苷酸的合成；谷氨酰胺是精氨酸和谷胱甘肽的前体，可以防止肌肉、组织分解；组氨酸具有增强紫外线防护、保护皮肤不受感染以及舒缓皮肤的作用；异亮氨酸能够促进抗微生物肽的合成，在组织修复中发挥重要作用；亮氨酸、甘氨酸和脯氨酸可以改善细纹和皱纹；赖氨酸通过增加皮肤水化，增强皮肤表面强度，使皮肤更加紧致，此外它还能增强机体对病毒的免疫力；甲硫氨酸保护皮肤免受有害物质的伤害；脯氨酸具有最大的水结合能力；丝氨酸是细胞膜的重要成分，能够调节磷脂膜的功能；酪氨酸帮助其他成分渗透皮肤，发挥最大功效。每种氨基酸都对护肤至关重要，但它们通常相互配合才能发挥最佳效果。

综上所述，氨基酸具有提供营养和预防、治疗皮肤老化的巨大潜力。

2. 寡肽

寡肽是小于 20 个氨基酸残基的链状肽段，具有高生物相容性、生物降解性以及低的抗原性。肽的性质取决于氨基酸残基的种类和序列。寡肽通过刺激细胞增殖和增加细胞间相互作用的方式调节组织修复，起美白、保湿、舒缓、抗菌或营养作用。寡肽比长链肽段更稳定，一般不具有免疫原性。一些寡肽可影响皮肤的功能，它们可通过加速营养和水的再分配，达到快速改善和滋润皮肤的目的。相对分子质量小于 500 的寡肽可以很容易地通过皮肤的角质层，渗透到皮肤深层，有些寡肽能够有效减少皱纹。有些寡肽类物质具有信号传递功能，促进表皮和真皮之间的高效交流，促进胶原蛋白的合成。此外，有些寡肽还可作为营养物质由血液供应给真皮中的成纤维细胞，并进一步供应给表皮，帮助皮肤自身修复。一些寡肽还可以通过调节自由基损伤、端粒长度等来缓解衰老生物标志物。因此，寡肽是极具价值的抗衰老剂和抗氧化剂，既有美容作用，又有治疗作用。

人工合成的寡肽具有与天然类似物相似的效果：它们不仅可以促进胶原蛋白的产生，还可以阻止胶原蛋白的分解，使皮肤更紧致、更厚、更有弹性；能够阻断神经递质信号，使皮肤更光滑、更放松；能通过调节成纤维细胞活性控制细胞外基质中的蛋白质，达到减缓或防止皮肤老化的效果。

二、敏感性皮肤

敏感性皮肤又称敏感肌，是指皮肤屏障功能受损，对物理、化学的各种刺激不能耐受，产生皮肤红、痒、烧灼感等皮炎表现。造成敏感肌的原因，首先和个人肤质有关，皮肤干燥、皮肤水饱和度低、皮肤屏障功能不全，容易发生皮肤过敏；爱出油的人皮肤脂膜保护层厚，屏障功能良好，不容易皮肤过敏。其次，平时护理不得当，也容易诱发和加重敏感肌发生，如过度洗涤、化妆。过多使用化妆品或者是使用质量不好的化妆品，特别是添加了糖皮质激素成分的化妆品，会使皮肤变得更薄更敏感。近年来，受敏感肌困扰的人越来越多，有流行病学研究表明，女性敏感皮肤的患病率为 60% ~ 70%，男性为 50% ~ 60%。通常认为，皮肤敏感并不属于皮肤病的范畴，而是一种亚稳状态的皮肤，敏感肌具有症状表现不明显、原因不明确及缓解方法不确定等特点，很多时候需要通过皮肤护理、生活环境和习惯的调整、避免接触刺激源等方式来缓解或避免皮肤敏感状态。因此，对于敏感肌人群来说，恰当地使用护理产品是非常有必要的。对于化妆品开发者来说，深入了解和研究敏感肌的形成机制及影响因素，将为开发更有效的敏感肌解决方案提供指导。

（一）敏感性皮肤的形成机制

1. 皮肤屏障功能受损

皮肤屏障由角质层的"砖墙结构"以及颗粒层的紧密连接组成，是皮肤发挥生理功能的重要基础，屏障受损与敏感性皮肤的出现直接相关。与正常皮肤相比，敏感性皮肤角质层的屏障功能较弱，当角质细胞减少导致角质层变薄时，经皮穿透率增加，导致皮肤对外界刺激有更高的反应性。不仅如此，皮肤屏障的破坏也是特应性皮炎、痤疮、银屑病等多种皮肤疾病发生和发展的关键环节。

2. 皮肤神经免疫失调

皮肤器官可对环境变化做出监测和感知，如温度变化、湿度变化、触摸等，这些信号通过神经介质的释放传输到神经系统。与非敏感皮肤相比，敏感性皮肤角质层各类型神经更为丰富，功能异常直接导致敏感性皮肤的出现。目前已知的 200 种神经介质中大约有 25 种是在皮肤中发现的，如神经肽（P 物质）、降钙素基因相关肽（Calcitonin gene related peptide，CGRP）等。由免疫细胞介导的炎症反应是造成敏感皮肤的重要因素，炎症反应破坏皮肤屏障结构和神经末梢导致恶性循环。

瞬时感受器辣椒素门控离子通道蛋白 1（Transient receptor potential vanilloid type 1，TRPV-1）是一种能被疼痛激活的离子通道，2021 年诺贝尔生理学或医学奖被颁予辣椒素门控离子通道蛋白 1 的发现者美国科学家戴维·朱利叶斯（David Julius）。辣椒素门控离子通道蛋白 1 激活后触发钙离子内流引起动作电位，使机体产生烧灼感，已成为抗敏修复化妆品领域的热门研究课题。研究发现，衰老皮肤会表达更高水平的辣椒素门控离子通道蛋白 1，从而建立了皮肤老化和皮肤敏感之间的联系。

3. 皮肤微生态的失衡

皮肤微生态是指由细菌、真菌、病毒等微生物与皮肤表面微环境共同组成的生态系统。皮肤表面的菌群在生理情况下维持平衡，起到对机体有益的作用，如清理皮肤表面的已凋亡的细胞、分解多余的脂质、抵抗外来病原菌入侵等。当皮肤菌群失调时，会造成皮肤功能的紊乱，直接导致皮肤敏感问题。研究表明，具有抗菌作用的多肽有助于皮肤抵抗外界致病菌的入侵，对维持皮肤微生态的平衡发挥重要作用。

（二）用于化妆品的抗敏舒缓多肽

作为一类广受欢迎的美容原料，多肽类成分具有较高的安全性和明确的功效，多肽的结构组成单位及人体降解产物多为天然氨基酸，对人体没有潜在的毒性。多肽不易被免疫系统识别，属于典型的弱免疫原，因此本身不会对皮肤造成刺激，这是发挥抗敏舒缓作用的前提条件。抗敏舒缓多肽大部分来源于人体内源性物质，表现出高度的选择性和受体的亲和力，利用结构特异性修饰可以更好地透过皮肤角质屏障发挥功效。

抗敏舒缓多肽的作用机制在大量基础研究中被阐明：特异性结合体内阿片受体，抑制辣椒素门控离子通道蛋白 1 受体的激活，减少感觉神经元神经递质的释放，从而减少皮肤神经纤维的激活，缓解皮肤神经敏感；抑制蛋白酶激活受体 2（Protease-activated receptor 2，PAR-2）等相关炎症信号通路，降低促炎细胞因子的释放，减轻皮肤炎症响应；促进有益菌存活，调节皮肤微生物屏障。不同来源的具有抗敏舒缓作用的多肽，可通过不同的作用机制改善皮肤健康状态，带给消费者独特的感官体验。

三、色素沉着

人类皮肤因人种不同而具有不同的主要肤色。在对皮肤颜色的影响因素里，黑色素的数量和表皮分布起决定性作用。黑色素含量和黑素小体分散模式被认为可以保护机体免受紫外线辐射引起的损伤。虽然增加的黑色素提供了保护，使皮肤免受紫外线辐射的有害影响，但黑色素的异常代谢导致的肤色变化，可严重影响皮肤美观。

（一）黑素细胞

黑色素是皮肤颜色的主要决定因素，它吸收紫外线并阻止自由基的产生，保护皮肤免受阳光伤害和老化。黑色素在黑素细胞的黑素小体中合成。充满黑色素的黑素小体从一个黑素细胞转移到基底层的 30～35 个相邻的角质形成细胞。黑素细胞的数量也随着年龄的增长而减少。

黑色素分为两种：一种是深棕黑色色素，称为真黑素；一种是黄红色色素，称为褐黑素。真黑素沉积在含有纤维状内部结构的椭球形黑素小体中，紫外线照射后能引起真黑素的合成增加。褐黑素比真黑素具有更高的硫含量，这是由于褐黑素含有半胱氨酸。褐黑素在球形黑素小体中合成，与微泡相关。虽然肉眼区分不明显，但头发、皮肤和眼睛的黑色素大多是真黑素和褐黑素的组合。在决定色素沉着程度方面，真黑素比褐黑素更重要。

黑色素生成的过程为：酪氨酸酶将酪氨酸羟化为二羟基苯丙氨酸（Dihydroxyphenylalanine，DOPA），并将二羟基苯丙氨酸氧化为多巴醌；多巴醌与半胱氨酸结合，半胱氨酰多巴氧化生成褐黑素；在没有半胱氨酸的情况下多巴醌会自发地转化为多巴色素，随后多巴色素脱羧或互变异构，最终生成真黑素。因此，酪氨酸酶活性和半胱氨酸浓度决定了真黑素和褐黑素的含量。黑素小体 P-蛋白参与黑素合成过程中黑素小体的酸化。

在发生色素沉着的过程中，黑质皮质素 1 受体（Melanocortin 1 receptor，MC1R）和酪氨酸酶相关蛋白 2 起着关键作用。其中，黑质皮质素 1 受体位于黑素细胞膜上，当它被激活后能够上调酪氨酸酶、酪氨酸酶相关蛋白 1 和酪氨酸酶相关蛋白 2，增加黑色素的合成；而酪氨酸酶相关蛋白 2 在多种细胞和器官上表达，参与多种生理过程，包括生长发育、有丝分裂、损伤反应和皮肤色素沉着。在皮肤中，酪氨酸酶相关蛋白 2 在表皮基底层、有棘层和颗粒层的角质形成细胞、内皮细胞、毛囊、汗腺的肌上皮细胞和真皮树突样细胞中表达。这个受体会被体内多种蛋白酶不可逆地激活，从而使角质形成细胞吞噬黑素小体。丝氨酸蛋白酶抑制剂可以阻止上述过程，产生剂量依赖性色素脱失，无刺激或不良反应。

紫外线照射角质形成细胞以几种方式诱导色素沉着：上调黑素生成的酶，增加黑素小体转移到角质形成细胞，增加黑素细胞树突生成。紫外线辐射以剂量依赖的方式增加角质形成细胞分泌蛋白酶，具体来说，紫外线辐直接从源头增加蛋白酶激活受体 2 的表达，上调激活蛋白酶激活受体 2 的蛋白酶，激活真皮肥大细胞脱颗粒。

（二）色素沉着异常

皮肤创伤或炎症后，黑素细胞可反应为黑素生成正常、增加或减少，这些都是正常的生理反应。黑素细胞的增加和减少会导致炎症后色素沉着（Post inflammatory hyperpigmentation，PIH）或色素减退。炎症后色素沉着是由于炎症性皮肤疾病或外用药物刺激引起的黑素生成增加和/或黑素分布异常，如痤疮、变应性接触性皮炎、扁平苔藓、大疱性类天疱疮、带状疱疹和外用维 A 酸类药物治疗。炎症后色素沉着的颜色与黑色素的位置有关。表皮中的黑色素呈棕色，而真皮中的黑色素呈蓝灰色。炎症后色素减退与炎症后色素沉着有相同的触发因素，但不同的是炎症后色素减退是由黑色素生成减少和临床上明显的亮区引起的。

炎症后色素沉着和炎症后色素减退的发病机制尚不清楚。皮肤的炎症过程可能刺激角质形成细胞、黑素细胞和炎症细胞释放导致色素沉着或色素减退的细胞因子和炎症介质。细胞因子和炎症介质包括白三烯（Leukotriene，LT）、前列腺素（Prostaglandin，PG）和血栓素（Thromboxane，TXB）。针对炎症后色素沉着，体外研究发现白三烯 C4（LTC4）、白三烯 D4（LTD4）、前列腺素 E2（PGE2）和血栓素 2（TXB2）能刺激人黑素细胞增大和树突细胞增殖。LTC4 也增加酪氨酸酶活性和黑素细胞的有丝分裂活性。转化生长因子 α 和 LTC4 刺激黑素细胞运动基底层也可能因炎症而受损，导致角质形成细胞的黑素渗漏，从而使噬黑素细胞在真皮层积聚，加重真皮色素沉着。在炎症后色素减退中，发病机制可能涉及炎症介质诱导黑素细胞表面表达细胞间黏附分子 1（ICAM-1），这可能导致白细胞-黑素细胞附着，无意中破坏黑素细胞。这些炎症介质包括干扰素 γ（IFN-γ）、肿瘤坏死因子 α、肿瘤坏死因子 β、白细胞介素-6 和白细胞介素-7。常见的皮肤色素沉着异常问题包括黄褐斑、雀斑、痘印、疤痕印记等。

四、痤疮

痤疮是皮肤病中最常见的一类炎症，属于毛囊皮脂慢性炎症性皮肤疾病。它一般发生于青春期，好发于面部及胸背部等皮脂腺富集的部位，易引起粉刺、脓包、结节等皮肤病理变化，经常出现瘙痒或疼痛现象，且极易反复发作，难以从根本上治愈。当代社会，人们对皮肤管理越来越重视，皮肤问题虽然不会危及生命，但会不同程度地影响面部皮肤的美观，对患者的心理健康和社交生活造成一定的负面影响，易形成自卑和抑郁心理。流行病学调查显示，在青少年人群中，痤疮发病率为85%~95%，其中有50%的患者病程一直持续至成人期。

（一）痤疮形成的原因

痤疮是一种多因素慢性炎症性疾病，其发病机制非常复杂，没有严格的指南来说明这种皮肤病发生的具体原因。痤疮的发生主要是由于皮脂产生增加、角质形成细胞增殖增加和脱落减少、炎症以及痤疮皮肤杆菌（以前称为痤疮丙酸杆菌）的过度繁殖所致。痤疮皮损的基本类型为炎症性（丘疹、脓疱、结节和囊肿）和非炎症性（皮脂溢和开放性或闭合性粉刺），在某些情况下，可能会发生继发性炎症变化，导致疤痕和变色。有些属于青春期生理现象，与性激素的异常分泌有关，随着年龄的增长可以消退。男性普遍较女性皮脂腺分泌更旺盛，油性皮肤比率高，毛孔粗大发生率高，更易患痤疮。

（二）痤疮的类型与表现

1. 初期阶段表现

初期阶段毛孔被堵塞但肉眼看不到，表现为皮肤油腻，毛孔变粗。

2. 后期阶段表现

后期阶段毛孔被油脂堵塞越来越严重，表现为皮疹性痤疮、炎性痤疮和囊肿性痤疮。

（1）皮疹性痤疮　也称为粉刺，分为黑头粉刺和白头粉刺。

黑头粉刺又称为开放型粉刺，因为毛囊孔与外界相通，由空气中氧气发生作用及结合灰尘、污垢形成。角质化的细胞过度增生互相连接在一起，阻碍了皮脂的正常流动，形成粉刺。黑色素累积在表面形成黑头粉刺，黑头粉刺一般不容易导致皮肤发炎。

白头粉刺又称为闭锁型粉刺，没有脓血，挤出牙膏状物质。因皮脂大量分泌，毛囊孔被角质层覆盖，结合毛孔附近的灰尘物质形成一种胶状物，为一种白色的乳状的半固体物质，阻塞毛囊孔。皮脂被困在皮脂囊内无法突破被阻塞的腺管，造成细菌不断繁殖。白头粉刺继续发展会导致皮肤炎症。

（2）炎性痤疮　当毛孔被皮脂堵塞进一步加重，痤疮丙酸杆菌等细菌过度繁殖，会吸引白细胞并引发炎症反应，炎症加重就会出现红点、丘疹而后形成脓疱。

（3）囊肿性痤疮　属于皮脂腺囊肿，用手触摸皮下有囊性物，当发生炎症时，可形成大小不等的囊性丘红色疹，化脓破溃会有脓液流出，愈后会留疤痕。

（三）抗菌肽在痤疮中发挥的作用

抗菌肽是一类具有广谱抗菌和免疫调节活性的相对分子质量低的多肽，对感染性细菌和真菌均有抑制作用。抗菌肽根据其理化性质如净电荷、二级结构含量和溶解度进行分类。抗菌肽包含疏水性和亲水性侧链，使肽分子能够溶于水。在自然界存在最广泛的阳离子 α-螺旋抗菌肽能够通过渗透冲击细菌细胞质膜导致细胞死亡，这类抗菌肽包括杀菌肽、爪蟾抗菌肽、人源抗菌肽 LL-37 以及它们的衍生物和富含脯氨酸的抗菌肽。除了阳离子抗菌肽，阴离子抗菌肽也被发现。抗菌肽的杀菌优势之一是其不易产生耐药性，这可能归因于其在质膜上形成天然的独特三维结构，破坏脂膜双分子层结构，导致细菌细胞膜破裂。与普通抗生素不同，抗菌肽并不通过与蛋白质结合来抑制肽聚糖的合成，而是在细胞膜中与存在于膜中的前体分子形成复合物导致孔隙形成，致使胞外物质与胞内物质自由进出菌体细胞，导致细菌死亡。因此，抗菌肽能够对感染提供快速的第一线防御，参与固有免疫应答。

五、黑眼圈

黑眼圈也称为眶区特发性皮肤色素增多症、眶周黑病变或眶下色素沉着，在有色人种的眼部皮肤中更常见。黑眼圈可以影响所有年龄段的人，尤其是女性。虽然黑眼圈不会对人类的健康构成威胁，但它会影响患者的容貌，从而影响他们的生活质量。

（一）黑眼圈形成原因

黑眼圈的特征是双侧眼眶皮肤和眼睑变黑。黑眼圈可以是原发性的，也可是继发性的。继发性黑眼圈通常是多因素引起的，包括遗传或结构性色素沉着、真皮黑素细胞增多症、继发于特应性或变应性接触性皮炎的炎症后色素沉着、眶周水肿、与衰老相关的皮肤松弛和泪槽导致皮下血管过多和阴影形成。有一份涉及 200 例黑眼圈患者的研究表明，根据病史、体格检查和皮肤科医生测量评估，发现最常见的黑眼圈类型是血管型，其特征是下眼睑内部出现红斑，伴有显著的毛细血管扩张，或由于可见的蓝色静脉而出现蓝色变色；部分患者出现沿眼眶形状的下睑皮肤出现棕色或黑色的色素沉着；炎症后常产生色素沉着；皮肤松弛、皮肤干燥、激素紊乱、营养缺乏和其他慢性疾病因素也会导致黑眼圈。此外，血瘀也可能在黑眼圈的发病机制中发挥作用。

（二）黑眼圈临床表现

黑眼圈分为两种颜色：青色和茶黑色。

1. 青色黑眼圈

青色黑眼圈通常病因是微血管的静脉血液滞留。一般多发生于 20 岁左右、生活作息不规律的人身上。原因是微血管内血液流速缓慢，血液量增多而氧气消耗量提高，缺氧血红素增大，从外表看，皮肤呈现青色。

2. 茶黑色黑眼圈

茶黑色黑眼圈的成因和年龄增长息息相关。长期日晒造成色素沉淀在眼周，长久积累便形成了难以消除的黑眼圈。此外，血液滞留造成的黑色素代谢迟缓以及肌肤过度干燥也会导致茶黑色黑眼圈的形成。

六、脱发与白发

毛发是一种独特的组织，由角质化的死细胞组成，从真皮延伸到身体外部，通常完全覆盖一些区域，如头皮。人的头发有各种形状、长度和颜色，主要取决于每个个体的特定遗传性质。在哺乳动物中，毛发通常具有多种功能，如提供保护、热调节、警告、交配信号传达以及触觉等。但是，对于人类而言，毛发有更多的社会价值。

（一）脱发成因

1. 头皮毛发的生长周期

头皮毛发的生长周期分为三个阶段：生长期、退行期和休止期（图 2-1）。

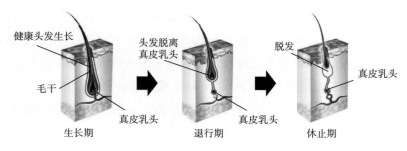

图 2-1 头皮毛发的生长周期

（1）生长期 也称成长型活动期，是指头发生长 2~6 年的阶段，是毛发健康生长的时期。在生长期内，真皮乳头里的成长细胞快速分裂并脱离毛囊进入毛孔，最后角质化形成毛干，同时毛囊变小进入表皮的更深层以获取更多的营养。

（2）退行期 也称萎缩期或退化期，是指生长期后的 2~3 周，这一时期毛囊逐渐萎缩，头发停止生长，发根向皮肤表面推进，不过头发依然不容易脱落。这一时期毛母细胞有丝分裂活性逐渐降低，最终完全丧失时毛囊即进入退行期。此时，毛干继续角化，末梢呈棒状。由于在进入退行期之前毛发就停止合成黑色素，所以导致毛干末端的棒状结构不含有黑色素。

（3）休止期 也称为静止期或休息期，是指退行期之后的 2~3 个月，处在这个阶段的毛囊占总毛囊的 10%。在此阶段，毛囊逐渐萎缩，在已经衰老的毛囊附近重新形成一个生长期毛球，最后旧发脱落但同时会有新头发长出再进入生长期及重复周期。休止期是毛发循环的休止阶段，毛球隐藏在上皮细胞囊中，直至下一个循环周期开始。

2. 导致脱发的因素

脱发一般与生长期缩短和过早进入退行期有关。导致脱发的因素仍存在争议，但遗传易感性、激素功能紊乱、细胞外基质蛋白丢失和局部微炎症被认为是主要诱因。

（1）遗传易感性与脱发 通常与家族史、基因有关，这种脱发机制很难逆转和改变，但是也可以通过健康的生活方式、专业护理、心态调整等来改善。

（2）激素功能紊乱与脱发 从激素的角度来看，雄激素是毛发生长的重要调节因子，而 $5\text{-}\alpha\text{-}$还原酶是其作用的关键。在头皮中，睾酮通过 $5\text{-}\alpha\text{-}$还原酶代谢为雄激素信号较强的 $5\text{-}\alpha\text{-}$二氢睾酮（$5\text{-}\alpha\text{-dihydrotestosterone}$，DHT）。二氢睾酮除了作用于滤泡中的雄激素受体外，还能刺激毛乳头细胞中转化生长因子 β 的合成。转化生长因子 β 信号与抑制角质形成细胞生长和诱导细胞凋亡有关。转化生长因子 β

的病理性表达是炎症和纤维化基质沉积的来源。在毛发生理学中，转化生长因子β是一种退行期诱导剂，可以阻止从静止期重新进入生长期，从而抑制毛发生长。秃发头皮具有较高的 5-α-还原酶活性，导致高水平的二氢睾酮和失调的转化生长因子β信号。

（3）细胞外基质蛋白丢失与脱发　细胞-基质相互作用也是毛发循环中的关键调控步骤。在毛发生长的不同阶段，细胞外基质处于不断重塑中。细胞外基质成分的维持主要由毛乳头成纤维细胞承担，但这种功能必须与毛母质细胞、角质形成细胞进行适当的交换。这些交换发生在位于毛囊上皮-间充质界面的基底膜区。在这个界面上发现的基质蛋白可以作为锚点来维持上皮-间充质的接触并稳定基底膜区。其中包括层粘连蛋白、一些整合素和Ⅶ型胶原蛋白，它们对毛囊的维持和毛囊体积的控制有着至关重要的作用，这些细胞外基质蛋白丢失会导致脱发。

（4）局部微炎症与脱发　微炎症被怀疑是男性秃发的促发因素。暴露于刺激物、污染物和紫外线辐射有可能使角质形成细胞成为炎症介质。在应激状态下，角质形成细胞通过增加促炎细胞因子白细胞介素-1α的产生来作出反应。后者作用于成纤维细胞，刺激其产生参与募集中性粒细胞的细胞因子白细胞介素-8。白细胞介素-1α和白细胞介素-8 均可在毛乳头被诱导表达，并在秃发患者的头发样本中被发现，表明它们参与了病理过程。细胞因子驱动的持续炎症也会激活参与组织重塑和滤泡纤维化的基质金属蛋白酶。

（二）白发

随着年龄的增长，黑素细胞功能会逐渐衰退，导致毛发逐渐变灰和变白。如果家族中有早发白头发的现象，那么后代也有可能出现早发白头发。白癜风、斑秃、白化病等皮肤病，以及慢性消耗性疾病（如恶性贫血、结核病、伤寒、痢疾等）和内分泌疾病（如甲亢、脑垂体病变等），都可能引起白发的出现。缺乏某些必要的营养素，如维生素 B_{12}、蛋白质、锌等，也可能导致白发的出现。营养不良或饮食不均衡可能导致头发颜色的变化。

七、酒渣鼻

酒渣鼻是一种发生在面部的损美性疾病，主要表现为皮肤潮红、毛细血管扩张及丘疹、脓疱，因鼻色紫红如酒渣而得名。近年来，由于人们生活习惯的改变，如习惯性熬夜、饮食上多食辛辣刺激和油脂丰富的食物等，使得我国临床上酒渣鼻的患者逐日增多。由于其生于面部，对患者面部的美观程度有一定破坏，甚至会对患者的自信心等心理健康方面产生影响。

（一）酒渣鼻形成的原因

酒渣鼻是一种面部的慢性炎症性疾病，其病因颇多。

1. 微生物感染

研究发现，蠕形螨感染与酒渣鼻相关。蠕形螨好寄生于人体皮脂腺中，而鼻部、口周又是面部皮脂腺分布较多的部位，达到一定的条件可诱发炎症反应形成或加重酒渣鼻病情。此外，幽门螺杆菌也被认为与酒渣鼻有关。幽门螺杆菌可诱导人胃上皮细胞氧化应激促进一氧化氮、胃泌素等的产生，作用于鼻部而形成红斑及毛细血管扩张。

2. 皮肤屏障破损

当皮肤的屏障功能受损时，皮肤更容易感染并加重酒渣鼻病情。皮肤受到外部刺激，如过度清洁、暴晒太阳、高温环境、洗脸水温过高、使用刺激性产品等，都可能导致皮肤屏障受损，进而引起皮肤红肿、发炎等症状，增加酒渣鼻的发生风险。

3. 免疫方面

天然免疫反应异常，免疫功能异常激活，诱导血管新生和促进炎症发生，与酒渣鼻中的红斑、毛细血管扩张的形成和丘疹脓疱症状都相关联。

4. 遗传因素

酒渣鼻有明显的家族聚集性，若家族中有人患有酒渣肌，个体罹患概率会有提高。

5. 激素水平

酒渣鼻患者中，女性多于男性，但是男性患者病情较重。月经不调以及绝经期女性表现尤为明显，这与女性体内的睾酮及雌二醇水平有密切关系。

6. 其他

生活习惯、季节转换、刺激辛辣饮食、情绪改变等因素均可成为酒渣鼻的加重因素。

（二）酒渣鼻的临床表现

酒渣鼻以颜面部中央持续性红斑和毛细血管扩张为临床特征，严重时伴有丘疹、脓疱甚至出现鼻赘（指鼻尖部的皮脂腺和结缔组织增殖，形成紫红色结节状突起，毛细血管扩张显著，毛囊口明显扩大，较多油光），多发于中年人。

发病初期称为红斑期，主要表现为鼻尖鼻翼皮肤弥散性潮红，在情绪激动、寒冷变化及食用辛辣刺激性食物后更加明显。随着症状加重，酒渣鼻发展到丘疹脓疱期，病变部位除持续性毛细血管扩张更加明显外，还成批出现大小不等的丘疹、脓疱，甚至伴有皮脂溢出。如未得到有效控制，病情将继续发展，将导致鼻部皮肤增生、肥大、变性，皮脂腺异常增大，鼻尖粗糙且明显增大，表面有大小不等的隆起性结节，称为鼻赘，这时病情进展到鼻赘期。

（三）酒渣鼻的预防与治疗

1. 局部治疗

选择外用药物考虑的因素包括皮肤类型、主要体征和症状、作用机制、药物的疗效和耐受性以及过去的治疗方法等。酒渣鼻常用外用制剂的载体成分对活性成分的递送、治疗的耐受性和患者的顺应性非常重要，主要药物有壬二酸凝胶、甲硝唑制剂、酒石酸溴莫尼定凝胶、盐酸羟甲唑啉乳膏、伊维菌素乳膏、钙调神经磷酸酶抑制剂（他克莫司、吡美莫司）等。

2. 口服疗法

一些口服药物已被长期使用，主要用于治疗丘疹脓疱型或红斑型酒渣鼻，如四环素类、大环内酯类、甲硝唑、异维 A 酸、硫酸锌等。

3. 激光和光疗法

多年来，光疗法和激光已被有效地用于治疗酒渣鼻。其中包括强脉冲光（Intense pulse light，IPL，500~1200nm）、脉冲染料激光器（Pulsed dye laser，PDL，585~595nm）、磷酸钛钾激光器（Potassium titanyl phosphate laser，KTP，32nm）和长脉冲掺钕钇铝石榴石激光器（Neodymium-yttrium aluminium garnet laser，Nd：YAG，1064nm）。此外，二氧化碳（CO_2）激光和掺铒钇铝石榴石激光器（Erbium-doped yttrium aluminium garent laser，Er：YAG，2940nm）等烧蚀性激光也被用

于治疗肉芽肿性酒渣鼻。以光为基础的疗法在治疗疾病的各种血管表现如潮红、红斑和毛细血管扩张等方面特别有效。长脉冲染料激光和强脉冲光设备都是治疗该疾病的有效方法，尤其是针对血管方面的病变。

4. 手术疗法

酒渣鼻临床治疗难度较大。它既能够以单一亚型出现，也可以与其他亚型一起出现，甚至在女性患者中同时出现鼻赘和耳赘的情况。手术切除是治疗鼻赘的可选方案之一，射频消融在治疗鼻赘生物方面非常有效。其他方法如磨痂术、电外科、双极电凝术、超声刀、水刀切除术、二氧化碳激光汽化术、冷冻疗法等被尝试用于矫正鼻赘生物。

5. 皮肤护理

酒渣鼻患者皮肤敏感，暴露于阳光或热、饮酒和食用辛辣食物时容易潮红，需要在避免触发因素方面采取个体化的方法。建议酒渣鼻患者常规使用高防晒系数（Sun protection factor，SPF）级广谱防晒霜，首选含有氧化锌、二氧化钛、二甲基硅油或环二甲基硅油等有机硅的物理防晒剂。使用温和的无皂清洁剂、润肤剂和保湿剂进行充分的皮肤护理有助于减少皮肤刺激和维持表皮屏障功能。

第三章　蛋白质类化妆品活性物质

第一节　蛋白质类物质概述

蛋白质是构成人体一切细胞和组织的重要组成部分，是构成生命不可缺少的物质。蛋白质在分子、细胞、器官乃至整体水平上参与众多生物学过程，发挥各种各样的功能，几乎每一个生命环节都有蛋白质的参与和贡献。蛋白质是生命的物质基础，生命是蛋白质存在的一种形式。根据蛋白质的元素分析，蛋白质主要由碳、氢、氧、氮及少量的硫组成。这些元素在蛋白质中的组成百分比为碳50%、氢7%、氧23%、氮16%、硫0~3%。有些蛋白质还会含有一些其他元素，主要是磷、铁、锌、硼、碘和铜等，如血红蛋白含有铁元素、参与机体内铜调节的血浆蓝铜蛋白含有铜元素等。这些元素首先按照一定的结构构成蛋白质的基本单位氨基酸（表3-1），然后氨基酸再通过脱水缩合连成肽链，多肽链再经过盘曲折叠形成具有一定空间结构的蛋白质。通常将蛋白质结构分为一级结构、二级结构、三级结构和四级结构。一级结构通常是指蛋白质肽链的氨基酸残基的序列或氨基酸序列；二级结构是蛋白质的一种高级结构，主要是多肽主链中局部肽段借助氢键形成的周期性结构，包括 α-螺旋、β-折叠、β-转角等；三级结构是指多肽链借非共价力折叠成具有特定走向的完整实体；四级结构是指具有三级结构的蛋白质借助非共价力彼此缔合成寡聚蛋白质。蛋白质分子的氨基酸残基序列和由该序列形成的立体结构构成了蛋白质结构的多样性，同时蛋白质结构的多样性也决定了蛋白质功能的多样性。

表 3-1　　　　　　　　　　基本氨基酸的名称及其缩写

名称	三字母符号	单字母符号	名称	三字母符号	单字母符号
丙氨酸	Ala	A	亮氨酸	Leu	L
精氨酸	Arg	R	赖氨酸	Lys	K

续表

名称	三字母符号	单字母符号	名称	三字母符号	单字母符号
天冬酰胺	Asn	N	甲硫氨酸	Met	M
天冬氨酸	Asp	D	苯丙氨酸	Phe	F
半胱氨酸	Cys	C	脯氨酸	Pro	P
谷氨酰胺	Gln	Q	丝氨酸	Ser	S
谷氨酸	Glu	E	苏氨酸	Thr	T
甘氨酸	Gly	G	色氨酸	Trp	W
组氨酸	His	H	酪氨酸	Tyr	Y
异亮氨酸	Ile	I	缬氨酸	Val	V

生物界中蛋白质的种类众多，在 $10^{10} \sim 10^{12}$ 数量级，这是因为 20 种基本氨基酸在多肽链中的序列不同。蛋白质对生物的重要性不仅体现在他们种类众多且在生物体内无处不在，更重要的是它们几乎无所不能。科学家们依据蛋白质的生物学功能的不同，将蛋白质分为酶、调节蛋白、转运蛋白、储存蛋白、收缩和游动蛋白、结构蛋白、支架蛋白、防卫和保护蛋白等。不同的蛋白质各司其职又相互协作，共同为生物体的健康保驾护航。蛋白质的生物学功能归纳起来有如下几个方面。

1. 维持生长发育

正常人体中含 16% ~ 19% 的蛋白质，大部分存在于人体肌肉组织中，还有部分存在于内脏、血液、皮肤、毛发、指甲等。蛋白质在人体内始终处于不断分解合成的动态平衡中，每天大约有 3% 的蛋白质被更新。因此，人体要通过食物来保证摄入一定量的蛋白质以满足机体生长发育的需要。人体一旦出现蛋白质摄入不足或者摄入过量，有可能引发生理代谢紊乱、疾病产生等不良反应，甚至危及生命。

2. 参与代谢和生理功能调节

蛋白质具有催化、信号转导、物质转运、结构和支撑、防卫和保护等一系列的功能。生物体内各种化学反应几乎都是在相应的酶参与下进行的，而酶的本质基本上都是蛋白质。蛋白质也可以作为调节分子如激素、生长因子、细胞因子等，虽然浓度很低，但它们在特定的器官和组织的代谢中起着重要的调节作用。蛋白质还具有防卫和保护功能，如抗体能抵御外来细菌、病毒的侵害。此外，还有一些具有特殊功能的蛋白质，如血红蛋白、肌凝蛋白和胶原蛋白在体内起着供氧、肌肉收缩和支架作用。

3. 调节渗透压和酸碱平衡

蛋白质分子是由氨基酸通过脱水缩合的肽链构成，保留着游离的氨基和羧基以及侧链上各种的官能团，因此蛋白质属于两性物质，能够缓冲并调节体液的酸碱平衡。正常人的血浆与组织之间的水分处于不断交换并保持平衡的状态，这种状态与血浆中电解质的总量和蛋白质的浓度有关。在两者电解质浓度相等时，水分分布取决于血浆中蛋白质的浓度。若人体缺乏蛋白质，血浆中的蛋白质含量便会降低，导致血液胶体渗透压降低，血液中的水分便会过多地渗入周围组织，造成营养性水肿。

4. 供给能量

虽然蛋白质在体内的主要功能不是供给能量，但老细胞或受损的组织细胞中的蛋白质也会被分解从而释放能量。此外，人体在食物中摄入的蛋白质部分也能够被氧化分解而释放出能量。据研究调查显示，每克蛋白质在体内氧化供能 16.7kJ（4kcal），人体每天所需的能量有 10% ~ 15% 来自蛋白质。

第二节　蛋白质类在化妆品中的应用

近年来，随着对蛋白质研究的不断深入，蛋白质应用不仅仅局限在医疗药物领域，在美容方面同样展现出巨大的发展潜力。越来越多的蛋白质被用于医疗美容，发挥着不可替代的作用，如胶原蛋白、纤连蛋白、弹性蛋白、角蛋白、各种寡肽等。蛋白质在美容领域的产品形式丰富多样，包括注射针、填充剂、面膜、精华、乳膏等，主要用于改善皮肤萎缩、松弛，淡化皱纹、延缓衰老，促进细胞修复和生长，美白防晒等方面。

一、胶原蛋白

胶原蛋白（Collagen）是哺乳动物体内含量最多、分布最广的功能性蛋白质，约占蛋白质总量的 30%。同时，胶原蛋白还是细胞外基质的关键结构成分，存在于所有组织和器官，包括皮肤、骨骼、肌腱、韧带、软骨等。目前，已分离鉴定出 29 种胶原蛋白，根据它们被发现的顺序，用罗马数字 Ⅰ 到 XXIX 进行命名，最常见的胶原蛋白类型为 Ⅰ 型、Ⅱ 型和 Ⅲ 型。胶原蛋白分子由三条左手螺旋的 α 链缠绕形成的右手螺旋结构组成，每条肽链大小约为 100ku，长度为 280nm，宽度为 1.5nm。此外，胶原蛋白分子的每条 α 链又包括 N-端肽（11~19 个氨基酸残基）、三股螺旋区（1014~1029 个氨基酸残基）和 C-端肽（11~17 个氨基酸残基）。

从理化性质来看，胶原蛋白一般为白色、不透明、无支链的纤维状蛋白质，不易溶于水或者弱酸弱碱，不易被一般的酶水解。胶原蛋白在热水中会发生一定程度的水解，变成相对分子质量低的明胶。此外，胶原蛋白的结构和性质会受到某些物理因素（如光、热、辐射等）影响发生改变。胶原蛋白所含的基团种类决定它属于两性电解质，等电点为 7.5~7.8。胶原蛋白含有一些游离的基团，如氨基和羧基，因此能够发生多种化学反应，在特定的条件下，这些活性基团还能够与金属离子发生配位螯合作用。胶原蛋白的氨基酸残基组成及特有的三螺旋结构赋予胶原蛋白独特的生物学功能：生物相容性、低免疫原性、生物可降解性以及凝血性。

（1）生物相容性　胶原蛋白本身是构成细胞外基质的骨架，其三螺旋结构和交联形成的纤维网络是细胞的重要组成部分，不仅能支撑细胞为其提供适宜的生长环境，还能够与细胞周围的基质形成良好的相互作用。

（2）低免疫原性　与其他蛋白质相比，虽然胶原蛋白是大分子物质，但其结构重复性大，因此免疫原性非常低，有时甚至被认为没有抗原性。胶原蛋白作为医用移植材料最重要的特点在于低免疫原性。

（3）生物可降解性　胶原蛋白在特定的蛋白酶存在下，其肽键和三螺旋结构会被破坏降解。随后在体温条件下自发地变性，被其他一些酶降解成寡肽或氨基酸，最后被机体重新利用或代谢排出。

（4）凝血性　胶原蛋白的凝血性表现在促进血小板凝聚和血浆结块。胶原蛋白能够促使血小板发生凝聚形成血栓，进而促使血浆结块阻止流血，达到凝血的效果。

（一）I 型胶原蛋白

1. 分子结构

I 型胶原蛋白是人体内含量最丰富的一种成纤维胶原，约占全部胶原蛋白的90%，大多分布在人体的皮肤、骨骼、韧带、牙齿、肌腱和血管等部位。通常情况下，I 型胶原蛋白是由两条相同的 $\alpha1$（I）和一条 $\alpha2$（I）两种不同 α 肽链构成的异源三聚体 $[\alpha1（I）]_2\alpha2（I）$。此外，在虹鳟鱼的皮肤和肌肉中发现另一种异型三聚体 $\alpha1（I）\alpha2（I）\alpha3（I）$。随着研究的深入，人们还在巨型海参的皮肤中发现一种由 $[\alpha1（I）]_3$ 同源三聚体组成的 I 型胶原蛋白。

2. 生物学功能

在生物体内Ⅰ型胶原蛋白是最丰富的胶原蛋白类型，其在皮肤的真皮细胞外基质中含量超过80%，在骨骼中占比超过90%，因此Ⅰ型胶原蛋白在皮肤和骨骼中发挥最突出的功能。Ⅰ型胶原蛋白往往以胶原纤维的形式发挥作用，不仅能够赋予组织柔韧性，起到抗撕裂的保护作用，更重要的是能够形成组织并保持组织的完整性。除生物力学功能外，Ⅰ型胶原蛋白还能够在细胞分化与发育中起重要作用，如维持细胞的完整性及传递细胞外信号等。

（二）Ⅱ型胶原蛋白

1. 分子结构

在20世纪70年代初，从鸡软骨组织中分离出一种新型的胶原蛋白，称为Ⅱ型胶原蛋白。Ⅱ型胶原蛋白是一种丰富的软骨基质分子，主要存在于玻璃体和软骨中。Ⅱ型胶原蛋白的分子结构和超分子聚集行为都与Ⅰ型胶原蛋白相似，它是由三条相同的$\alpha 1$（Ⅱ）肽链组成的同型三聚体超螺旋结构。此外，利用光摄技术发现Ⅱ型胶原蛋白分子在中性溶液的长度为295.8nm，具有柔性特征。

2. 生物学功能

Ⅱ型胶原蛋白除了具备胶原蛋白的基本生物学功能外，还具备一些独特的生物学功能。

①维持软骨组织的完整性。Ⅱ型胶原蛋白是透明软骨细胞外基质中最丰富的蛋白质，同时也是软骨细胞表达的特征性蛋白，它可以与蛋白聚糖及其他成分紧密结合，维持基质成分平衡，使关节灵活运动。

②刺激软骨细胞生长和再分化。研究发现Ⅱ型胶原蛋白能够激活人骨髓间充质干细胞向软骨细胞的分化，促进软骨细胞的增殖等。

③诱导免疫耐受。Ⅱ型胶原蛋白与许多疾病有关，如骨骼发育不良、类风湿性关节炎和骨关节炎。此外，将适宜浓度的Ⅱ型胶原蛋白诱导人体免疫耐受，可预防或缓解类风湿性关节炎病症。

（三）Ⅲ型胶原蛋白

1. 分子结构

Ⅲ型胶原蛋白是一种微小的支撑纤维，广泛存在于人体结缔组织中，如皮肤、血管、肌肉等。Ⅲ型胶原蛋白经常与Ⅰ型胶原蛋白分布在相同位置，但是Ⅲ型胶原蛋白纤维的直径往往小于Ⅰ型胶原蛋白。此外，Ⅲ型胶原蛋白是一种同源三聚体，由三条相同的 $\alpha1$（Ⅲ）肽链组成，即 $[\alpha1（Ⅲ）]_3$。

2. 生物学功能

Ⅲ型胶原蛋白作为细胞外基质蛋白，不仅使皮肤、血管、肠道等组织和器官具有弹性，维持其完整性，还在凝血级联反应中与血小板相互作用，是伤后愈合的重要信号分子。在皮肤中，Ⅲ型胶原蛋白可促进成纤维细胞生长，维持和修复皮肤弹性，达到抗皱紧致的效果。不仅如此，Ⅲ型胶原蛋白还能充当Ⅱ型胶原蛋白及其他小型胶原蛋白的修饰剂，促进Ⅰ型胶原纤维的生成。

（四）重组胶原蛋白

重组胶原蛋白是通过将胶原蛋白的天然基因序列或重新优化设计的基因序列，导入选定的宿主细胞（如大肠杆菌或酵母菌）中，经过培养、发酵、分离纯化等工艺，获得的具有一定天然胶原蛋白特征和主要功能的蛋白质。此外，重组胶原蛋白技术还可以用于无法从组织中规模获取的不同类型胶原蛋白的大量生产及一些在其他动物群体中存在的独特类型胶原蛋白的生产。重组胶原蛋白不仅具备天然胶原蛋白生物相容性、低免疫原性、生物可降解性等一系列优点，而且在安全性、保湿性、水溶性、亲和性方面更加优异。更重要的是，人们可以对重组胶原蛋白的基因序列进行设计和合成使其具备更多的生物功能。此外，重组胶原蛋白还具备可加工性能更强、组分单一、制备过程可控、生产周期短等特征，因此在实际生产过程中获得的产品品质也更加容易控制。

重组胶原蛋白因其具有促进表皮细胞生长、加快伤口愈合的功效，被广泛应用于生物医疗领域，如组织修复工程、药物递送和蛋白质替代疗法等。通过运用多种制备方法，重组胶原蛋白及其片段被制成多种类型的 3D 材料，如多孔海绵、纤丝和膜等，以更好地支持细胞附着和生长。近年来，重组胶原蛋白在美容行业同样展现出巨大的发展潜力，尤其在护肤品和洗护发产品中。重组胶原蛋白可作为美容产品的添加剂，实现修护、抗衰、保湿、美白等功效。重组胶原蛋白的免疫原性更低、水溶性更好，因此是理想的产品添加剂。目前含重组胶原蛋白的美容产品主要包括眼膜、面膜、喷雾剂、原液、冻干粉、洗发水、护发素等。

二、纤连蛋白

（一）纤连蛋白结构与性质

纤连蛋白（Fibronectin，FN）是一种广泛存在于血浆、多种细胞表面的高分子糖蛋白，是细胞外基质的主要成分之一，其相对分子质量为 $4.5×10^5$，由两个亚基通过 C 末端的二硫键交联形成二聚体，每个亚基的相对分子质量为 $(2.2\sim2.5)×10^5$，整个分子呈 V 形。纤连蛋白的每个亚基有数个结构域，它们由三种重复的模块组成，其中包括 12 个重复的 Ⅰ 型模块（FNⅠ）、2 个重复的 Ⅱ 型模块（FNⅡ）和 15~17 个重复的 Ⅲ 型模块（FNⅢ）（图 3-1）。每个结构域均有特定的功能，可与特殊配体结合，具有多种生物学功能。如，纤连蛋白 FNⅢ10 上的精氨酸-甘氨酸-天冬氨酸残基序列（Arg-Gly-Asp，RGD）能够识别整合素异二聚体并与之结合，进而促进细胞黏附、迁移。研究发现，在细胞外基质重塑过程中，纤连蛋白的一个隐藏肝素结合片段 FNⅢ1 被暴露，与 FNⅢ10 上的整合素结合域起协同作用促进细胞增殖、黏附和细胞外基质堆积。霍金（Hocking）的研究发现，通过将 FNⅢ10 上的 RGD 环状结构域嫁接到 FNⅢ1 模块，构建的更小相对分子质量的纤连蛋白模块同样能够促使细胞增殖黏附，并且能够加快糖尿病足伤口的愈合。另外，纤连蛋白分子也具有其他黏附位点，分别与生长因子、胶原蛋白、纤维蛋白等结合，这共同决定了细胞外基质的稳定性。纤连蛋白不同功能结构域如图 3-1 所示。

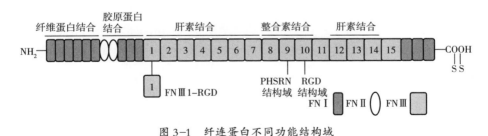

图 3-1　纤连蛋白不同功能结构域

（二）纤连蛋白的生物学功能

纤连蛋白在调控细胞黏附、迁移、生长、增殖和分化中起着非常关键的作用，并参与伤口愈合、胚胎发育、机体免疫调控等过程，具有多种生物活性及细胞再生修复的生物学功能（图3-2）。纤连蛋白作为细胞外基质的基础，促进基质的产生和组装、增强细胞间和细胞与基质间的粘连，保持组织的完整性；作为趋化因子，诱导外周血中的吞噬细胞、上皮细胞、成纤维细胞的迁移；具有生长因子的作用，促进成纤维细胞的增殖；参与胚胎发生和神经再生中的细胞分化过程。

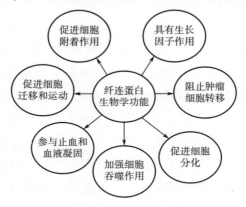

图3-2　纤连蛋白的生物学功能

　　纤连蛋白强大的生物学功能奠定了其在创伤修复、细胞培养、美容护肤等多个领域的应用基础。纤连蛋白参与创伤修复的全过程，尤其对创伤愈合早期起着重要作用。如图3-3所示，在创伤初期的凝血阶段，纤连蛋白从血小板中释放出来，通过与血浆转谷酰胺酶与纤维蛋白交联，促进血小板附着于血管周围，加速凝血过程；纤连蛋白同时激活中性粒细胞，增强其黏附力，加速其向创伤区聚集。在创伤修复炎性阶段，纤连蛋白相互交联后黏附于血凝块上，有助于成纤维细胞在其上的移动并迅速进入伤区，进入伤区的成纤维细胞可大量分泌纤连蛋白，并与Ⅰ型胶原蛋白共同沉积在细胞间质中；在创伤修复增殖期，肉芽组织形成并逐渐成熟，纤连蛋白与玻连蛋白、Ⅰ型胶原蛋白共同构成细胞外支架，促进肉芽组织增生及成熟，从而加快损伤组织修复和重塑。

　　另外，纤连蛋白作为细胞培养的基质，可提高多种细胞的贴壁率、汇合率，缩短细胞汇合时间，使细胞形态结构良好，代谢率增强，DNA、RNA及蛋白质合成速度显著提高，细胞的集落率升高，原代培养成活率提高。

　　随着人们对化妆品的成分和功效越来越重视，成分天然、安全的功效型护肤品逐渐受到广大消费者的青睐。纤连蛋白作为一种细胞外基质的天然存在的分子，在美容护肤方面发挥多种作用，如刺激细胞产生保湿因子（透明质酸、神经酰胺）；调动吞噬系统清除新陈代谢废物及多余的黑色素，活跃面部微循环；激活成纤维细胞分泌胶原纤维、弹性蛋白、网状纤维，减少皱纹形成等。

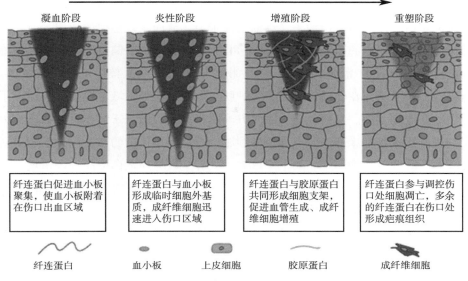

凝血阶段	炎性阶段	增殖阶段	重塑阶段
纤连蛋白促进血小板聚集，使血小板附着在伤口出血区域	纤连蛋白与血小板形成临时细胞外基质，成纤维细胞迅速进入伤口区域	纤连蛋白与胶原蛋白共同形成细胞支架，促进血管生成、成纤维细胞增殖	纤连蛋白参与调控伤口处细胞凋亡，多余的纤连蛋白在伤口处形成疤痕组织

纤连蛋白　　　血小板　　上皮细胞　　胶原蛋白　　　成纤维细胞

图 3-3　纤连蛋白在伤口修复不同时期的作用

（三）纤连蛋白产品与开发

目前，基于纤连蛋白的产品主要分为美容护肤产品、组织修复产品等。美容护肤品有纤连蛋白冻干粉、纤连蛋白凝水霜、纤连蛋白祛痘精华液以及纤连蛋白面膜等。这些产品中纤连蛋白的主要功效是舒敏、保湿、紧致、修护、抗衰。具体来说，化妆品中纤连蛋白的添加可以起到舒缓敏感肌肤、修复面部过敏、红血丝等问题；纤连蛋白能够和多种胶原蛋白进行绑定对接，有很强的促进皮肤肌底胶原蛋白再生的作用，可以改善皮肤凹陷垮塌等问题，使皮肤恢复弹润饱满；纤连蛋白能够刺激细胞分泌神经酰胺、内源性层粘连蛋白、胶原纤维、弹性纤维、透明质酸等肌肤必需的各类营养物质，达到滋养肌肤的效果；除此之外，纤连蛋白还具有非特异性调理素的作用，通过调动吞噬细胞（巨噬细胞、中性粒细胞）吞噬肌肤产生的毒素、衰老细胞、组织损伤后产生的组织碎片、肌肤残留的重金属及其他有害物质，从而创造良好的肌肤微环境，让肌肤始终处于健康、通透的状态。由此可见，化妆品中纤连蛋白的功效十分强大。

基于纤连蛋白的组织修复产品有纤连蛋白妇科凝胶，用于修复宫颈糜烂，其纤连蛋白成分能抑制皮肤黏膜细菌感染，可直接促进细胞的黏附、迁移、增殖，从而实现溃疡糜烂快速愈合的目的。另外，纤连蛋白治疗皮肤顽固性溃疡具有显著效果，可以加速创面愈合，促进血管生成，减少炎症，同时纤连蛋白协助细胞产生并积累胶原蛋白，使疤痕慢慢消失又逐渐增加张力，从而减轻疤痕的形成。

国内对纤连蛋白的研究始于 20 世纪 80 年代，研究初期偏重于对纤连蛋白临床方面的应用。进入 21 世纪，随着分子生物学的发展以及人体组织工程学的兴起，纤连蛋白的相关研究在伤口修复、美容护肤、生物材料等领域取得突破，促进了纤连蛋白的产业化发展。然而，与一些西方国家相比，我国对于纤连蛋白的研究大多集中在机制探索和临床理论研究等上游领域，而对纤连蛋白的产业化开发和市场营销推广等下游领域发展不足。几十年过去，只有少数纤连蛋白产品进入市场，但仍未占据市场的主要份额。相信随着国家鼓励生物医疗大健康产业发展战略的出台，国内相关科研院校、医疗机构和产业单位在纤连蛋白的研究、应用与推广中的不断深入，纤连蛋白产业的开发以及相关产品的应用必将迎来新的发展机遇。

三、角蛋白

（一）角蛋白的结构与性质

角蛋白（Keratin，K）是上皮细胞中最丰富的结构蛋白，与胶原蛋白聚合，是动物中最重要的生物聚合物。角蛋白是一种富含半胱氨酸的纤维蛋白，具有三维网状结构，与中间丝（IFs）结合，形成细胞骨架和表皮附件结构，如指甲、毛发、蹄、壳、爪、角、喙等。根据硫的含量，角蛋白可以分为硬角蛋白和软角蛋白。软角蛋白具有少量的硫，由松散排列的细胞质细丝束形成，为上皮组织（表皮）提供弹性。与软角蛋白相比，硬角蛋白含有更多的二硫化物交联，主要形成坚硬的表皮结构，提供结构韧性。

在一级结构上，角蛋白由胱氨酸、脯氨酸、苏氨酸等 18 种氨基酸通过酰胺键交联而成，其中，丙氨酸、胱氨酸、脯氨酸的含量较高。角蛋白侧链上的活性基团之间相互作用使得角蛋白肽链发生弯曲，形成 α-螺旋和 β-折叠的空间结构。α-螺旋结构纵向并列形成 α-角蛋白，伸缩性能良好。而 β-折叠结构以平行方式堆积形成 β-角蛋白，结构接近完全伸展状态，故其延伸性相对较小。α-角蛋白的相对分子质量在 $(4\sim6.8)\times10^4$，β 型的相对分子质量为 $(1\sim2.2)\times10^4$。从宏观尺度来看，α-角蛋白主要存在于哺乳动物的毛发、指甲、蹄、角和皮肤角质层中。相比之下，β-角蛋白是鸟类和爬行动物坚硬组织的主要成分，包括鸟类的羽毛、爪和喙以及爬行动物的鳞片和爪子。在三级结构上，角蛋白的结构主要由不同氨基酸组成的多肽链作为主干，大分子主链之间通过二硫键、氢键、疏水键及盐键等连接，形成交联的三维立体网状结构。

角蛋白含有丰富的半胱氨酸残基（7%～13%），具有独特的结构和理化性质。半胱氨酸在肽链之间或在肽链内部形成大量的二硫键，结合氢键、疏水键和离子键，角蛋白表现出显著的机械性质，可以抵抗大多数的化学和物理环境因素。这些蛋白质不溶于水和许多弱酸、弱碱溶液，并且可以抵抗有机溶剂和常见的蛋白消化酶，如胰蛋白酶和胃蛋白酶。此外，由于大量半胱氨酸的存在，可以通过修饰角蛋白上的巯基以达到特性的功能，赋予其较高的化学可修饰性。

（二）角蛋白的生物学功能

1. 促进伤口愈合

角蛋白在伤口愈合的各个阶段都发挥着重要作用，使角蛋白基材料成为伤口敷料的良好候选材料。伤口愈合包含四个连续但重叠的阶段：止血、炎症、增殖和重塑。角蛋白肽链主体是具有细胞黏附位点的氨基酸链段，如谷氨酸-天冬氨酸-丝氨酸（EDS）、亮氨酸-天冬氨酸-缬氨酸（LDV）和精氨酸-甘氨酸-天冬氨酸（RGD），交联水凝胶网络中的角蛋白可模拟细胞外基质，并为血小板的黏附提供位点，为凝血级联反应提供催化表面，角蛋白可以激活血小板，进而促进纤维蛋白凝块的形成。该过程不受温度和凝血因子浓度的影响，对患有凝血障碍和严重疾病的个体起着关键作用。在炎症期，角蛋白影响巨噬细胞极化，抑制 M1 表型，促进 M2 表型，从而调节细胞因子的释放。在增殖阶段，角蛋白 6A（KRT6A）、角蛋白 16（KRT16）和角蛋白 17（KRT17）的早期诱导会刺激角质形成细胞的激活和迁移，进而加速伤口闭合和上皮化。同时，角蛋白通过影响 BMP-4 和 p38MAPK 信号通路，促进卵黄囊内的血管生成和造血功能。在重构阶段，角蛋白通过上调Ⅳ型和Ⅶ型胶原蛋白的表达来刺激肌成纤维细胞的形成。

此外，角蛋白还具有聚集红细胞和快速凝血的作用，聚集红细胞可以使角蛋白基敷料更好地结合在伤口处，且角蛋白基敷料在该伤口处可以以更快的速率引起纤维蛋白原聚合成纤维蛋白，从而达到快速凝血的作用。

2. 药物释放载体

角蛋白作为天然生物材料，富含大量羟基、羧基和氨基等反应性化学基团，能够与生物活性分子相互作用。角蛋白中还含有多个巯基和二硫键，为负载药物进行可控释放提供了黏性基质。

（三）角蛋白产品与开发

角蛋白可以被全部提取或水解成多肽形式，用于多种用途，包括纺织工业、生物医学、骨骼和皮肤再生以及化妆品行业等。

角蛋白临床应用最早可以追溯到明代，《本草纲目》中记载血余炭有"止血、生肌"之效，可利用发灰来治愈伤口和凝结血液，这充分证明了角蛋白的医用价值。角蛋白因其具有独特而优良的止血、抗炎和促进细胞生长的特性，在伤口敷料领域引起了广泛的关注。研究者通过静电纺丝技术合成了角蛋白基材料的纳米纤维敷料，该敷料与传统医用纱布相比，可以长期稳定释放药物，有助于提高创面部位的抗菌活性，吸收组织渗透物，使创面快速修复。角蛋白在被应用于体内止血时可诱导高黏度凝胶的形成，口服角蛋白水凝胶应运而生，可黏附于溃疡创面，抑制炎症，加速溃疡愈合，在口腔护理方面有广泛应用。

角蛋白有高抗性的理化性质和特殊的生物学作用，在维持表皮正常的生理功能中起着重要的作用，帮助皮肤抵抗外界损伤，减少细胞间隙，为上皮细胞和组织提供支架，从而维持细胞或组织结构的完整性，促进伤口愈合，在美容护肤领域有着巨大的应用潜力。在保湿补水型护肤品中添加角蛋白，可利用其特性修复受损肌肤，重建肌肤屏障，促进肌肤再生。

另外，角蛋白作为人头发的主要成分，具有良好的生物降解性和长期的生物相容性。研究者开发了角蛋白微针贴片，可用于传递毛囊干细胞激活物，以调节毛囊周期和促进毛发再生。在护发类产品中添加角蛋白，可修复损伤的头发纤维，强健发丝，减少断发。

四、丝聚蛋白

（一）丝聚蛋白的结构与性质

丝聚蛋白（Filaggrin，FLG）是人体皮肤角质层的关键结构蛋白，富含组氨酸，以其聚集角蛋白中间丝的能力而命名，其相对分子质量约为 3.7×10^4。丝聚蛋白前体（Pro-Filaggrin）是一种高度磷酸化、功能不活跃的聚合物，相对分子质量大于 4×10^5。丝聚蛋白前体由丝聚蛋白基因编码，这是一个位于染色体 1q23.3 上的表皮分化复合体上的大型高度重复基因，该基因由 3 个外显子组成，其中外显子 3 编码整个蛋白质（图 3-4）。人源丝聚蛋白基因具有基因内拷贝数变异，其等位基因编码 10、11 或 12 个聚丝蛋白单体。这些变异的等位基因导致表皮中不同水平的聚丝蛋白。结构上，丝聚蛋白前体 N 端包含一个钙结合基序和核定位单元，中间连接 10~12 个丝聚蛋白单体，具有角蛋白绑定属性，C 端结构域在丝聚蛋白前体降解为丝聚蛋白单体过程中起作用。

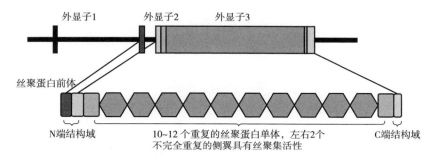

图 3-4　丝聚蛋白基因及丝聚蛋白前体结构

丝聚蛋白前体在表皮分化的晚期表达，新合成丝聚蛋白前体中每一个丝聚蛋白及连接肽多处丝氨酸被广泛磷酸化。磷酸化的丝聚蛋白前体不溶于水，聚集在表皮颗粒层，并在随角质形成细胞迁移的过程中逐渐被酶降解。首先在颗粒层由天冬氨酸蛋白酶将丝聚蛋白前体水解成丝聚蛋白单体，丝聚蛋白单体通过与角蛋白丝结合并折叠成一个扁平的方形来促进细胞骨架的机械强度。在角质层外层，丝聚蛋白单体经过含半胱氨酸的天冬氨酸蛋白水解酶-14（Caspase-14）、钙蛋白酶-1（Calpain-1）和博来霉素水解酶降解为反式尿酸（UCA）和吡烷酮羧酸（PCA）等氨基酸代谢物。这些吸湿性氨基酸与其他亲水性物质结合，构成具有保湿和防紫外线功能的天然保湿因子（NMF）的衍生物（图 3-5）。

（二）丝聚蛋白的生物学功能

丝聚蛋白是构成皮肤角质层结构和功能多样性不可分割的一部分，其主要功能是参与表皮细胞的分化以及皮肤屏障的形成。丝聚蛋白在皮肤屏障功能中的作用主要有以下几点。

1. 表皮物理屏障作用

丝聚蛋白在参与组成皮肤表皮外层的角质化包膜过程中促进表皮分化，形成表皮角质层独特的屏障结构，且丝聚蛋白是连接角蛋白纤维的重要分子，在丝聚蛋

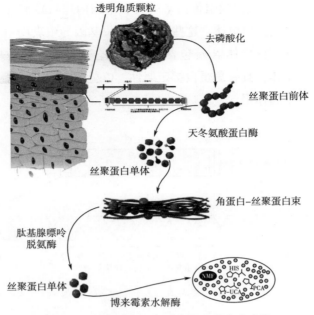

图 3-5　丝聚蛋白形成天然保湿因子的过程

白单体的协助连接下，角蛋白成纤维束有规则的聚集和排列，促进细胞紧密状态的形成，角蛋白细胞骨架塌陷，使椭圆形的颗粒层细胞塌陷成扁平的角质细胞，从而提高角质层的机械强度和完整性。

2. 表皮水分保持作用

在角质层中上层，丝聚蛋白从角蛋白纤维束中解离出来，转化降解形成吸水性氨基酸混合物，组成具有渗透活性的物质形成天然保温因子，通过渗透压来吸引水分子，再通过水合作用锁住皮肤水分。天然保温因子的吸水功能可以维持表皮的水合作用，减少经表皮水分的丢失，保持皮肤含水量。

3. 表皮酸性环境维持

丝聚蛋白是一种富含组氨酸的蛋白质，其有机酸分解物有助于维持表皮 pH，表皮的弱酸性环境可以抑制微生物定殖，同时可以给参与神经酰胺代谢的酶提供适宜的环境，并调节协调表皮分化和角质化细胞包膜形成所需的丝氨酸蛋白酶级联反应的活性。

4. 表皮紫外线防护作用

丝聚蛋白降解产生的反式尿酸通过紫外辐射可以转化为顺式尿酸，具有一定的紫外线防护作用。丝聚蛋白的编码基因突变而导致的丝聚蛋白防御或功能障碍是导致过敏性皮肤疾病（如寻常型鱼鳞病和特应性皮炎）的最重要的遗传风险因素之一。丝聚蛋白功能缺失突变会导致角蛋白丝紊乱、层状体负荷受损和层状双分子层结构异常，角质桥粒密度和细胞间紧密连接表达也有所降低。这些因素可能导致皮肤屏障功能受损和过敏原暴露的增强。丝聚蛋白缺失突变也会导致天然保湿因子水平降低，皮肤角质层水合作用减少，水分流失增加引起皮肤干燥。此外，丝聚蛋白缺失突变导致其有机酸能代谢物的减少会提高皮肤角质层 pH，升高的 pH 增强了相关蛋白酶活性，并促进葡萄球菌的黏附和增殖，进而破坏皮肤微生物群的生态平衡，引起皮肤炎症。

（三）丝聚蛋白产品与开发

丝聚蛋白是表皮细胞的分化蛋白，是表皮屏障的重要组成部分，其缺乏会导致外来病原体通过破损的表皮屏障进入机体，具体表现为：皮肤干燥，易受感染、刺激和过敏以及其他不良后果，如皮肤病、皮肤癌等。丝聚蛋白的分解转化产物天然保湿因子、皮肤脂质双层、透明质酸是支持皮肤水合作用的三个关键因素，三者共同促进、维持表皮和皮下的保湿功能，以确保皮肤形成健康的屏障。

天然保湿因子是一组水溶性小分子物质，有强吸水性，其成分安全，价格便宜，所以在很多保湿型护肤品中都有添加。天然保湿因子如此受青睐，其价值不止于单纯的保湿功能，优点还在于使用成分组成与皮肤自体保湿成分相同的保湿剂，对肌肤的刺激反应小。此外，天然保湿因子还有维持角质细胞的正常运作、修复受损的皮肤屏障、提高肌肤的保湿能力的作用。在保湿面霜中添加丝聚蛋白激活剂，可以激活丝聚蛋白来制造保湿因子，稳固支撑肌肤屏障的砖块结构，达到"堆砌砖块"的效果；结合天然神经酰胺可以强化肌肤保湿，促使细胞间脂质缜密的黏合在一起，犹如造房子时"水泥"连接砖块的概念。丝聚蛋白的分解产物吡烷酮羧酸等也可添加进入护肤品中，搭配神经酰胺为脆弱的肌肤屏障补充缺乏的天然保湿因子，帮助修护受损肌肤屏障，从根源恢复肌肤的保湿能力。

五、弹性蛋白

（一）弹性蛋白的结构与性质

弹性蛋白（Elastin）是一种重要的细胞外基质蛋白，它们为组织提供弹性和柔韧性。弹性蛋白存在于大多数受力软组织中，如肌腱、韧带、主动脉、皮肤，在体内可与微原纤维结合形成弹性纤维，赋予组织强大弹性，有"人体橡胶"的美称。虽然弹性蛋白仅占皮肤总蛋白含量的 2% ~ 4%，但它对皮肤结构的维持至关重要。弹性蛋白富含甘氨酸、脯氨酸、丙氨酸、亮氨酸和缬氨酸等非极性氨基酸，疏水性氨基酸含量高达 95%，通常以含有大量的 3~9 个氨基酸组成的重复序列，形成灵活且稳定的结构。弹性蛋白初合成时为水溶性单体，相对分子质量为 $7×10^4$，称为原弹性蛋白（Tropoelastin，TE），在修饰中部分脯氨酸羟化生成羟脯氨酸。原弹性蛋白从细胞中分泌出来后，部分赖氨酸经氧化酶催化氧化为醛基，并与另外的赖氨酸的 ε-氨基缩合成吡啶衍生物，称为链素。

（二）弹性蛋白的生物学功能

弹性蛋白的组装是一个复杂的过程，其前体可溶性的弹性蛋白原，在皮肤中主要由成纤维细胞合成。在细胞内，原弹性蛋白与弹性蛋白结合蛋白（Elastin-binding protein，EBP）相结合，弹性蛋白结合蛋白可以保护原弹性蛋白免受不必要的细胞内降解和凝聚，还能负责原弹性蛋白向细胞膜的运送。随后原弹性蛋白被分泌到细胞外微纤维构成的骨架上，通过赖氨酰氧化酶（Lysyl oxidase，LOX）的交联作用转化为不可溶的弹性蛋白聚合物。原弹性蛋白的表达在胎儿生命晚期开始，在新生儿阶段达到非常高的水平，然后逐渐下降，成年后几乎没有新的弹性蛋白生成。弹性蛋白半衰期约为 70 年，常年发挥作用但数十年无更新，在长时间的工作中会积累各种损伤，变性弹性蛋白在真皮中的堆积会引起弹性纤维增粗、卷曲和排列紊乱，导致皮肤弹性降低，屏障能力减弱，进而产生皱纹、斑块与结节。因此，弹性蛋白在皮肤医学中的应用备受关注。

目前，科学研究已证实弹性蛋白在皮肤损伤修复过程中发挥着至关重要的作用。这一过程涉及角质形成细胞的迁移、血管再生、成纤维细胞的增殖与迁移以及真皮的重建。弹性蛋白通过与不同细胞表面的受体结合，精准参与损伤修复的不同阶段，确保皮肤恢复至最佳状态。在动物实验中，弹性蛋白在损伤修复和真皮再生方面的积极作用得以验证，并且已被纳入治疗烧伤患者的临床研究之中。除了皮肤修复外，弹性蛋白还展现出改善血管老化、保护心血管健康的效果。同时，它还能增强肌肤弹性，显著改善肌肤的整体状态。值得注意的是，弹性蛋白对于抑制胸部下垂也起到了不可或缺的作用，为女性提供了额外的健康保障。

（三）弹性蛋白产品与开发

1. 天然弹性蛋白

由于弹性蛋白不溶于水，天然弹性蛋白的提取较为困难。目前弹性蛋白主要从动物组织中提取。牛颈部韧带经 CNBr 处理后，再通过酶消化除杂，首次得到低溶解度的弹性蛋白。鸡皮经 NaCl 脱脂和 NaOH 降解等步骤，提取得到可溶弹性蛋白。不同品种的鱼、各组织和器官中弹性蛋白的含量也不同，其中鲣鱼心脏动脉球被认为是弹性蛋白的最佳来源。鲣鱼动脉球连接心脏，控制血液流动，弹性组织丰富，然而一条鱼身上仅可取出一枚动脉球，因此鲣鱼弹性蛋白异常珍贵。动物提取的弹性蛋白易降解为片段，丧失弹性蛋白的结构特征和生物活性，并且存在病毒传播风险，严重限制了其在组织工程领域的应用。

2. 类弹性蛋白

由于天然弹性蛋白具有难提取、难溶、难获得、研究方法等限制，而基因重组类弹性蛋白具有水溶性好、质量可控和无病毒传播风险等优势，因此引起越来越多的关注。类弹性蛋白多肽（Elastin-like polypeptides，ELPs）是基因工程合成的重复人工多肽，其结构主要由五肽（Val-Pro-Gly-Xaa-Gly，VPGXG）重复单元串联而成，其中 Xaa 代表除脯氨酸以外的任何一种氨基酸。类弹性蛋白具有与天然弹性蛋白相似的可逆相变特性，这种相变或自组装过程主要是温度感应的聚集，在一定环境条件下，若温度低于相变温度，类弹性蛋白高度可溶，反之，高于该温度时则组装形成凝聚相，随着温度降低，又恢复溶液态。类弹性蛋白可以在大肠杆菌中重组表达，通过对类弹性蛋白序列和长度的从头设计，精确控制其生物学活性、化学反应性和物理特性，包括它们的刺激响应和自组装行为，使其对生物医学应用具有吸引力。

全球弹性蛋白的市场仍处于起步阶段。临床文献显示，皮肤弹性下降、产生皱纹、皮肤松弛等老化现象和弹性蛋白的减少和变性有关。目前，国外企业纷纷在传统的胶原蛋白产品中添加弹性蛋白，打造胶原蛋白和弹性蛋白联合的市场热点。尤其在日本市场，多款口服美容产品中添加了鲣鱼弹性蛋白肽原料，主打双蛋白、低热量概念。日本企业在弹性蛋白肽领域扎根较早，他们生产出来的鲣鱼弹性蛋白肽也是很多品牌产品使用的原料。

第四章　生物酶类化妆品活性物质

第一节　生物酶类物质概述

生物酶作为生物体内的催化剂，其应用场景非常广泛，市面上凡是涉及生物相关应用的产品与技术，基本上都可以找到对应的酶技术应用。生物酶应用于化妆品行业已经有上百年的历史，作为天然的生物催化剂，生物酶类化妆品成分主要发挥去角质作用，可帮助皮肤细胞更新，促进美容活性成分渗透，使皮肤恢复自然状态，并改善皮肤的质地和均匀性，从而改善皮肤外观。在《已使用化妆品原料目录（2021 年版）》中收录的蛋白酶类原料包括木瓜蛋白酶、菠萝蛋白酶等，其应用产品有角质软化剂、抗静电剂、头发调理剂、皮肤调理剂等。

生物酶类活性物质主要发挥分解特定成分、加速氧化反应等作用，从而提高化妆品的稳定性和功效，如角质层去除，通过添加角质酶到护肤品中，可以促进角质代谢，去除死细胞，令肌肤更加光滑细腻；生物酶还可以用于果酸酶的合成，果酸酶能够剥离老化的角质细胞，促进新的细胞生成，达到去除角质、平滑肌肤的效果。除了上述应用外，生物酶类活性物质还可以用于其他类型的化妆品，如美白、抗衰老等产品。如酪氨酸酶是一种重要的生物酶，可以用于美白化妆品，通过抑制黑色素的形成来达到美白的效果；蛋白酶可以作为皮肤调理剂应用，分解蛋白质为氨基酸，协助代谢表皮老旧细胞；脂肪酶催化曲酸酯的合成，曲酸酯抑制皮肤黑变，具有美白的效果；溶菌酶用在护肤品具有强化皮肤抗菌力、抑制细菌繁殖、消炎退肿的作用，尤其对暗疮杆菌有强大的杀灭作用。

总之，生物酶类活性物质在化妆品中具有广泛的应用，它们可以提高产品的吸收效果、稳定性和功效，还可以改善肌肤质地和美白等。随着科学技术的不断进步，相信未来还会有更多的生物酶类活性物质被应用到化妆品中，为消费者带来更好的使用体验和效果。

第二节　生物酶类在化妆品中的应用

一、蛋白酶类

（一）鱼卵蛋白酶

鱼卵蛋白酶是一种提取自鱼卵的丝氨酸蛋白酶。鱼卵蛋白酶商品名为 Zona-se™，由德国 Aqua Bio 公司开发。

鱼卵蛋白酶应用于化妆品的灵感源于一次偶然发现。美国化妆品公司 Restorsea LLC 的首席执行官帕特丽夏·鲍（Patricia Pao）在参观挪威最大的三文鱼孵化场 Aqua Bio 公司时，注意到从事三文鱼卵孵化作业的工人的手每天长期浸泡在幼鱼的孵化液中，看起来十分细嫩、年轻，没有任何损伤的迹象，这激发了他将鱼卵孵化液开发成抗老化美容原料的兴趣。事实证明，刚出生的鱼苗会释放一种独特的酶，可溶解卵的外壳使幼鱼能够破壳而出。这种酶识别区通过与死皮细胞结合，并作为去角质功能区的特异性识别标志，靶向性地溶解死皮，一旦被标记的死皮细胞被溶解，去角质功能区就会自动关闭，不会伤害到新生的细胞和皮肤。

1. 生物学功能

（1）去除皮肤角质　在鱼卵孵化过程中，产生的特异性鱼卵蛋白酶与人类皮肤自然分泌的酶相同，鱼卵蛋白酶会降解皮肤中角质层特定的细胞结合位点——角质桥粒。死皮细胞被温和地剥离，而底部的活皮肤细胞保持不变。临床研究表明，使用含有鱼卵蛋白酶的乳膏 12 周后，皮肤的肤色和均匀度显著改善。与含有乙醇酸和柠檬酸的乳膏相比，含有鱼卵蛋白酶的乳膏皮肤耐受性更好，刺痛和灼烧感明显减轻。

（2）改善皮肤红斑　含有皮肤化学剥脱剂如果酸、乙醇酸、乳酸的配方已广泛应用于临床实践，但是化学剥脱剂屡屡出现不良反应的报告，包括红斑、结痂和皮肤刺激等症状。含有鱼卵蛋白酶的配方可以改善化学剥脱剂造成的皮肤红斑，在一项由 30 名女性志愿者参与的临床试验中，使用化学剥脱剂后 8h 和 24h，与未处理的一侧面部相比，用含鱼卵蛋白酶的配方治疗的一侧面部红斑显著减少。

2. 化妆品中应用

作为一种海洋生物来源的酶类美容原料，鱼卵蛋白酶应用于化妆品领域已有十多年，被证实可以有效改善皮肤的外观，可以温和作用于皮肤，恢复老化皮肤的年轻态。

（二）木瓜蛋白酶

木瓜蛋白酶的 INCI 名称为 Papain，CAS 号为 9001-73-4，是一种富含巯基的蛋白酶，主要来自番木瓜（Carica Papaya）的果实和茎叶中，在酸性、中性、碱性环境下均能分解蛋白质。木瓜蛋白酶具有美白嫩肤、增加皮肤血管的通透性和改善肤质的功效。目前，木瓜蛋白酶已被纳入《已使用化妆品原料目录（2021 年版）》，驻留类产品最高历史使用量为 5%，未见其外用不安全的报道。

木瓜蛋白酶为白色粉末，相对分子质量为 $2.3×10^4$，等电点为 8.75，在水中的溶解度为 1.2mg/mL，几乎不溶于乙醇、氯仿和乙醚等有机溶剂。

1. 生物学功能

番木瓜是一种广泛种植于亚热带和热带地区的水果作物，早在 15 世纪，哥伦布发现，加勒比海地区的土著人在食用大量的鱼肉后，利用番木瓜防止消化不良。至今，他们仍利用番木瓜的叶片包裹肉类过夜后再蒸煮，以促进肉食的消化。木瓜蛋白酶不仅可以食用，还在美容行业、医疗行业具有一定的应用价值，如木瓜蛋白酶可发挥溶解脂肪和软化皮肤作用，其抗炎特性还能治疗烧伤和唇疱疹。

（1）清除皮肤角质　木瓜蛋白酶是去角质的常见功效成分，可通过分解蛋白质发挥嫩肤功效，同时可增加皮肤对其他活性成分的渗透作用。由于底物和酶的迁移率在葡聚糖溶液中降低，木瓜蛋白酶与葡聚糖搭配时活性显著提升，且随着葡聚糖浓度升高而活性增强。

（2）美白淡斑作用　木瓜蛋白酶通过将皮肤中的酪蛋白水解为酪氨酸，减少皮肤色素沉积，发挥美白淡斑作用。此外，木瓜蛋白酶可结合色素中的铜元素，阻断对酪氨酸的催化作用，减少黑色素的生成。采用固定化酶技术可进一步提高木瓜蛋白酶的活性，通过丙烯酰胺（Acrylamide，AM）包埋的方法制备的含酶膜材料，其活力是同质量浓度木瓜蛋白酶化妆品的 3 倍。

（3）加速毛发脱落　工业制造皮革时，常用木瓜蛋白酶处理皮革。作为一种蛋白水解酶，木瓜蛋白酶通过水解毛发中的角蛋白，使得毛囊扩张，可用于脱毛相关的产品。研究表明，含有木瓜蛋白酶浓度为 0.8% 的凝胶和乳膏，均具有明显的脱毛效果，且乳膏的效果优于凝胶。

2. 化妆品中应用

木瓜蛋白酶是一种广泛应用于化妆品行业的蛋白质降解酶。最近研究发现，木瓜蛋白酶会破坏紧密连接的结缔组织，导致皮肤屏障功能的丧失。在短时间内，木瓜蛋白酶增加了血管通透性，募集嗜中性粒细胞、肥大细胞和 CD3 阳性细胞，并诱导 Th2 抗体反应，从而引起炎症反应。因此，木瓜蛋白酶应用于皮肤产生的影响值得关注。

（三）菠萝蛋白酶

菠萝蛋白酶的 INCI 名称为 Bromelain，是一种从菠萝茎中提取的蛋白酶提取物。菠萝蛋白酶 CAS 号为 9001-00-7。目前，菠萝蛋白酶已被纳入《已使用化妆品原料目录（2021 年版）》，未见其外用不安全的报道。

菠萝香味浓郁、清甜多汁，有春季"黄金果"的美誉，然而食用未处理的菠萝会有"咬嘴"的现象，因此很多人习惯用盐水浸泡菠萝，以减少对口腔的刺激。食用菠萝时被"咬嘴"，主要原因是菠萝蛋白酶破坏口腔黏膜的结构，导致口腔、食道出现明显的刺痛感、灼烧感，甚至导致出血。盐可使蛋白质变性而破坏菠萝蛋白酶，避免食后产生的黏膜刺激。委内瑞拉的化学家文森特·马卡罗（Vicente Marcano）在 1891 年时从菠萝的果实中分离出菠萝蛋白酶。菠萝的核、冠、果、皮、茎等不同部位都可以提取菠萝蛋白酶，其中果皮的菠萝蛋白酶活性最高。2012 年菠萝蛋白酶获得欧洲药品管理局批准，临床应用于一种名为 NexoBrid 的外用药物，清创严重皮肤烧伤中的死组织。

菠萝蛋白酶的生物学功能有以下几点。

（1）缓解皮肤痤疮　与痤疮感染相关的微生物菌群包括痤疮丙酸杆菌、表皮葡萄球菌和金黄色葡萄球菌。通过测定菠萝蛋白酶对痤疮丙酸杆菌、表皮葡萄球菌、金黄色葡萄球菌、大肠杆菌和铜绿假单胞菌的抑菌活性，发现对菠萝蛋白酶粗提物和纯化物最敏感的是金黄色葡萄球菌，其次是痤疮丙酸杆菌。

（2）对抗氧化应激　菠萝蛋白酶的抗氧化特性有助于皮肤对抗氧化应激。通过 1,1-二苯基-2-三硝基苯肼［1,1-diphenyl-2-picrylhydrazyl radical 2,2-diphen-yl-1-（2,4,6-trinitrophenyl）hydrazyl，DPPH］法测定菠萝蛋白酶的抗氧化活性，发现菠萝皮、果、茎、冠来源的菠萝蛋白酶的半抑制浓度（50% inhibitory concen-tration，IC_{50}）分别是 13.158μg/mL，24.13μg/mL，23.33μg/mL 和 113.79μg/mL，

阳性对照维生素 C 的 IC_{50} 值为 $9.92\mu g/mL$。

菠萝蛋白酶具有抗菌活性，温度和 pH 稳定范围较广，已被证实适用于临床治疗痤疮。菠萝蛋白酶在 pH 为 5.0 时可保持较长时间的稳定性，这很可能是因为此 pH 接近新鲜菠萝果实的 pH。在化妆品实际应用中，木瓜蛋白酶是否可作为一种选择性的蛋白酶有待进一步证实，需阐明与其他皮肤菌群的相互作用以及与抗菌肽的协同效应。

（四）角蛋白酶

角蛋白酶的 INCI 名称为 Keratinase，是一种可以特异性降解角蛋白的酶类，来源广泛，多种微生物可产生角蛋白酶。角蛋白酶的 CAS 号为 9025‑41‑6。目前，角蛋白酶已被纳入《已使用化妆品原料目录（2021 年版）》，未见其外用不安全的报道。

角蛋白酶是具有切割角蛋白和其他蛋白质中肽键的特殊能力的蛋白水解酶。人类皮肤病原真菌很多是嗜角蛋白真菌，如毛癣菌属（*Trichophyton*）、小孢子菌属（*Microsporum*）及表皮癣菌属（*Epidermophyton*）等，附着于皮肤后，首先会利用角蛋白酶将皮肤的角质降解，降解后产生各种短肽和氨基酸，作为真菌生长的碳源和氮源。然后进一步侵入皮肤进行繁殖、感染，进而形成皮肤病。早在 1899 年，Ward 就报道了马爪甲团囊菌（*Onygena equina*）能分解角蛋白。许多皮肤真菌类的微生物都有产角蛋白酶的功能。角蛋白酶也可应用于美容护肤品，帮助活性因子透过皮肤屏障，去除皮肤多余角质，实现皮肤的深层护理。角蛋白酶能水解毛发角蛋白，利用角蛋白酶进行脱毛、治疗多毛症可能具有良好的应用前景。

1. 理化性质

角蛋白酶的特性因微生物的来源而异。多数微生物角蛋白酶是中性或碱性蛋白酶，适宜 pH 在 7.5~9.0，一些角蛋白酶在极端碱性或微酸性条件下也具有最佳活性。少数角蛋白酶在很宽的 pH 范围内也能保持活性稳定。如拟诺卡氏菌属（*Nocardiopsis*）所产角蛋白酶能在 30℃、pH 为 1.5~12.0 保持酶活性 24h。角蛋白酶的相对分子质量为 $(1.8~24)\times10^4$，大多数角蛋白酶的相对分子质量小于 5×10^4。多数角蛋白酶是单体酶，也存在多聚角蛋白酶，有些角蛋白酶的相对分子质量高达 4.4×10^5。

2. 生物学功能

（1）改善鸡皮肤　当角蛋白过度积聚在皮肤的皮脂腺毛孔时，会使皮肤外观粗糙，形成外观状似鳞片的皮肤，摸起来感觉像脚底的厚茧，这种现象被称为毛周角化症（Keratosis pilaris），也被称为鸡皮肤（Chicken skin）。角蛋白酶有助于去除皮肤中过度堆积的角蛋白，软化皮肤，从而改善皮肤的外观。

（2）改善痤疮　痤疮产生的主要原因之一是过多的角蛋白阻塞了皮脂腺。角蛋白酶通过将角蛋白水解，将角质软化，清除过度堆积在皮脂腺的角蛋白。目前，以角蛋白酶为主成分的药物 Keratoclean® Hydra PB 及 Pure100 已被开发用于治疗皮层角化过度症状。

芽孢杆菌属（Bacillus）已经过充分研究并安全使用多年中，从枯草芽孢杆菌发酵液中可提取角蛋白酶。化妆品行业应用最多的是商品名 Keratoline（原料来自法国 Sederma），注册 INCI 名为"发酵芽孢杆菌（Bacillus ferment）"。二价钙离子、二价镁离子、磷酸盐、巯基乙醇和维生素 C 等会增强大多数菌源角蛋白酶活性，可能是由于巯基乙醇有助于打破二硫键提高角蛋白酶的酶解能力。大部分角蛋白酶属于丝氨酸蛋白酶或金属蛋白酶，因此，苯甲基磺酸氟（Phenylmethan esulfonyl fluoride，PMSF）、乙二胺四乙酸（Ethylene diamine tetraacetic acid，EDTA）和 1,10-邻二氮杂菲可强烈抑制酶的活性。另外，含有肽键的成分不宜共用，如胶原蛋白、水解胶原蛋白、多肽类、大豆蛋白等，容易被角蛋白酶降解。目前，角蛋白酶成分广泛应用于去角质美容产品，包括面部磨砂膏、去屑洗发水、脱毛膏等。

（五）无花果蛋白酶

无花果蛋白酶的 INCI 名称为 Ficin，提取自无花果树乳液，主要存在于无花果的乳胶及花托蛋白质中，是一种兼具蛋白酶和过氧化物酶功能的天然生物酶。无花果蛋白酶的 CAS 号为 9001-33-6。目前，无花果蛋白酶暂未被纳入《已使用化妆品原料目录（2021 年版）》，未见其外用不安全的报道。

1. 理化性质

无花果蛋白酶为白色至淡黄或奶油色的粉末，相对分子质量约为 26000，等电点为 9.0，2% 水溶液的 pH 为 4.1。稳定性极佳，常温密闭保藏 1~3 年，其效力仅下降 10%~20%。水溶液在 100℃ 才失活，而粉末在 100℃ 需数小时才失活。水溶液在 pH 4~8.5 时活力稳定，其活性可受铁、铜、铅的抑制。其水溶液可使明胶、凝固蛋白、干酪素、肉、肝脏等水解，使乳液凝固，并有消化蛔虫、鞭虫等寄生虫卵的作用。无花果蛋白酶具有一定的吸湿性，可完全溶解于水，呈浅棕至深棕色，不溶于一般有机溶剂。无花果胶乳液的浓缩制剂为淡棕至暗棕色。

2. 生物学功能

（1）抗氧化作用　通过 DPPH 自由基和过氧化氢（H_2O_2）清除实验，测定了无花果蛋白酶作为过氧化物酶的抗氧化活性。无花果蛋白酶具有清除 DPPH 自由基和 H_2O_2 的能力（最高浓度为 $1000\mu g/mL$ 时，与抗坏血酸相比分别约为 78.7% 和 72.3%），但在蛋白质和 mRNA 表达水平上，无花果蛋白酶不影响超氧化物歧化酶、过氧化氢酶和谷胱甘肽过氧化物酶（Glutathione peroxidase，GPX）的表达。因此，无花果蛋白酶具有类似过氧化物酶的活性，而不是增加抗氧化基因如超氧化物歧化酶、过氧化氢酶、谷胱甘肽过氧化物酶的表达。

（2）美白作用　熊果苷处理组的黑色素水平较 α-促黑素细胞激素（α-melanocyte stimulating hormone，α-MSH）组下降了 17.2%，但无花果蛋白酶处理组的黑色素水平下降了 56.3%，说明无花果蛋白酶的美白效果更佳。为了明确无花果蛋白酶具有良好美白功能的机制，采用逆转录聚合酶链式反应技术（Reverse transcription-polymerase chain reaction，RT-PCR）观察酪氨酸酶、酪氨酸酶相关蛋白 1（Tyrosinase related protein-1，TRP-1）、酪氨酸酶相关蛋白 2（Tyrosinase related protein-2，TRP-2）、小眼畸形转录因子-信使核糖核酸（Microphthalmia-associated transcription factor-messenger RNA，MITF mRNA）表达水平的变化。然而，结果显示无花果蛋白酶无显著作用。因此，为了明确无花果蛋白酶美白作用的机理，还需要进一步研究无花果蛋白酶是否可以通过蛋白酶活性、抑制黑色素合成生化反应以及直接分解皮肤中的黑色素来分解 α-促黑素细胞激素肽。

（3）去牙渍作用　研究比较不同浓度的无花果蛋白酶与常用增白剂的去牙渍效果和增白效果，采用扫描电镜（Scanning electron microscope，SEM）对无花果蛋白酶处理前后牙釉质片表面情况的变化以及牙釉质的损伤程度进行表征。结果表明，当无花果蛋白酶浓度低于 0.1% 时牙釉质片（总色差）变化显著，证明其作为化学美白成分引入美白牙膏的应用潜能。

无花果蛋白酶的主要作用原理是将蛋白质水解，使多肽水解为低分子肽，可在清洁类护肤品中使用。无花果蛋白酶对纯蛋白的水解能力和顺序基本与胰蛋白酶一致，由于无花果蛋白酶的耐高温、活性高、稳定性好、对 pH 不敏感等，比木瓜蛋白酶的应用适用面更广。

二、抗氧化酶——超氧化物歧化酶

超氧化物歧化酶的 INCI 名称为 Superoxide Dismutase，一种富含金属离子的蛋白质，是催化超氧化物通过歧化反应转化为氧气和过氧化氢的酶。超氧化物歧化酶广泛存在于各类动物、植物、微生物中，作为重要的体内抗氧化剂，可保护暴露于氧气中的细胞。超氧化物歧化酶的 CAS 号为 9054-89-1。目前，超氧化物歧化酶已被纳入《已使用化妆品原料目录（2021 年版）》，淋洗类产品最高历史使用量和驻留类产品最高历史使用量均为 4%，未见其外用不安全的报道。

超氧化物歧化酶为蓝灰色粉末，相对分子质量为 32000，在 0.05mol/L 磷酸盐缓冲溶液中，pH 为 7.8，含有 0.1mmol/L 的 EDTA 的溶解度为 5mg/mL。

1. 生物学功能

（1）预防皮肤变黑　超氧化物歧化酶可以预防光照引起氧自由基损害所造成的皮肤变黑。研究表明，超氧化物歧化酶通过剂量依赖的方式抑制 α-促黑素细胞激素诱导的细胞黑色素生成，且不会出现细胞毒性。在无细胞条件下，超氧化物歧化酶不抑制酪氨酸酶活性，说明超氧化物歧化酶可能通过间接的非酪氨酸酶介导的机制减少色素沉着。在体内实验中，发现超氧化物歧化酶可以减少 UVB 诱导的 HRM-2 黑色素无毛小鼠的黑色素生成。结果表明，超氧化物歧化酶对黑色素生成具有抑制作用，且对波长为 258~268nm 及 270~320nm 的紫外光具有一定的吸收性，因此可作为有效的防晒剂。

（2）改善皮肤老化　在人体中超氧化物歧化酶是人体防御自由基损伤的第一道防线，超氧化物歧化酶的活力随年龄的升高而下降，有效地补充超氧化物歧化酶对延缓皮肤老化具有一定的预防作用。针对皮肤老化，超氧化物歧化酶可清除导致皮肤老化的自由基，并促进胶原蛋白形成适度交联。通过减少自由基对皮肤中结缔组织的破坏，改善皮肤弹性和皮肤健康状况。

（3）去除皮肤粉刺　超氧化物歧化酶具有明显的消炎效果，在临床上，超氧化物歧化酶主要用于治疗自身免疫性疾病，如类风湿关节炎、皮炎及各种慢性炎症。超氧化物歧化酶对粉刺的功效与自由基清除和抗炎作用有关。超氧化物歧化酶对自由基的特异性清除作用，能有效控制和调节体内激素的分泌和排泄，限制过多的油性皮脂分泌和积累，减少了粉刺的发生，并缓解慢性炎症导致的痘坑痘印。

2. 化妆品中应用

超氧化物歧化酶应用于化妆品已有超过 40 年的历史，全球十大化妆品公司旗下产品均推出了含有超氧化物歧化酶成分的化妆品。超氧化物歧化酶在化妆品中活性超过 100U/mg 即可发挥功效。超氧化物歧化酶的半衰期较短，在体内停留通常只有 2~6min，且不易通过角质层和细胞膜。因此，进一步提升超氧化物歧化酶的生物活性还需要对超氧化物歧化酶进行结构特异性修饰，以改善上述不利因素。

第五章　多肽类化妆品活性物质

第一节　多肽类物质概述

多肽类物质在化妆品中有着广泛的应用，主要涉及抗老化、抗皱、保湿、美白、祛痘、舒缓、修护等多个方面。

多肽可以作为信号分子影响细胞的生长和分化，从而起到抗衰老的作用。信号肽是化妆品中使用最多的多肽类型，据统计，使用最广泛的热门肽原料中大部分属于信号肽。抗老化信号肽通过传递细胞外基质（Extracellular matrix，ECM）蛋白生成的信号，增加胶原蛋白、弹性蛋白、纤连蛋白等成分的合成，发挥紧致皮肤和抗皮肤老化的作用。细胞外基质蛋白中特定的序列能够刺激皮肤中活性成分，这些序列能够在细胞外基质周转的时候被释放，从而传递需要细胞外基质修复的信号。通过上述任一种机制释放出来的短肽序列通常被称为马曲金肽（Matrikines），马曲金肽最早由法国马夸特（Maquart）教授提出，描述了蛋白质大分子降解过程中产生蛋白质片段，也就是肽。这些片段在人体信号反馈回路和生化过程中具有刺激和信号转导活性，能够启动组织基质的修复过程。与此同时，这些肽类作为信号分子，具有天然、安全和高效的特点。首先，马曲金肽的一些片段本身就存在于人体，进入皮肤后不会发生排异性或者刺激性的反应；其次，肽是作为分子信使的角色，激发个体发生相应的生化反应，很低的浓度就具有较高的活性。在《已使用化妆品原料目录（2021年版）》中收录的抗老化信号肽类原料有棕榈酰五肽-4、棕榈酰三肽-1、棕榈酰四肽-7等，使用目的包括角质软化剂、抗静电剂、头发调理剂、皮肤调理剂等。

部分多肽能够促进胶原蛋白的合成，增加皮肤弹性和紧致度，对抗皱纹和松弛。此外，多肽还可以抑制炎症反应和自由基的产生，有助于减轻皮肤损伤和老化；多肽在保湿方面也具有重要作用，类似保湿剂，使皮肤保持水润和光泽；多肽也可以用于美白化妆品，能够抑制黑色素的形成，减少色素沉着，使皮肤更加明亮和白皙。总而言之，多肽类物质在化妆品中具有重要的应用价值，为消费者提供了更加安全、有效的护肤选择。

第二节 抗老化信号多肽类在化妆品中的应用

一、三肽-1

三肽-1 的 INCI 名称为 Tripeptide-1，其氨基酸序列为甘氨酸-组氨酸-赖氨酸（Gly-His-Lys，GHK）。三肽-1 是一种来自清蛋白的活性组成成分，三肽-1 商品名为 Kollaren™，由美国 Ashland 公司开发。三肽-1 的 CAS 号为 72957-37-0。目前，三肽-1 已被纳入《已使用化妆品原料目录（2021 年版）》，未见其外用不安全的报道。

三肽-1 自然存在于人的血浆、唾液和尿液中。当人在 20 岁时，血浆中 GHK 水平约为 200ng/mL，60 岁时降至 80ng/mL。人体 GHK 水平的下降与生物体再生能力的显著下降呈现正相关性。人体中天然存在的肽 GHK-Cu 于 1973 年被皮卡特（Pickart）分离出，作为人清蛋白中的一种活性组成成分，被发现可以使年老的人肝组织像年轻的组织一样合成蛋白质。近年来，针对三肽-1 的结构修饰改造手段层出不穷。体外实验表明，偶联后的 GHK-R4（精氨酸-精氨酸-精氨酸-精氨酸，Arg-Arg-Arg-Arg，R4）的抗皱活性明显改善，与 R4 对基质金属蛋白酶的抑制作用有关。三肽-1 中的组氨酸残基被特殊氨基酸替代后，表现出更加稳定的抗酶解能力，在 3h 内未出现明显降解。

1. 化学结构及性状

三肽-1 为白色粉末，相对分子质量为 340.384，等电点为 9.71，可溶于水。

三肽-1

2. 生物学功能

（1）促进皮肤干细胞再生　皮肤再生依赖于皮肤干细胞的生存能力和增殖能力，皮肤细胞增殖始于皮肤基底部附着在基底膜上的角化细胞，干细胞的自我更新能力随着年龄的增长逐年下降。研究已证实，人体干细胞用三肽-1凝胶预处理，可提高促血管生成因子如血管内皮生长因子（Vascular endothelial growth factor，VEGF）、碱性成纤维细胞生长因子（β-fibroblast growth factor，β-FGF）等的分泌，且具有剂量依赖性。当干细胞用抗整合素抗体处理时，以上情况不再发生，说明三肽-1在干细胞上的作用是通过整合素信号途径发挥作用的。

（2）促进细胞DNA损伤修复　三肽-1能够恢复受辐射的成纤维细胞的活性。研究者培养暴露于辐射环境（5000rad）的颈部成纤维细胞，把三肽-1（10^{-9}mol/L）加入无血清培养基中处理。受辐射细胞在24h和48h的检测中与正常细胞相比生长延迟，而用三肽-1处理的辐射细胞生长得更快（表现与正常细胞相似）。此外，三肽-1处理过的细胞产生了更多的生长因子，这些因子对于伤口愈合非常重要。成纤维细胞是伤口愈合和组织再生的主要细胞。

（3）修复皮肤炎症　伤口愈合和皮肤再生包括抗炎反应、细胞增殖、细胞迁移、基质重塑等。过度的炎症反应会延迟伤口的愈合并导致疤痕的形成。在正常人的成纤维细胞中，三肽-1可以减少肿瘤坏死因子α诱导的白细胞介素-6的分泌。另外，三肽-1作为Ⅰ型胶原蛋白的组成部分，受伤时蛋白酶分解胶原蛋白将三肽-1释放到伤口部分，激活或者调控真皮修复过程，可视为一种天然的真皮修复剂。

（4）减少黑色素生成　三肽-1对细胞内黑色素合成具有抑制作用。当受试质量浓度为5g/L时，黑色素合成抑制率为40.84%，且随着三肽-1浓度的提高，对B16细胞内的酪氨酸酶活性及黑色素合成均呈现质量浓度依赖性的抑制作用。说明三肽-1对B16细胞内黑色素的合成具有显著的抑制作用，是一种高效的黑色素合成抑制剂，在美白化妆品中具有良好的应用潜力。

3. 化妆品中应用

三肽-1可添加到精华液、面霜、面膜、护发品等护理产品中，达到抗皱、肌肤修复及美白的效果。三肽-1又被称为寡肽-1，在使用时应注意与人寡肽-1的区别。人寡肽-1又名表皮生长因子（Epidermal growth factor，EGF），是由53个氨基酸残基组成的53肽，相对分子质量为62000。人寡肽-1可能会引发其他潜在安全性问题。基于有效性及安全性方面的考虑，人寡肽-1不得作为化妆品原料使用。

二、棕榈酰三肽-1

棕榈酰三肽-1 的 INCI 名称为 Palmitoyl Tripeptide-1，是三肽-1 经棕榈酰修饰而来，其氨基酸序列为棕榈酰甘氨酰-组氨酰-赖氨酸（Pal-Gly-His-Lys-OH，Pal-GHK），棕榈酰三肽-1 作为三肽-1 的衍生物，GHK 附着在棕榈酸上，以增加其皮肤渗透性和油溶性。棕榈酰三肽-1 商品名为 Biopeptide CL™，由法国 Sederma 公司开发。棕榈酰三肽-1 的 CAS 号为 147732-56-7。目前，棕榈酰三肽-1 已被纳入《已使用化妆品原料目录（2021 年版）》，未见其外用不安全的报道。

1. 化学结构及性状

棕榈酰三肽-1

棕榈酰三肽-1 为白色粉末，相对分子质量为 578.799，微溶于水，酸度系数为 3.16 ± 0.10。

三肽-1 可作为铜离子的载体，其本身也是一种可增加胶原蛋白含量的信号肽，三肽-1 经棕榈酸修饰后，透皮性和稳定性都显著提升，并展露出对于皮肤的功效潜能。棕榈酰三肽-1 早期的 INCI 名称并非 Palmitoyl Tripeptide-1，而是 Palmitoyl Oligopeptide，即棕榈酰寡肽。由于化妆品多肽新品种不断推出，寡肽这个名称变得含义不明。2013 年 9 月，棕榈酰寡肽（Palmitoyl Oligopeptide）正式更名为棕榈酰三肽-1（Palmitoyl Tripeptide-1）。

2. 生物学功能

（1）改善皮肤老化　棕榈酰三肽-1 是一种可促进胶原蛋白更新的信使肽，通过作用于转化生长因子 β 受体，刺激胶原蛋白和糖胺聚糖的合成。棕榈酰三肽-1 与维 A 酸活性相当，但不会引发皮肤刺激。在一项由 15 名女性参与的研究中，每天使用两次含有棕榈酰三肽-1 的面霜，持续 4 周，面部皱纹的长度、深度以及粗糙度均有不同程度的减少，且具有统计学意义。在一项由 23 名女性志愿者参与的为期四周的研究中，使用含有棕榈酰三肽-1的产品可使皮肤厚度增加4%，且具有统计学意义。

（2）改善唇部轮廓 Maxi-Lip是含有1000mg/kg棕榈酰三肽-1的蜡基化妆品原料，通过增加唇部胶原蛋白和糖胺聚糖的合成发挥丰润、保湿和平滑唇部的作用。一项为期30天的临床研究表明，含有棕榈酰三肽-1的丰唇产品使得保湿功效提升50%~60%，增加唇部体积40%，所有的志愿者自我评价唇部的状态得到了改善。

3. 化妆品中应用

1992年，法国Sederma公司模拟人体内源性胶原蛋白的序列，首次推出了含有棕榈酰三肽-1的化妆品原料Biopeptide CL，后来推出的Haloxyl、Maxi-Lip、Matrixyl 3000等产品均是以棕榈酰三肽-1作为主要活性成分。棕榈酰三肽-1和棕榈酰四肽-7的组合作为一种抗皱化合物上市，其商标为Matrixyl™ 3000，是抗衰老产品中使用最广泛的多肽组合之一。

三、棕榈酰五肽-4

棕榈酰五肽-4的INCI名称为Palmitoyl Pentapeptide-4，是Ⅰ型胶原蛋白（CollagenⅠ）碎片与棕榈酸通过酰胺键连接而成的小分子多肽，其氨基酸序列为棕榈酰赖氨酰-苏氨酰-苏氨酰-赖氨酰-丝氨酸（Pal-Lys-Thr-Thr-Lys-Ser-OH，Pal-KTTKS）。2006年之前被称为棕榈酰五肽-3，是由著名的法国Sederma化妆品公司研发的一种人工合成短肽。棕榈酰五肽-4商品名为Matrixyl^M，由法国Sederma公司开发。棕榈酰五肽-4的CAS号为214047-00-4。目前，棕榈酰五肽-4已被纳入《已使用化妆品原料目录（2021年版）》，未见其外用不安全的报道。

1. 化学结构及性状

棕榈酰五肽-4

棕榈酰五肽-4 为白色粉末，相对分子质量为 802.068，难溶于水，有脂溶性，酸度系数为 2.98±0.10。

棕榈酰五肽-4 是一种经典的信号肽，五肽-4 是前胶蛋原蛋白 $\alpha 1$ 链的水解产物，可促进胶原蛋白、弹性蛋白、纤连蛋白、糖胺聚糖等细胞外基质的生成。因此，五肽-4 需要渗透入真皮层才能更好地发挥抗衰老活性，但因其较强的极性和亲水性（油水分配系数为-1.6±0.15），导致不能很好地透过角质屏障，影响功效的发挥。五肽-4 经棕榈酰修饰后透皮吸收性显著提升，在皮肤渗透性实验中，可观察到棕榈酰五肽-4 渗透入角质层（4.2±0.7）$\mu g/cm^2$、表皮层（2.8±0.5）$\mu g/cm^2$ 和真皮层（0.3±0.1）$\mu g/cm^2$。1999 年，法国 Sederma 公司的卡尔·林特纳（Karl Lintner）博士首先开发棕榈酰五肽-4，为其注册了商标名 Matrixyl®，并将其首次运用于护肤领域。随后宝洁公司将其作为主要功效成分原料，开发的 Olay Regenerist 系列抗衰产品于 2003 年上市，从此棕榈酰五肽-4 在美妆领域得到越来越广泛的扩展应用。

2. 生物学功能

（1）改善皮肤老化　棕榈酰五肽-4 可发挥刺激皮肤中弹性蛋白、粘连蛋白、氨基葡萄糖多糖和胶原蛋白（特别是 I、III 和 IV 型）的合成，支持细胞外基质的功能。五肽-4 结构与 I 型胶原蛋白前体有关。KTTKS 对 I 型、III 型胶原蛋白和粘连蛋白的刺激作用主要与生物合成途径有关，而不是输出或降解途径。KTTKS 已被证明通过转化生长因子 β 表达上调相关的过程保持 mRNA 的稳定性来促进 I 型胶原蛋白的合成。一项采用安慰剂对照的双盲研究中，每天在右眼眼周应用含有 0.005% 棕榈酰五肽-4 的产品，为期 28 天。结果表明，皱纹深度、皱纹厚度和皮肤硬度分别减少了 18%，37% 和 21%。

（2）预防皮肤疤痕　研究发现棕榈酰五肽-4 影响了增生性瘢痕中促纤维化介质表达，并将其与成纤维细胞向肌成纤维细胞的转分化（瘢痕形成的标志）联系起来。肌成纤维细胞和纤维化瘢痕的程度与 α-平滑肌肌动蛋白（α-SMA）和胶原收缩性水平过高相关。浓度为 0.1 $\mu mol/L$ 的棕榈酰五肽-4 可降低 α-平滑肌肌动蛋白的表达，减少成纤维细胞向肌成纤维细胞的转分化，呈剂量相关。因此，在选择预防疤痕的治疗剂量时，应考虑到棕榈酰五肽-4 在伤口愈合特性和促纤维化能力之间的平衡。

3. 化妆品中应用

在临床研究中，志愿者（$n=93$，年龄 35～55 岁）参加了一项为期 12 周的双盲、安慰剂对照、分脸、左右随机临床研究，评估两种局部产品：保湿剂对照产品和含有 3mg/kg 棕榈酰五肽-4 的相同保湿产品。棕榈酰五肽-4 对皮肤具有良好的耐受性，通过定量技术和专家分级图像分析，与安慰剂对照相比，棕榈酰五肽-4

在减少皱纹或细纹方面有显著改善。在自我评估中，受试者还报告了显著的细纹或皱纹改善，并注意到其他面部改善参数的定向效果。棕榈酰五肽-4 是市场中最受欢迎的多肽功效原料之一，众多品牌均推出过相关产品。

四、棕榈酰二肽-7

棕榈酰二肽-7 的 INCI 名称为 Palmitoyl Dipeptide-7，其氨基酸序列为棕榈酰赖氨酰-苏氨酸（Pal-Lys-Thr-OH Pal，KT）。棕榈酰二肽-7 被认为是棕榈酰五肽-4 的衍生肽。棕榈酰二肽-7 商品名为 Palestrina™，由法国 Sederma 公司开发。棕榈酰二肽-7 的 CAS 号为 911813-90-6。目前，棕榈酰二肽-7 已被纳入《已使用化妆品原料目录（2021 年版）》，未见其外用不安全的报道。

1. 化学结构及性状

棕榈酰二肽-7

棕榈酰二肽-7 为白色粉末，相对分子质量为 485.710，酸度系数为 3.25±0.1。棕榈酰二肽-7 从结构上可被认为是棕榈酰五肽-4 的截短肽，在棕榈酰五肽-4 被发现可以有效改善皮肤老化后，宝洁公司继续对新一代抗衰老多肽进行了筛选。在体外筛选过程中，合成了一系列二肽、三肽和四肽，并评价其在人真皮成纤维细胞中表达 Ⅰ 型胶原蛋白、Ⅳ 型胶原蛋白和纤连蛋白的情况，进一步使用人体皮肤模型通过逆转录聚合酶链式反应技术（RT-PCR）、酶联免疫吸附法（ELISA）等方法评价候选多肽对透明质酸和 Ⅰ 型前胶原蛋白表达的影响。最终发现，在所有被评估的多肽中，棕榈酰二肽-7 在人类真皮成纤维细胞或人体皮肤模型中对皮肤中上述生物标志物的影响最大。

2. 生物学功能

（1）改善皮肤老化　用棕榈酰二肽-7 处理的人体皮肤模型的 mRNA 的 RT-PCR 分析显示，与对照组相比，基底膜和真皮结构蛋白皮肤老化相关生物标志物的表达显著增加，包括前胶原蛋白、Ⅰ 型胶原蛋白、Ⅲ 型胶原蛋白、Ⅳ 型胶原蛋白、Ⅵ型胶原蛋白、弹性蛋白、纤连蛋白和层粘连蛋白Ⅰ和Ⅳ。此外，表皮角蛋白也增加了1/10。棕榈酰二肽-7 在 1mg/kg（+29%）、2mg/kg（+32%）和 4mg/kg（+34%）时，纤连蛋白合成显著增加。研究发现，在 2~4mg/kg 时，棕榈酰二肽-7促进纤连蛋白合成显著高于棕榈酰五肽-4。

（2）加速皮肤修复　棕榈酰二肽-7可通过互补和协同机制，与乙酰基四肽-11共同作用增强体外皮肤细胞的再生能力。细胞实验发现，棕榈酰二肽-7和乙酰基四肽-11的组合调节了核因子 E2 相关因子 2/抗氧化反应元件（Nuclear factor erythroid 2 related factor 2/antioxidant response element，NRF2/ARE）下游转录靶点，可协同恢复活性氧导致的细胞 ATP 的耗竭，表明多肽协同作用可加速皮肤修复。

3. 化妆品中应用

棕榈酰二肽-7通常应用于抗皱、抗老化的化妆品中；可以与其他多肽发挥组合作用，与棕榈酰五肽-4联合使用，对胶原蛋白的生成具有明显的协同作用，提示二者搭配使用效果更好。

五、棕榈酰四肽-7

棕榈酰四肽-7 的 INCI 名称为 Palmitoyl Tetrapeptide-7，其氨基酸序列为棕榈酰甘氨酰-谷氨酰胺-脯氨酰-精氨酸（Pal-Gly-Gln-Pro-Arg-OH，Pal-GQPR）。棕榈酰四肽-7 来自天然人体免疫球蛋白 IgG 蛋白的多肽片段"Rigin"。棕榈酰四肽-7 商品名为 Rigin™，由法国 Sederma 公司开发。棕榈酰四肽-7 的 CAS 号为221227-05-0。棕榈酰四肽-7 曾被称为棕榈酰四肽-3，可发挥免疫调节作用。棕榈酰四肽-7 能够抑制炎症细胞因子的释放，维持皮肤中炎症细胞因子的平衡，实现对皮肤的护理。目前，棕榈酰四肽-7 已被纳入《已使用化妆品原料目录（2021年版）》，未见其外用不安全的报道。

1. 化学结构及性状

棕榈酰四肽-7

棕榈酰四肽-7 为白色粉末，相对分子质量为 694.919，微溶于水，酸度系数为 3.60±0.21。

2. 生物学功能

（1）改善皮肤老化　棕榈酰四肽-7 在细胞水平上减少白细胞介素-6 的分泌，并可对抗 UVB 照射后的损伤。反射共聚焦显微镜研究表明，与安慰剂相比，棕榈酰寡肽和棕榈酰四肽-7 的混合物可增强细胞外基质结构。另外 60 名健康的光老化志愿者（年龄 45~80 岁）用含有棕榈酰四肽-7 和另一种活性成分的化妆品进行了为期 12 个月的测试，结果表明，含有棕榈酰四肽-7 的产品可以减少 15% 的面部皱纹。

（2）抗污染　使用含有棕榈酰四肽-7 的抗污染化妆品，并通过免疫组织化学和蛋白质印迹分析了 PM10 诱导的无毛小鼠皮肤炎症。结果表明，3% 和 5% 棕榈酰四肽-7 产品组与对照组相比，白细胞介素-1β 和白细胞介素-6 表达水平均有不同程度的降低，因此棕榈酰四肽-7 是一种有潜力的抗污染活性成分。

3. 化妆品中应用

棕榈酰四肽-7 常与其他多肽复配协同发挥作用，如与棕榈酰三肽-1、棕榈酰二肽-2 等，可以从多种角度发挥协同作用。然而，并非任意多肽复配都会产生一加一大于二的效果，多肽之间的复配也存在拮抗效应。研究发现，乙酰基四肽-5 和棕榈酰四肽-7 复配后的功效均不及单肽组，不宜复配使用。

六、棕榈酰三肽-5

棕榈酰三肽-5 的 INCI 名称为 Palmitoyl Tripeptide-5，其氨基酸序列为棕榈酰赖氨酰-缬氨酰-赖氨酸（Pal-Lys-Val-Lys-OH，Pal-KVK）。棕榈酰三肽-5 来自可以激活转化生长因子 β 的血小板反应蛋白-1（TSP）的活性片段。棕榈酰三肽-5 商品名为 SYN®-COLL™，由荷兰 DSM 公司开发。棕榈酰三肽-5 的 CAS 号为 623172-56-5。目前，棕榈酰三肽-5 已被纳入《已使用化妆品原料目录（2021 年版）》，未见其外用不安全的报道。

转化生长因子 β 是一种多功能细胞因子，能够调节细胞增殖和分化，在组织重塑和修复过程中，可诱导细胞外基质蛋白的合成。血小板反应蛋白-1（TSP）是一种高分子量的糖蛋白，其中包含一个三肽序列精氨酸-苯丙氨酸-赖氨酸（Arg-Phe-Lys，RFK），是激活转化生长因子 β 所必需的活性片段。RFK 的氨基酸属于碱性氨基酸、疏水氨基酸和碱性氨基酸的序列模式。如果用非碱性氨基酸代替一种碱性氨基酸会得到完全无活性的化合物。通过保持这种"碱性氨基酸-疏水氨基酸-碱性氨基酸"的模式，研究筛选出了安全、有效的肽类活性成分——三肽-5 赖氨酸-缬氨酸-赖氨酸（Lys-Val-Lys，KVK）。继而，三肽-5 通过棕榈酸的修饰合成了棕榈酰三肽-5，以增加透皮性和稳定性。

1. 化学结构及性状

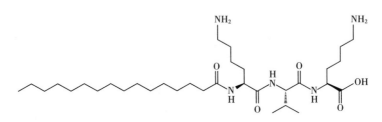

棕榈酰三肽-5

棕榈酰三肽-5 为白色粉末，相对分子质量为 611.913。

2. 生物学功能

（1）促进胶原蛋白生成　棕榈酰三肽-5 能够模拟血小板反应蛋白 1 的序列，引起序列 KRFK-41 结合到不活跃的转化生长因子 β，导致活性转化生长因子 β 的释放，促进胶原蛋白合成。人体临床试验显示，连续 84 天使用 2.5% 棕榈酰三肽-5，能够显著降低平均皱纹参数 12%。体外研究表明，棕榈酰三肽-5 还可通过抑制基质金属蛋白酶-1 和基质金属蛋白酶-3 防止胶原蛋白降解。棕榈酰三肽-5 能够促进胶原蛋白合成，并减少胶原蛋白分解。更多数据显示，棕榈酰三肽-5 在减少皱纹方面的效果大约是空白对照的 3.5 倍。

（2）皮肤美白功效　采用噻唑蓝比色法（MTT 法）检测细胞存活率，利用 α-促黑素细胞激素诱导的 B16 小鼠黑色素瘤细胞模型和 UVB 照射诱导豚鼠皮肤色素沉着模型对棕榈酰三肽-5 的美白功效进行评价，研究其对细胞内酪氨酸酶活性、小眼畸形相关转录因子和酪氨酸酶 mRNA 水平的影响。结果表明，棕榈酰三肽-5 能够显著降低上清及细胞内的黑色素水平且无细胞毒性。进一步研究发现，棕榈酰三肽-5 通过抑制酪氨酸酶活性，下调小眼畸形相关转录因子和酪氨酸酶的 mRNA 水平，从而抑制黑色素的生成。在动物模型中，棕榈酰三肽-5 能够显著降低 UVB 照射诱导的豚鼠皮肤色素沉着和黑色素分布区域灰度值（$P<0.05$）。

3. 化妆品中应用

众多著名化妆品品牌都采用棕榈酰三肽-5 作为营养抗皱原料，是因为棕榈酰三肽-5 具有促进真皮层中胶原蛋白和弹性蛋白合成的性能，是一种加速胶原蛋白生成和修复皱纹的理想原料。将棕榈酰三肽-5 添加到化妆品中，能帮助肌肤补充胶原蛋白，提升面部弹性，显著减少脸部皱纹。同时它还具有增强细胞活性、提升肌肤含水量、增强肌肤光泽、改善肤色的特性。

七、棕榈酰三肽-38

棕榈酰三肽-38 的 INCI 名称为 Palmitoyl Tripeptide-38，是一种双氧化的脂肽，其氨基酸序列为棕榈酰赖氨酰-甲硫氨酰-赖氨酸［Pal-Lys-Met（O_2）-Lys-OH，Pal-KM(O_2)K］。棕榈酰三肽-38 来自可以激活转化生长因子 β 的血小板反应蛋白-1（TSP）的活性片段。棕榈酰三肽-38 商品名为 MATRIXYL Synth-6™，由法国 Sederma 公司开发。棕榈酰三肽-38 的 CAS 号为 1447824-23-8。目前，棕榈酰三肽-38 未被纳入《已使用化妆品原料目录（2021 年版）》，未见其外用不安全的报道。

棕榈酰三肽-38 是法国 Sederma 公司于 2010 年推出 Matrixyl 系列产品之一。棕榈酰三肽-38 同样属于基质因子（Matrikines），即细胞外基质大分子的部分蛋白水解而释放的肽，这些肽能够调节皮肤细胞活动。棕榈酰三肽-38 的序列天然存在于人体的赖氨酸-甲硫氨酸-赖氨酸（KMK），从细胞测试中可以看到，它能够促进 I 型胶原蛋白的表达，但是对于 IV 型胶原蛋白和纤连蛋白并没有促进作用。因此，通过在甲硫氨酸的官能团上加入氧（O_2），经过修饰，能够增加 I 型胶原蛋白的表达量。同时，还对 IV 型胶原蛋白和纤连蛋白产生了之前没有的促进生成作用，而且效果随着浓度的增加而提升。通常出现在胶原蛋白和层粘连蛋白中，作用于真皮表皮连接（Dernal-epidemal junction，DEJ），发挥抗衰活性。

1. 化学结构及性状

棕榈酰三肽-38

棕榈酰三肽-38 为白色粉末，相对分子质量为 675.971，微溶于水。

2. 生物学功能

（1）改善面部皱纹　棕榈酰三肽-38 对细胞外基质成分 Ⅰ 型、Ⅱ 型和 Ⅳ 型胶原蛋白的表达显著增加 105%，104% 和 42%（$P<0.01$），透明质酸、HSP47、层粘连蛋白-5 和纤连蛋白也显著增加（$P<0.01$），分别增加了 174%，123%，75% 和 59%。一项对 25 名女性志愿者（年龄为 42~70 岁）的临床研究的结果显示，使用含有 2% 棕榈酰三肽-38 的产品每天两次，持续两个月，涂抹在易起皱纹的面部皮肤区域：前额和眼周。前额的皱纹量和深度分别减少了 31% 和 16.3%，眼周皱纹表面体积和最大深度分别减少了 28.5% 和 21.1%。

（2）改善唇部轮廓　棕榈酰三肽-38 与毛马齿苋的混合物可协同发挥改善唇部轮廓的功效。细胞实验证实了二者协同作用。通过改善基质和真皮表皮连接部蛋白分子的合成，刺激透明质酸合成，使双唇体积增大。在临床功效评价中，29 名女性志愿者每天两次使用含有 1% 棕榈酰三肽-38 与毛马齿苋混合物的唇膏，持续一个月，至少 69% 的志愿者表示该组合物增加唇部体积、水合度、柔软度，显著改善唇部下垂。

3. 化妆品中应用

棕榈酰三肽-38 已应用于多个知名化妆品品牌，适用于改善嘴唇外观的化妆品配方。

八、棕榈酰四肽-10

棕榈酰四肽-10 的 INCI 名称为 Palmitoyl Tetrapeptide-10，其氨基酸序列为棕榈酰赖氨酰-苏氨酰-苯丙氨酰-赖氨酸（Pal-Lys-Thr-Phe-Lys-OH，Pal-KTFK）。棕榈酰四肽-10 来自可以激活转化生长因子 β 的血小板反应蛋白-1 的活性片段。棕榈酰四肽-10 商品名为 Crystalide™，由法国 Sederma 公司开发。棕榈酰四肽-10 的 CAS 号为 887140-79-6。棕榈酰四肽-10 已被纳入《已使用化妆品原料目录（2021 年版）》，未见其外用不安全的报道。

棕榈酰四肽-10 是 Crystalide™ 的主要活性成分，被称为水晶高光肽。此成分受韩国玻璃肌的启发，符合全球彩妆市场对高光修容发展的市场趋势。该成分促进了一系列与角化细胞成熟和分化相关蛋白的表达。棕榈酰四肽-10 还可以促进一种天然存在于人体的激肽释放酶 5（KLK5）的产生，可"剪断"细胞和细胞之间的连接，促使老化、暗沉细胞的脱离，促进表皮细胞更新。

1. 化学结构及性状

棕榈酰四肽-10

棕榈酰四肽-10 为白色粉末，相对分子质量为 761.062。

2. 生物学功能

（1）改善表皮屏障　棕榈酰四肽-10 诱导了表皮内稳态和皮肤屏障的增强。桥粒使角质形成细胞彼此连接，锚固并参与表皮的细胞聚合。激肽释放酶 5 是一种参与角质层更新的酶，能确保柔和的自然抛光效果（"软抛光"）。含有 6mg/kg 棕榈酰四肽-10 的乳霜使志愿者皮肤桥粒芯蛋白和激肽释放酶的表达显著增加。

（2）改善皮肤炎症　皮肤承受持续的应激（暴露于 UV、烟雾、污染物等）将导致炎症应答，诱导细胞因子（如白细胞介素-1α、白细胞介素-1β、白细胞介素-6、转化生长因子 α）和脂质（如 PGE2）的产生，并引起级联反应，促炎性微环境改变了皮肤的内稳态，最终诱导皮肤屏障完整性的破坏。棕榈酰四肽-10 降低了暴露于 UVB 辐照下的皮肤细胞促炎性介导物的分泌。这种抗炎作用增强了皮肤屏障，减缓了由于暴露于辐射和各种引起微炎症的污染物而引起的皮肤老化。

3. 化妆品中应用

棕榈酰四肽-10 是一种生物调节肽，在表皮健康分化中发挥整体活性，提高 α-晶体蛋白内稳定，肌肤因此清澈明亮，同时可平衡表观遗传现象，调节炎症。本产品适用于面部护理、彩妆、防晒、晒后护理等个人护理产品。

九、四肽-21

四肽-21 的 INCI 名称为 Tetrapeptide-21，其氨基酸序列为甘氨酸-谷氨酸-赖氨酸-甘氨酸（Gly-Glu-Lys-Gly，GEKG）。四肽-21 来自细胞外基质蛋白。四肽-21 商品名为 TEFO Pep4-17™，由德国 Evonik 公司开发。四肽-21 的 CAS 号为 960608-17-7。目前，四肽-21 暂未被纳入《已使用化妆品原料目录（2021 年版）》，未见其外用不安全的报道。

四肽-21 是基于生物信息学方法发现的，通过比对人类细胞外基质蛋白中高度重复的氨基酸序列，鉴定具有抗衰老活性的序列。对已经发现的细胞外基质蛋白中丰富的几十种四肽进行评价，最终筛选出诱导胶原蛋白的活性最强的四肽，即四肽-21。

1. 化学结构及性状

四肽-21

四肽-21 为白色粉末，相对分子质量为 388.409，可溶于水。

2. 生物学功能

（1）诱导胶原蛋白合成　将四肽-21 以 1mg/kg 或 10mg/kg 的浓度作用于人真皮成纤维细胞培养 24h，观察其对胶原蛋白合成的诱导作用，测定细胞培养上清中胶原蛋白的浓度。结果表明，四肽-21 在浓度为 1mg/kg 时，使人真皮成纤维细胞培养上清中胶原蛋白的分泌量比对照增加约 2.5 倍。当浓度达到 10mg/kg 时，这种效应进一步增强。与棕榈酰五肽-4 相比，四肽-21 存在时，胶原蛋白的生成量几乎高出 2 倍。

（2）诱导 ECM 组分生成　使用含有 50mg/kg 四肽-21 的测试配方 8 周后，从治疗组和未治疗组的皮肤取 4mm 穿孔活检。采用免疫组织染色法检测各组组织中胶原蛋白、纤连蛋白和透明质酸的诱导情况。体内活检研究表明，与载体配方相比，四肽-21 显著诱导了细胞外基质成分胶原蛋白、纤连蛋白和透明质酸的生成。

3. 化妆品中应用

四肽-21 可添加到各类用于抗衰去皱的美容护肤产品中，如功能性乳液、眼霜、精华液和面膜等。

十、棕榈酰六肽-12

棕榈酰六肽-12 的 INCI 名称为 Palmitoyl Hexapeptide-12，是一种脂肽，其氨基酸序列为棕榈酰缬氨酰-甘氨酰-缬氨酰-丙氨酰-脯氨酰-甘氨酸（Pal-Val-Gly-Val-Ala-Pro-Gly-OH，Pal-VGVAPG）。棕榈酰六肽-12 来自天然的弹性蛋白（E-lastin）的重复片段。棕榈酰六肽-12 商品名为 Biopeptide EL™，由法国 Sederma 公司开发。棕榈酰六肽-12 的 CAS 号为 171263-26-6。目前，棕榈酰六肽-12 已被纳入《已使用化妆品原料目录（2021 年版）》，未见其外用不安全的报道。

棕榈酰六肽-12（Pal-VGVAPG）是一种属于 Matrikine 系列的信号肽，与修复年龄相关性皮肤损伤显著有关。在弹力蛋白的整个分子结构中六肽 VGVAPG 片段重复了六次之多，因此被称作 Spring fragment。在皮肤中弹性蛋白与胶原蛋白共同存在，虽然胶原蛋白能够给细胞外基质以强度和韧性，但是对于皮肤组织来说还需要富有弹性，这种弹性主要依赖于细胞外基质中的弹性纤维，而弹性蛋白是弹性纤维中的核心蛋白。棕榈酰六肽-12 与皮肤的天然结构具有高度生物相容性，它提高了细胞的自然修复能力，被认为是强大天然抗衰老剂之一。

1. 化学结构及性状

棕榈酰六肽-12

棕榈酰六肽-12 为白色粉末，相对分子质量为 736.996，微溶于水，酸度系数为 3.67±0.10。

2. 生物学功能——促进细胞外基质蛋白合成

棕榈酰六肽-12 具有趋化作用，可以促进真皮成纤维细胞迁移、增殖和基质大分子合成（如弹力蛋白、胶原蛋白等），为皮肤提供支撑。同时，它还可以诱导成纤维细胞和单核细胞到特定的位置以达到伤口修复和组织更新。在 40mg/kg 下，棕榈酰六肽-12 能促进弹性蛋白表达，且呈剂量依赖性。在 20mg/kg 下，棕榈酰六肽-12 能刺激成纤维细胞迁移率至 170.2%，且呈剂量依赖性。

3. 化妆品中应用

在一项双盲研究中，10 名女性志愿者每天两次使用含有 4% 棕榈酰六肽-12 的乳剂，持续一个月，有效改善了皮肤的弹性和紧致度，因此棕榈酰六肽-12 可用于抗皱、抗衰老产品和皮肤修复产品。

十一、乙酰基四肽-9

乙酰基四肽-9 的 INCI 名称为 Acetyl Tetrapeptide-9，其氨基酸序列为乙酰谷氨酰胺-天冬氨酸-缬氨酸-组氨酸（Ac-Gln-Asp-Val-His，Ac-QNVH）。乙酰基四肽-9 是一种合成的四肽，可特异性靶向基膜聚糖（Lumican）并提高其功能，有效增加皮肤的紧密程度。乙酰基四肽-9 商品名为 Dermican™，由德国 BASF 公司开发。乙酰基四肽-9 的 CAS 号为 928006-50-2。目前，乙酰基四肽-9 已被纳入《已使用化妆品原料目录（2021 年版）》，未见其外用不安全的报道。

基膜聚糖（Lumican）蛋白是小分子硫酸角质素蛋白聚糖（Small leucine-rich proteoglycan，SLRP）家族的一员，是细胞外基质的主要成分之一。基膜聚糖功能多样，一方面作为结构蛋白，基膜聚糖调控了细胞外基质胶原蛋白的组装，在维持皮肤韧性等方面发挥显著作用。另一方面，基膜聚糖作为介导细胞生长分化、迁移黏附的调节因子，参与损伤后修复和炎症诱导等重要的皮肤病理性事件。基膜聚糖作为一种重要的细胞外基质组分，在创伤修复、组织纤维化等过程中扮演着非常重要的角色。基膜聚糖会随着人的年龄增加而减少，使胶原蛋白纤维的组织构造丧失。乙酰基四肽-9 是以基膜聚糖为靶点开发的信号肽，有效增加皮肤的紧密度，具有的独特抗皮肤老化作用。

1. 化学结构及性状

乙酰基四肽-9

乙酰基四肽-9 为白色粉末，相对分子质量为 539.5，溶于水。

2. 生物学功能

（1）刺激基膜聚糖的合成　乙酰基四肽-9 被证实可以刺激老化的成纤维细胞合成基膜聚糖。结果表明，0.74μg/mL 的乙酰基四肽-9 能显著提高老化人真皮成纤维细胞对基膜聚糖的合成，与对照组相比基膜聚糖增加 66%，且呈剂量依赖性。假真皮层皮肤模型进一步证实乙酰四肽-9 刺激基膜聚糖合成的能力。在 2.2μg/mL 的浓度下，与对照组相比，基膜聚糖的表达增加了 58.4%。

（2）促进皮肤细胞因子表达　在体外实验中，成纤维细胞经乙酰基四肽-9 处理后，编码成纤维细胞生长因子的基因表达增加，这表明该乙酰基四肽-9 对成纤维细胞生长速度有积极作用。另外，在乙酰基四肽-9 处理后，编码胶原蛋白的 *COL1A1* 基因表达水平也显著增加（22%）。

（3）显著增加皮肤厚度　乙酰基四肽-9 在体外获得的结果也在人体志愿者的体内试验中得到证实。治疗 8 周后，乙酰基四肽-9 已经诱导皮肤厚度增加，这种效果在 16 周的乙酰基四肽-9 治疗后得到加强，经过 16 周的治疗，乙酰基四肽-9 显著改善了皮肤紧致度，对 82% 的志愿者有明显的效果。

3. 化妆品中应用

乙酰基四肽-9 通过刺激基膜聚糖蛋白和胶原蛋白合成，对真皮结构起到靶向作用。能整体重塑皮肤结构，经临床验证，可提升皮肤厚度和紧实度，广泛应用于紧致、淡化细纹、抗衰化妆品配方中，乙酰基四肽-9 通常与乙酰基四肽-11 联合使用，协同发挥抗皮肤老化功效。

十二、三氟乙酰三肽-2

三氟乙酰三肽-2 的 INCI 名称为 Trifluoroacetyl Tripeptide-2，是三肽-2 经三氟

乙酰基修饰而来，其氨基酸序列为三氟乙缬氨酸-酪氨酸-缬氨酸（Tfa-Val-Tyr-Val，Tfa-VYV）。三氟乙酰三肽-2 商品名为 PROGELINE™，由美国 Lubrizol 公司开发。三氟乙酰三肽-2 的 CAS 号为 64577-63-5。目前，三氟乙酰三肽-2 已被纳入《已使用化妆品原料目录（2021 年版）》，未见其外用不安全的报道。

早衰症是一种致命性染色体异常疾病，患者的人生就像被启动了倍速模式，患者从出生即开始加速衰老，仿佛鲜活身体和精气神被瞬间吸走，幼小的身躯貌如百岁老人。在早衰症的研究中发现，核纤层蛋白 A 的异常剪接会产生一种称为早衰蛋白的物质 Progerin，Progerin 能诱导细胞衰老，Progerin 会随着年龄增长而增多。早衰蛋白在正常人体细胞和组织中也会以低水平存在，作为一种生物标志物，经常用于自然衰老的研究。三氟乙酰三肽-2 就是针对 Progerin 开发的仿生原料，通过减少早衰蛋白的水平，可发挥抗衰老作用。

1. 化学结构及性状

三氟乙酰三肽-2

三氟乙酰三肽-2 为白色粉末，相对分子质量为 475.46。由于三氟乙酰三肽-2 由亲水性天然氨基酸组成，可完全溶于水、甘油、乙二醇和乙醇。三氟乙酰三肽-2 在 pH 为 3.0~6.5 的条件下可保持稳定，且与大多数增稠剂和乳化剂兼容。建议冷却相加入。

2. 生物学功能

（1）减少早衰蛋白表达　相比于年轻人，老年人皮肤中的早衰蛋白更为丰富，早衰蛋白水平随着年龄增长而增加。早衰蛋白和较短的端粒共同引发了正常人类成纤维细胞的细胞衰老。通过早衰蛋白 ELISA 测定，三氟乙酰三肽-2 在浓度为 0.005mg/kg 或 0.05mg/kg 时，能够显著降低成纤维细胞中早衰蛋白的合成，分别降低 18.0%（$P<0.05$）和 21.9%（$P<0.05$）。

（2）增加细胞黏附因子表达　多配体聚糖-1（Syndecan-1）主要在表皮的基底层，调节表皮细胞增殖和黏附，以及生长因子的信号转导。多配体聚糖-1 的减少导致表皮更新减慢，凝聚力降低。三氟乙酰三肽-2 显著增加了成纤维细胞中多配体聚糖-1（Syndecan-1）的表达，在 0.0005% 和 0.005% 的浓度下，分别增加 39% 和 56%（$P<0.05$），与多配体聚糖-1（Syndecan-1）合成诱导剂转化生长因子 β 的效果相当。

（3）抑制基质金属蛋白酶　基质金属蛋白酶会分解胶原蛋白，减少皮肤中的胶原蛋白含量。三氟乙酰三肽-2 以剂量依赖的方式显著抑制基质金属蛋白酶-1、基质金属蛋白酶-3 和基质金属蛋白酶-9 的活性。在与胶原蛋白酶或弹性酶孵养的人体皮肤切片中，三肽被证明可以有效地促进皮肤中胶原蛋白和弹性纤维的产生，分别约为 43% 和 100%。

一项为期 28 天的研究显示，与安慰剂配方相比，三氟乙酰三肽-2 可以明显改善皮肤松弛的现象，起到抗衰的作用，并提高接受肽配方治疗的志愿者皮肤的紧致度、弹性和黏弹性。

3. 化妆品中应用

三氟乙酰三肽-2 可应用于乳液、精华液、眼霜、防晒霜及面膜等化妆品中，延缓皮肤衰老。

十三、六肽-9

六肽-9 的 INCI 名称为 Hexapeptide-9，其氨基酸序列为甘氨酸-脯氨酸-谷氨酰胺-甘氨酸-脯氨酸-谷胺酰胺（Gly-Pro-Gln-Gly-Pro-Gln，GPQGPQ）。六肽-9 商品名为 Collaxyl™，由法国 Sederma 公司开发。六肽-9 的 CAS 号为 1228371-11-6。目前，六肽-9 已被纳入《已使用化妆品原料目录（2021 年版）》，未见其外用不安全的报道。

目前，关于抗老方法的研究集中在皮肤的真皮层和表皮层，主流的产品开发思路也是围绕表皮层、真皮层来解决皮肤老化问题展开，而真皮表皮连接这一对皮肤健康重要的组织却一直被忽视。其实，皮肤学术界对真皮表皮连接进行研究始于 20 世纪 50 年代，但主要聚焦在皮肤疾病、伤口愈合、光老化等临床病理研究中，与皮肤老化相关性的研究较少，关注度也较低。皮肤是一个较为复杂的结构，可分为四大层：表皮、真皮表皮连接层、真皮、皮下组织。真皮表皮连接就像皮肤的拉链一样，把表皮和真皮紧密结合在一起；拥有强健的真皮表皮连接对健康肌肤极其重要。在真皮层方面，最关键的是成纤维细胞，其分泌的细胞外基质，包括糖胺聚糖、透明质酸、胶原蛋白等。六肽-9 的结构在人体的 Ⅳ 型和 ⅩⅦ 型胶原蛋白（两种关键基膜胶原蛋白）的结构中同时存在，由于含有这种结构而表现出全面且显著的抗皱修复功效。

1．化学结构及性状

六肽-9

六肽-9 为白色粉末，相对分子质量为 582.615，可溶于水。

2．生物学功能

（1）促进真皮表皮连接再生 六肽-9 可刺激成纤维细胞合成胶原蛋白，补充真皮层胶原蛋白的含量，同时，促进角质形成细胞表达层粘连蛋白-5，形成和加固真皮表皮连接，减少细纹、使肌肤紧致，达到抗衰老的目的。研究人员分别将 0.5% 六肽-9 和 0.5% 维生素 C 应用于离体人体皮肤或人体成纤维细胞培养物，并用 0.75% 六肽-9 对另外的人体成纤维细胞培养物处理 16h 后，采用免疫染色法对丝聚合蛋白、整合蛋白 β1、Ⅳ型胶原蛋白、层粘连蛋白、Ⅰ型胶原蛋白等成分进行染色处理，再使用电子显微镜观察。试验数据显示，在真皮水平，六肽-9 可快速触发Ⅰ型和Ⅲ型胶原蛋白表达的增加，且促进Ⅳ型胶原蛋白和层粘连蛋白 5 的合成。此外，还观察到一些表皮分化标记物（聚丝蛋白、整合蛋白）的改善。

（2）加速组织修复 研究人员在用 0.5% 六肽-9 对受损的皮肤进行 72h 处理后，将其与未经处理的皮肤进行比较。在显微镜下观察，可以看出受损的裂缝修复明显，说明六肽-9 可促进表皮快速完整地再生，对皮肤的修复效果良好。

研究人员招募了 20 名的健康女性志愿者（年龄在 20～62 岁）进行临床试验：将含有 1.5% 六肽-9 的凝胶涂抹于鱼尾纹处，每天使用两次，持续 4 周后对皮肤皱纹进行定量分析，并与安慰剂凝胶进行对比测试。结果表明，与安慰剂组相比，六肽-9 组在皮肤总表面、皱纹数量、皱纹总长度、皱纹平均深度等方面均有所改善，证明了六肽-9 可减少皱纹的数量和深度。

3．化妆品中应用

六肽-9 可添加到面部护理及身体护理的各种美容护肤品中，如乳液、早晚霜、眼部精华液等，可抗皱抗衰，改善皮肤质量。

十四、六肽-10

六肽-10 的 INCI 名称为 Hexapeptide-10，其氨基酸序列为丙氨酸-异亮氨酸-赖氨酸-丝氨酸-缬氨酸（Ala-Ile-Lys-Ser-Val，AIKSV）。六肽-10 来自层粘连蛋白（Laminin）的 α 链，并保留了原蛋白的许多生物特性，可促进细胞黏附和增殖。六肽-10 商品名为 Serilesine™，由西班牙 Lipotec 公司开发。六肽-10 的 CAS 号为146439-94-3。目前，六肽-10 暂未被纳入《已使用化妆品原料目录（2021 年版）》，未见其外用不安全的报道。

在皮肤老化机制的研究中，真皮表皮连接是一个常被忽视的重要领域。真皮表皮连接由表皮基底层的角质形成细胞与真皮共同参与构成，是高度特化的结构性和功能性连接。当真皮表皮连接功能出现遗传病理性失调时，被称为大疱性表皮松解症（Epidermolysis bullosa，EB），患有这种疾病的人，可能拧一下门把手表皮都会脱落。真皮表皮连接主要成分有层粘连蛋白、Ⅳ 型和 Ⅶ 型胶原蛋白以及整合素等，交联形成网状结构，构成了基底膜丰富多样的生物学功能。层粘连蛋白的合成不足被证明直接导致皮肤老化，当真皮层和表皮之间失去接触致使皮肤失去弹性，变得下垂。六肽-10 来自层粘连蛋白片段，能够通过促进层粘连蛋白-5 的合成，刺激角质形成细胞和成纤维细胞的增殖，诱导真皮层的致密化作用，改善皮肤的弹性和平滑度，最终恢复皮肤的正常功能。

1. 化学结构及性状

六肽-10

六肽-10 为白色粉末，相对分子质量为 615.773，可溶于水。

2. 生物学功能

（1）促进细胞黏附蛋白的合成　六肽-10 可促进黏附蛋白层粘连蛋白-5 和整合素的生成。六肽-10 处理人类皮肤组织模型后，通过免疫荧光染色验证层粘连蛋白-5 和整合素的水平，结果表明层粘连蛋白-5 在六肽-10 处理过的组织中的表达量比对照组高 20%，六肽-10 处理过的组织中整合素的表达量比对照组高 75%。

（2）促进角质形成细胞黏附　六肽-10 能够以剂量依赖的方式促进角质形成细胞的黏附。角质形成细胞经过六肽-10（250μg/mL）处理后，与六肽发生黏附作用的细胞比与非特异性底物连接的细胞多 65%。上述结果表明，六肽-10 被角化细胞表面的特殊受体识别，且显著促进细胞黏附作用。

（3）增加真皮层密度　临床试验证实了六肽-10 可增加人体面部皮肤真皮层的密度，20 名女性志愿者（年龄在 55~64 岁）在 54 天的时间里，在面部一侧使用安慰剂霜，在另一侧使用含有六肽-10 溶液的面霜。54 天后，观察到使用面霜一侧的皮肤密度显著增加了 19%。

3. 化妆品中应用

六肽-10 产品具有抗衰老、脸部提升、祛皱等多重功效，可用于面部及身体护理抗衰老、眼周修复、脸部颈部和手部护理品。

十五、四肽-61

四肽-61 的 INCI 名称为 Tetrapeptide-61，其氨基酸序列为丙氨酸-谷氨酸-天冬氨酸-甘氨酸（Ala-Glu-Asp-Gly，AEDG）。四肽-61 来自牛松果体提取物的多肽片段，通过人工合成制备，是一种抗衰老剂和端粒酶激活剂。四肽-61 商品名为 Epitalon™，由德国 Evonik 公司开发。四肽-61 的 CAS 号为 307297-39-8。目前，四肽-61 暂未被纳入《已使用化妆品原料目录（2021 年版）》，未见其外用不安全的报道。

在染色体末端存在一种被称为端粒的保护性结构，端粒由串联的重复序列片段（TTAGGG）$_n$ 和一些结合蛋白组成，发挥保证 DNA 完整复制、维持染色体结构稳定以及引起细胞衰老等作用，故端粒又称细胞分裂计时器。端粒酶延长了端粒的长度，由于人体细胞中的端粒酶未被活化，从而导致了端粒 DNA 缩短，最终无法激活端粒酶的细胞将只能面临趋向衰老死亡的命运。基于松果体提取物的四肽-61 被证实具有激活端粒酶的作用，在细胞和动物实验中均表现出抗氧化特性，调节褪黑激素的合成，并有助于正常成纤维细胞的端粒延长，以上特性都证明了四肽-61 对皮肤成纤维细胞具有保护作用，是一种具有潜力的抗衰老皮肤保护剂。

1. 化学结构及性状

四肽-61

四肽-61 为白色粉末，相对分子质量为 390.35，可溶于水。

2. 生物学功能

（1）预防氧化应激　四肽-61 可以通过 Keap1/Nrf2 信号通路刺激体内抗氧化基因的表达。研究评估了四肽-61 对紫外线辐射诱导人类皮肤成纤维细胞中抗氧化酶（醌氧化还原酶、超氧化物歧化酶和过氧化氢酶）基因表达的影响，结果表明四肽-61 促进了暴露于紫外线辐射的真皮成纤维细胞中相关基因的表达，分别提高了 2.7 倍，2.6 倍和 3.2 倍。四肽-61 可能对防止真皮成纤维细胞加速老化具有潜在的作用。

（2）抵抗细胞老化　研究发现，浓度为 0.05~2.00ng/mL 的四肽-61 使老年和幼年动物皮肤细胞增殖率增加 29%~45%，对老年动物细胞的皮肤成纤维细胞的促进作用更强。另外，研究人员验证了四肽-61 在皮肤成纤维细胞中增强了皮肤增殖与再生相关指标［增殖指数（Ki-67）和溶质载体家族 3 成员 2（*CD98hc*）］的表达，抑制胱天蛋白酶（Caspase）依赖的细胞凋亡以及细胞外基质金属蛋白酶-9 的活性，说明四肽-61 可显著增强衰老皮肤中成纤维细胞的功能活性。

3. 化妆品中应用

四肽-61 目前已经广泛应用于国外诸多品牌的主打抗衰产品中，且未见不良反应的报道，是一种前景广阔的抗衰成分，值得进一步开展功效评价方面研究。

十六、乙酰基四肽-2

乙酰基四肽-2 的 INCI 名称为 Acetyl Tetrapeptide-2，是四肽-2 经乙酰基修饰而来，其氨基酸序列为赖氨酸-天冬氨酸-赖氨酸-缬氨酸-酪氨酸（Ac-Lys-Asp-Val-Tyr，KDVY）。四肽-2 是由胸腺皮质和髓质上皮细胞分泌的生物特性肽。乙酰基四肽-2 商品名为 Thymulen™，由西班牙 Lipotec S. A. U 公司开发。乙酰基四肽-2

的 CAS 号为 757942-88-4。目前，乙酰基四肽-2 已被纳入《已使用化妆品原料目录（2021 年版）》，未见其外用不安全的报道。

胸腺萎缩是人体衰老的重要标志，免疫系统衰老的主要原因是胸腺的退化。胸腺是 T 细胞分化、发育、成熟的场所，是机体重要的淋巴器官。研究发现，胸腺衰退伴随着年龄的增长而发生，平均每 16 年缩小近一半，所以 T 细胞的产量也会相应下降。而且，某些癌症的发病率上升与新 T 细胞数量下降存在极强的相关性。乙酰基四肽-2（也称 Thymulen4）是由胸腺产生的细胞成熟因子的仿生物，是增加皮肤紧实度、避免皮肤下垂的美容多肽。这种高纯度的胸腺素仿生多肽，可弥补伴随衰老自然丧失的胸腺因子，通过加强皮肤免疫防御和增强表皮再生，发挥抗衰老的作用。

1. 化学结构及性状

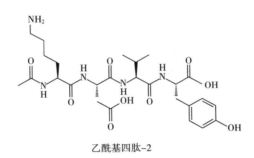

乙酰基四肽-2

乙酰基四肽-2 为白色粉末，相对分子质量为 565.61，可溶于水。

2. 生物学功能

（1）改善皮肤屏障　角质形成细胞产生角蛋白和细胞质蛋白，如角质透明素。这些蛋白质构成了细胞的骨架，有助于皮肤的屏障功能。随着年龄的增长，角质形成细胞的更新变慢，表现为表皮厚度的减少。保护和刺激表皮可以保护皮肤免受环境的影响，防止水分和其他必需元素从身体中流失。体外实验表明，乙酰基四肽-2 显著增加了角质形成细胞中角蛋白的表达。

（2）激活皮肤免疫　乙酰基四肽-2 促进了角质形成细胞中粒细胞巨噬细胞-集落刺激因子（GM-CSF）的产生。粒细胞巨噬细胞-集落刺激因子可激活粒细胞（中性粒细胞、嗜酸性粒细胞和嗜碱性粒细胞）、巨噬细胞和朗格汉斯细胞的产生。因此，作为皮肤免疫反应的重要环节，乙酰基四肽-2 是一种创新的抗衰老皮肤护理方法，帮助皮肤恢复年轻态。作为化妆品配方中的关键成分，乙酰基四肽-2 通过刺激皮肤免疫防御，以对抗皮肤免疫系统的缺陷。研究表明通过增加粒细胞巨噬细胞-集落刺激因子，乙酰基四肽-2 降低了白介素的表达，展现出对刺激皮肤防御系统的作用。

3. 化妆品中应用

乙酰基四肽-2 能增强维持胶原蛋白水平和弹性纤维正确装配的自然因素，促进细胞与细胞外基质的结合，对抗导致皮肤紧实度和黏附力丧失的不利因素，从而改善皮肤状况，主要表现为表皮厚度的增加及表皮皮肤纹理的修复。乙酰基四肽-2 主要应用包括抗衰老产品、抗皱产品、药妆产品、术后护理产品、妊娠纹消除产品、指甲及头发护理产品等。

十七、三肽-10 瓜氨酸

三肽-10 瓜氨酸的 INCI 名称为 Tripeptide-10Citrulline，其氨基酸序列为赖氨酸-天冬氨酸-异亮氨酸-瓜氨酸（Lys-Asp-Ile-Cit，KDIX）。三肽-10 瓜氨酸来自一种可与胶原纤维特异性结合的核心蛋白聚糖（Decorin）。三肽-10 瓜氨酸商品名为 Decorinyl™，由西班牙 Lipotec S. A. U 公司开发。三肽-10 瓜氨酸 CAS 号为960531-53-7。目前三肽-10 瓜氨酸已被纳入《已使用化妆品原料目录（2021 年版）》，未见其外用不安全的报道。

核心蛋白聚糖是一种主要存在于结缔组织中与胶原纤维相关的蛋白多糖。它属于细胞外富含亮氨酸的小分子蛋白聚糖家族，由一个球形的核蛋白和一条含硫酸软骨素/硫酸皮肤素的糖胺聚糖（Glycosaminoglycan）侧链组成的大分子糖复合物，1978 年由美国国立卫生研究院骨科研究所的费舍尔（Fisher）教授首先分离和纯化。核心蛋白聚糖分子结构中的核心蛋白结构与 I 型胶原蛋白结合，通过糖胺聚糖（GAG）侧链之间形成的抗平行的双螺旋结构使胶原蛋白分子的侧向装配受限，调节胶原纤维的直径，并保证其正确装配。老化皮肤中核心蛋白聚糖的糖胺聚糖侧链缩短，胶原纤维之间的距离发生变化，导致胶原蛋白的结构不稳定，进而使皮肤的支撑组织质量变差、真皮的密度变小以及表皮松弛。

1. 化学结构及性状

三肽-10 瓜氨酸

三肽-10 瓜氨酸为白色粉末，相对分子质量为530.61，可溶于水。

2. 生物学功能

三肽-10 瓜氨酸通过模拟核心蛋白聚糖，调控胶原蛋白纤维形成过程，保持胶原蛋白原纤维之间适当的空间距离和尺寸大小统一性，增强胶原蛋白原纤维在组织中的稳定性，促进胶原蛋白组装，提升肌肤弹性，增加肌肤的紧致度。三肽-10 瓜氨酸弥补了衰老引起的核心蛋白多糖功能缺失，结合胶原蛋白原纤维调控胶原微纤维形成，增强胶原纤维稳定性；确保原纤维直径和空间结构统一，保持皮肤完整性和皮肤柔软；维持皮肤高保湿性；使皮肤柔软有弹性。

3. 化妆品中应用

使用含有 0.01% 三肽-10 瓜氨酸的化妆品配方两个月后，对三名志愿者的皮肤进行活检评估。结果表明，三肽-10 瓜氨酸治疗前后胶原纤维平均直径变化显著。治疗 2 个月后，所有患者的胶原纤维直径标准差均下降。28 天后，含有三肽-10 瓜氨酸的面霜诱导皮肤柔软度增加54%（$P<0.001$），95%的志愿者观察到这种效果。

十八、六肽-11

六肽-11 的 INCI 名称为 Hexapeptide-11，其氨基酸序列为苯丙氨酸-缬氨酸-丙氨酸-脯氨酸-苯丙氨酸-脯氨酸（Phe-Val-Ala-Pro-Phe-Pro，FVAPFP）。六肽-11来自酵母发酵过程中产生的活性肽。六肽-11 商品名为 Peptamide™，由法国 Sederma 公司开发。六肽-11 的 CAS 号为 161258-30-6。目前，六肽-11 已被纳入《已使用化妆品原料目录（2021 年版）》，未见其外用不安全的报道。六肽-11 最初是从酵母发酵过程中分离的一种成分，后来因纯度问题而采用合成工艺。科学家发现，长期从事发酵工作的人手部皮肤比一般人更光滑、紧致和细嫩。经过长期的实验，最终从酵母菌发酵液中成功分离了六肽-11，正是六肽-11 赋予了皮肤年轻化的效果。

1. 化学结构及性状

六肽-11

六肽-11 为白色粉末，相对分子质量为 676.815，可溶于水。

2. 生物学功能——延缓皮肤老化

六肽-11 能够降低紫外线照射下真皮乳头细胞的 SA-β-Gal 活性，延缓第二种真皮细胞系的衰老，同时在体外对成纤维细胞的衰老有显著延缓作用；对相关衰老的影响是广泛适用和可逆的。研究结果表明，六肽-11 是一种新型的人二倍体成纤维细胞蛋白酶沉积网络的调节剂，对成纤维细胞具有显著的保护作用，可防止细胞过早衰老，改善皮肤弹性，减少细纹和皱纹，刺激胶原蛋白的产生；增进皮肤紧实，提高保水能力，是一种很有前途的抗衰老剂。一项对 25 名健康志愿者进行的安慰剂对照研究表明，四周内每天使用两次添加六肽-11 护肤产品，皮肤弹性和紧致度得到改善。

十九、三肽-32

三肽-32 的 INCI 名称为 Tripeptide-32，其氨基酸序列为苏氨酸-丝氨酸-脯氨酸（Ser-Thr-Pro，STP）。目前，三肽-32 已被纳入《已使用化妆品原料目录（2021 年版）》，未见其外用不安全的报道。

生物节律在皮肤生理过程中扮演着重要的角色，皮肤细胞中的时钟基因，可以控制和同步细胞昼夜节律，在白天和夜晚发挥不同的生理功能。昼夜运动输出周期（Circadian locomotor output cycles kaput，CLOCK）基因产物形成异二聚体，结合到靶向节律基因的元件上，从而激活周期蛋白（Period 1-3，PER 1-3）的转录。白天基因表达比较活跃，能够有效调节机体生理节奏、调控细胞周期和促进 DNA 损伤修复等，到了晚上基因活性下降，细胞的自我修复过程变缓。皮肤昼夜节律由节律基因形成的转录翻译反馈来调节。三肽-32 可以调节肌肤生物钟，让肌肤在晚上可以像白天一样修复受损细胞，防止肌肤老化，保证肌肤处于健康状态。

1. 化学结构及性状

三肽-32

三肽-32 为白色粉末，可溶于水，相对分子质量为 303.3。

2. 生物学功能

（1）维持皮肤节律 昼夜节律基因是一组调节人体内部时钟并影响各种生理过程的基因，包括睡眠-觉醒周期、新陈代谢和免疫功能。昼夜节律的产生由细胞内生物钟基因呈昼夜节律性表达所致，*CLOCK* 和 *PER1* 是重要的昼夜节律基因，深度参与 DNA 损伤修复及细胞死亡的过程。三肽-32 作为 *CLOCK* 和 *PER1* 基因的激活因子，发挥"生物钟调节剂"的作用。*CLOCK* 和 *PER1* 基因的激活可促进细胞活力，延长细胞寿命、抑制因环境侵害而造成的细胞损伤。

（2）保护紫外线损伤 使用三肽-32 处理人体角质形成细胞，并暴露在紫外线下，以确定三肽-32 抑制紫外线对角质形成细胞的损伤的影响。结果表明，三肽-32 增加了细胞活力和寿命，显著增加了对 UVB 应激的保护。

3. 化妆品中应用

三肽-32 可用于抗皱抗衰、改善皮肤质量，常添加到面部、颈部和手部护理产品中，如乳液、早晚霜、眼部精华液等。

第三节 类肉毒素去皱多肽类在化妆品中的应用

一、乙酰基六肽-8

乙酰基六肽-8 的 INCI 名称为 Acetyl Hexapeptide-8，也称阿基瑞林（Agireline），是一种神经递质抑制类多肽。它能局部阻断神经传递肌肉收缩信息，使脸部肌肉放松，达到抚平动态纹、静态纹及细纹的效果，被称为涂抹式肉毒素。其氨基酸序列为乙酰谷氨酸-甲硫氨酸-谷氨酰胺-精氨酸-精氨酸（Ac-Glu-Met-Gln-Arg-Arg，EMQRR）。乙酰基六肽-8 的 CAS 号为 616204-22-9。目前，乙酰基六肽-8 已被纳入《已使用化妆品原料目录（2021 年版）》，未见其外用不安全的报道。

1. 化学结构及性状

乙酰基六肽-8

乙酰基六肽-8 为白色粉末，相对分子质量为 889.0，等电点为 7，脂水分配系数为-6.3，能溶于水。

2. 生物学功能

乙酰基六肽-8 是突触小体相关蛋白 25（SNAP-25）N-末端仿制肽，能够与突触小体相关蛋白 25 竞争在 SNARE（融合细胞膜和囊泡膜的一种蛋白质）复合物中的作用位点，从而干扰 SNARE 复合物的形成，抑制囊泡与细胞膜的融合，阻止儿茶酚胺等神经递质的释放，降低肌肉收缩或痉挛的频率，减少表情纹数量，抚平细纹和皱纹。

目前，已有多项研究证实乙酰基六肽-8 具有祛皱功效。通过临床试验证实使用含 10% 乙酰基六肽-8 乳液可使皱纹数量减少、深度变浅。

在一项针对中国受试者展开的双盲、随机、平行组对照实验中，60 位年龄在 25~60 岁的志愿者被随机分配，每天两次、持续 4 周在眶周皱纹上使用含有 10% 浓度乙酰基六肽-8 的乳液或安慰剂，实验结果表明，乙酰基六肽-8 组的总抗皱效果为 48.9%，而安慰剂组的抗皱效果为 0。

3. 化妆品中应用

乙酰基六肽-8 具有水溶性好、性质稳定等优点，作为一种高祛皱活性原料已较广泛用于各类祛皱、抗老化化妆品中。与透明质酸钠、酵母提取物等物质复配效果更好，能起到抚平动态纹、静态纹及细纹的作用。

二、乙酰基八肽-3

乙酰基八肽-3 的 INCI 名称为 Acetyl Octapeptide-3，也称乙酰谷氨酰七胜肽-

3，为乙酰基六肽-8 的延长类似物。其氨基酸序列为乙酰谷氨酸-甲硫氨酸-谷氨酰胺-精氨酸-精氨酸-丙氨酸-天冬氨酸（Ac-Glu-Met-Gln-Arg-Arg-Ala-Asp，EMQRRAD）。乙酰基八肽-3 的 CAS 号为 868844-74-0。目前，乙酰基八肽-3 已被列入《已使用化妆品原料目录（2021 年版)》，未见其外用不安全的报道。

乙酰基八肽-3 为阿基瑞林的延长类似物，是 SNAP-25 蛋白的 N-末端仿制肽。临床试验证实，乙酰基八肽-3 是基于人体皮肤生化机制而科学合理设计的抗皱多肽活性原料，现已成为风靡世界的抗皱化妆品原料，其功效可以与 A 型肉毒素媲美，又避开了肉毒素必须注射和使用成本高昂的缺点。

1. 化学结构及性状

乙酰基八肽-3

乙酰基八肽-3（Acetyl Octapeptide-3）为白色粉末，相对分子质量为 1075.16，等电点为 4.44，可溶于水。

2. 生物学功能

乙酰基八肽-3 是 SNAP-25 N-末端仿制肽，能够与 SNAP-25 竞争在 SNARE 复合物中的作用位点，从而干扰 SNARE 复合物的形成，抑制囊泡与细胞膜的融合，阻止谷氨酸等神经递质的释放，减弱肌肉收缩，淡化细纹皱纹。

连续涂抹含有 0.0015% 乙酰基八肽-3 的乳霜 28 天后，平均皱纹深度减少 7.1%，局部皱纹深度最多可减少 38%。

3. 化妆品中应用

乙酰基八肽-3 具有水溶性好、性质稳定等优点，作为一种高祛皱活性原料已较广泛用于各类祛皱、抗老化化妆品中。

三、二肽二氨基丁酰苄基酰胺二乙酸盐

二肽二氨基丁酰苄基酰胺二乙酸盐的 INCI 名称为 Dipeptide Diaminobutyroyl

Benzylamide Diacetate，也称类蛇毒肽（SYN-AKE），是一种模拟蛇毒毒素 Waglerin-1 活性的小肽。二肽二氨基丁酰苄基酰胺二乙酸盐的 CAS 号为 823202-99-9。目前，二肽二氨基丁酰苄基酰胺二乙酸盐已被纳入《已使用化妆品原料目录（2021 年版）》，未见其外用不安全的报道。

1996 年，生物学家发现竹叶青毒蛇的毒素 Wagleri 会阻断烟碱乙酰胆碱受体。2006 年，一种从天然蛇毒中提取的三胜肽蛋白被证实具有很好的祛皱效果。2007 年，类蛇毒人工蛋白被成功合成，并突破性地创造了安全高效的美肤里程碑成分——类蛇毒三肽，它被广泛应用在各种抗老化妆品中。

1. 化学结构及性状

二肽二氨基丁酰苄基酰胺二乙酸盐

二肽二氨基丁酰苄基酰胺二乙酸盐为白色粉末，相对分子质量为 495.6，可溶于水。

2. 生物学功能

二肽二氨基丁酰苄基酰胺二乙酸盐作用于突触后膜，是肌肉烟碱乙酰胆碱受体（m-nAChR）可逆转的拮抗剂。二肽二氨基丁酰苄基酰胺二乙酸盐结合 m-nAChR 的 ε 亚单位，占据了乙酰胆碱的位置，从而阻滞乙酰胆碱与受体的结合，使得乙酰胆碱受体不被激活，最终导致受体封闭。在封闭状态下，钠离子不能摄入，无法去极化，神经兴奋传递阻断，肌肉细胞不能收缩，使得肌肉保持放松状态。即，神经脉冲信号无法传递到肌肉，使表情肌肉放松。

在一项为期 4 周的双盲性、随机性、平行组对照功效评价实验中，志愿者将含二肽二氨基丁酰苄基酰胺二乙酸盐（有效浓度 0.01%）的乳液涂抹于眼周皱纹处，每天早晚各一次。经图像对比发现，二肽二氨基丁酰苄基酰胺二乙酸盐的祛皱作用显著，且对于额头处的皱纹作用最为明显，涂抹 4 周可以有效减少 13.52% 的皱纹面积，皱纹长度下降 14%，同时皱纹深度减少 13.59%。

3. 化妆品中应用

二肽二氨基丁酰苄基酰胺二乙酸盐水溶性好，稳定性高，可以有效淡化眼角、嘴角及额头的表情纹,是抗老化化妆品中常用的活性组分。

四、芋螺多肽

芋螺多肽的 INCI 名称为 Mu-Conotoxin Cn Ⅲ C,是生物模拟芋螺毒素,经过排序、人工合成,具有非常强效的肌肉松弛作用和迅速即时的抗皱效果。芋螺多肽的 CAS 号为 936616-33-0。目前,芋螺多肽暂未被纳入《已使用化妆品原料目录(2021 年版)》,未见其外用不安全的报道。

芋螺多肽的灵感来源于一种海洋动物"芋螺"分泌的用于自卫和捕食的小肽神经性毒素,经科学家的研究和分离,估计全球有超过 5 万种不同结构的芋螺毒素。目前应用于化妆品行业的芋螺多肽,是 μ 型芋螺毒素(μ-conotoxin Cn Ⅲ C),22 个氨基酸、3 对二硫键组成的结构,能抑制肌肉中的电压依赖性 Na^+ 通道。据芋螺多肽的推广资料显示,使用 3% 的芋螺多肽溶液,2h 就可以看到皱纹深度和皱褶整体明显减少。

1. 化学结构及性状

芋螺多肽

芋螺多肽为白色粉末,易溶于水。大多数芋螺多肽由 10~40 个氨基酸残基组成,且富含二硫键。

2. 生物学功能

芋螺多肽不仅可以阻断乙酰胆碱与 m-nAChR 的结合,还可以特异性地阻断电压依赖型钠离子通道,尤其是阻断 Nav1.4 通道来阻断神经肌肉的电流传导,使钠离子内流受阻,导致肌肉动作电位不能形成,可以有效放松肌肉,从而预防和减轻皱纹。

3. 化妆品中应用

芋螺多肽相对分子质量小,结构稳定且易于合成,由于其直接作用于钠离子通道,使用 30min 即可起效,使其在抗老化化妆品中的应用更加广泛。

五、五肽-3

五肽-3 的 INCI 名称为 Pentapeptide-3，也称 Vialox 肽，是一种具有亲脂性的改良肽。其氨基酸序列为甘氨酸-脯氨酸-精氨酸-脯氨酸-丙氨酸（Gly-Pro-Arg-Pro-Ala，GPRPA）。五肽-3 的 CAS 号为 135679-88-8。目前，五肽-3 已被纳入《已使用化妆品原料目录（2021 年版）》，未见其外用不安全的报道。

五肽-3 最早被皮肤科医生用于与维生素 A 等抗老成分复配，达到紧实提拉肌肤的目的。而后被证实五肽-3 具有与肉毒素相似的作用机理，可以抑制肌肉收缩，使已经产生的皱纹变得松弛，是抗皱护肤品常用的活性成分之一。

1. 化学结构及性状

五肽-3

五肽-3 为白色粉末，相对分子质量为 495.6，等电点为 11.05，可溶于水。

2. 生物学功能

五肽-3 是乙酰胆碱受体的竞争性拮抗剂，可安全地阻止肌肉突触膜上钠离子的释放，使肌肉无法频繁收缩。体外测试显示，使用五肽-3 1min 内肌肉收缩减少 71%，2h 后减少 58%。肌肉收缩频率降低能有效减少皱纹数量和深度。实验表明，每日涂抹两次，连续使用 28 天后，皱纹深度减少了 49%。

3. 化妆品中应用

五肽-3 可以阻断神经传递递质的释放，作为一种高祛皱活性原料已较广泛用于各类祛皱、抗老化化妆品中。与积雪草提取物、乳清蛋白等物质复配效果更好，特别适用于眼角、嘴角、额头等表情纹集中的部位，达到抚平动态纹、静态纹及细纹的作用。

第四节 祛痘抗菌多肽类在化妆品中的应用

一、肉豆蔻酰六肽-23

肉豆蔻酰六肽-23 的 INCI 名称为 Myristoyl Hexapeptide-23，是六肽-23 经肉豆蔻酰基修饰而来，六肽-23 的氨基酸序列为丙氨酸-亮氨酸-赖氨酸（Ala-Leu-Lys，ALK）。六肽-23 是一种人工合成的抗菌肽，含有多个碱性氨基酸，可通过静电相互作用吸附到细菌细胞膜表面发挥抗菌作用。肉豆蔻酰六肽-23 的商品名为 SymPeptide 380，由德国 Symrise 公司开发。肉豆蔻酰六肽-23 的 CAS 号为 959610-44-7。目前，肉豆蔻酰六肽-23 暂未被纳入《已使用化妆品原料目录（2021 年版）》，未见其外用不安全的报道。

肉豆蔻酰六肽-23 的带正电性有助于增加与细菌膜相互作用的能力。肉豆蔻酰六肽-23 带有多个阳离子氨基酸，与细菌的膜结合后使细菌膜被破坏，导致抗菌肽进入膜中形成孔隙。因此，肉豆蔻酰六肽-23 具有广谱抗菌性，能有效抑制痤疮丙酸杆菌，最小有效抑菌浓度为 10mg/kg。肉豆蔻酰六肽-23 可以控油祛痘、抗痤疮抗粉刺，深度解决皮肤问题。

1. 生物学功能

（1）抑菌作用 肉豆蔻酰六肽-23 是一种具有抗痤疮粉刺功效的抗菌肽，具有抗痤疮粉刺活性，体外抑菌实验表明，肉豆蔻酰六肽-23 对痤疮丙酸杆菌的抑制率超过 90%。

（2）控油功效 皮脂分泌过多是引发多种皮肤问题的主要因素，而影响皮脂分泌的主要因素是体内激素水平的紊乱。皮脂腺细胞会合成大量的油脂并以脂滴形式分泌到细胞外，影响细胞功能，导致多种皮肤问题产生，脂滴量的多少是衡量控油程度的主要指标。根据皮脂腺细胞控油测试结果，肉豆蔻酰六肽-23 在 0.15mg/kg，0.3mg/kg 和 0.6mg/kg 时，标记脂滴的特性尼罗红荧光信号显著降低（$P<0.01$），说明肉豆蔻酰六肽-23 具有控油功效。

2. 化妆品中应用

肉豆蔻酰六肽-23 具有广谱抗菌性，能有效抑制痤疮丙酸杆菌，肉豆蔻六肽-23 杀灭痤疮丙酸杆菌，帮助预防皮肤问题，特别适合各种控油祛痘、祛除粉刺产品。

二、蜂毒肽

蜂毒肽的 INCI 名称为 Melittin，一种来自意大利蜜蜂（Apis Mellifera）的阳离子抗菌肽，是蜂毒中的主要活性成分。蜂毒肽的 CAS 号为 37231-28-0。目前，蜂毒肽暂未被纳入《已使用化妆品原料目录（2021 年版）》，未见其外用不安全的报道。

据考证，中国最早大约在东周时期（公元前 770—公元前 265 年）就有人有意识地运用蜂针预防和治疗疾病。人类对蜂针疗法的认识是从蜂蜇人后，无意中疾病好转开始，从而产生了以毒攻毒的思想。蜂毒是一种复杂的混合物，其中相对分子质量大的酶类物质容易造成过敏，相对分子质量小的酶类物质容易造成疼痛，因此使用固相合成的蜂毒肽可以在保留蜂毒活性成分的同时，避免不良反应造成的影响。蜂毒肽是蜂毒的主要成分，约占蜂毒干重的 50%，也是蜂毒中具药理作用和生物学活性的主要组分，具有抗炎、降压、镇痛、抑制血小板凝集、抗辐射、抗菌、抗 HIV、抗风湿性关节炎及抗肿瘤等多种药理活性。

1. 化学结构及性状

蜂毒肽

蜂毒肽为白色粉末，呈强碱性（pH=10），易溶于水。

2. 生物学功能

（1）消炎镇痛作用　蜂毒肽具有较强的消炎镇痛作用，因为其主要活性成分能刺激垂体-肾上腺系统功能，使皮质激素释放增加而起抗炎、抑制免疫反应等作用。蜂毒肽的抗炎活性是氢化可的松的 100 倍，具有类激素作用，但无激素的不良反应。临床上应用蜂毒产品治疗风湿、类风湿性关节炎和其他炎症，取得很好的治疗效果。蜂毒肽能抑制白细胞移行，从而有效地抑制局部炎症反应。

（2）抗真菌感染作用　近年来，很少有抗真菌药物被开发出来对抗真菌感染，现有抗真菌药物在毒性、活性谱和药代动力学特性方面也有一定的缺点。蜂毒肽由于其潜在的治疗应用而引起了研究人员的广泛关注。在今年发表的一篇微生物学的综述中，研究人员发现蜂毒肽可广泛抑制多种真菌的感染，包括曲霉菌、镰刀菌、马拉瑟菌、青霉菌、木霉菌等。

（3）防辐射作用　蜂毒对细胞膜及细胞内的染色体等有很好的维持稳定作用，可以避免核辐射后放射线引起的细胞膜脆裂，更可以防止细胞内染色体中的核糖核酸序列发生断裂或突变。1975 年，阿尔捷莫夫（Artemov）曾经报道蜂毒具有抗 X 射线作用。实验也表明，当用 X 射线和 Y 射线照射小鼠时，提前皮下或腹腔注射蜂毒肽，可使其生存率提高，表明蜂毒肽能提高小鼠对放射线的耐受能力。蜂毒疗法抗辐射机制可能是蜂毒刺激机体产生适应综合征，并引起神经内分泌反应，增强造血功能，减少骨髓和脾的退化性改变，保护和恢复造血细胞能力。此外，还通过蜂毒的抗感染作用，防治白细胞下降，提高适应能力，预防辐射损伤。

3. 化妆品中应用

蜂毒肽又称"肉毒的天然替代品"，是一种非常好的护肤原料，它能刺激肌肤产生胶原蛋白，紧实提拉、抚平细纹、恢复弹性。蜂毒肽在护肤产品中，特别是私护产品中具有巨大的应用前景。

第五节　抗敏舒缓多肽类在化妆品中的应用

多肽不易被免疫系统识别，属于典型的弱免疫原，因此本身不会对皮肤造成刺激，这是发挥抗敏舒缓作用的前提条件。抗敏舒缓多肽大部分来源于人体内源性物质，表现出高度的选择性和受体的亲和力，利用结构特异性修饰可更好地透过皮肤角质屏障发挥功效。

抗敏舒缓多肽的作用机制在大量基础研究中被阐明，包括：①特异性结合体内阿片受体，抑制辣椒素门控离子通道蛋白 1 受体的激活，减少感觉神经元神经递质的释放，从而减少皮肤神经纤维的激活，缓解皮肤神经敏感。②抑制蛋白酶激活受体 2、人源抗菌肽 LL-37 等相关炎症信号通路，降低促炎细胞因子的释放，减轻皮肤炎症响应。③调节皮肤微生物群落的组成，促进有益菌存活，从而形成皮肤微生物屏障。不同来源的具有抗敏舒缓作用的多肽，可通过不同的生理作用机制改善皮肤健康状态，带给消费者独特的感官体验。

一、乙酰基二肽-1 鲸蜡酯

乙酰基二肽-1 鲸蜡酯的 INCI 名称为 Acetyl Dipeptide-1 cetyl ester，是二肽-1 经乙酰化和鲸蜡脂酯化修饰而来，其氨基酸序列为乙酰酪氨酸-精氨酸（Ac-Tyr-Arg，Ac-YR）。乙酰基二肽-1 鲸蜡酯的来源是一种内源性阿片类镇痛二肽，京都啡肽（Kyotorphin），首次发现于 1979 年。乙酰基二肽-1 鲸蜡酯商品名为 Calmo-sensine™，由法国 Sederma 公司开发。乙酰基二肽-1 鲸蜡酯的 CAS 号为 196604-48-5。目前，乙酰基二肽-1 鲸蜡酯已被纳入《已使用化妆品原料目录（2021 年版）》，未见其外用不安全的报道。

1. 化学结构及性状

乙酰基二肽-1鲸蜡酯

乙酰基二肽-1 鲸蜡酯为白色粉末，相对分子质量为 603.849，难溶于水，酸度系数为 9.83±0.15。

2. 生物学功能

（1）缓解皮肤敏感　乙酰基二肽-1 鲸蜡酯的作用机制为通过促进前阿片黑素皮质素（POMC）的基因表达，导致 β 内啡肽的合成增加，降钙素基因相关肽的释放降低，最终降低了辣椒素门控离子通道蛋白 1 的激活以及继发的炎症反应，以减轻皮肤因受热、接触刺激性物质等产生的皮肤敏感。

（2）保护皮肤屏障　乙酰基二肽-1 鲸蜡酯可以显著上调皮肤屏障功能相关标记物水通道蛋白 3（Aquaporin 3，AQP3）、丝聚蛋白（Filaggrin，FLG）、半胱氨酸蛋白酶（Caspase 14）的基因表达，从而发挥保护皮肤屏障的功能。

（3）抑制皮肤刺痛　前列腺素 E2（PGE2）被认为与敏感皮肤的神经源性炎症

有关，乙酰基二肽-1鲸蜡酯显著降低前列腺素 E2 的分泌并下调 NFκB 信号通路。在一项由 31 位敏感肌志愿者参与的临床研究中，乙酰基二肽-1鲸蜡酯在 15min 内表现出可抑制辣椒素引起的皮肤刺痛。

3. 化妆品中应用

乙酰基二肽-1鲸蜡酯在针对皮肤敏感和修复皮肤屏障的产品中使用频率较高，通过降低皮肤对外界刺激的反应，缓解皮肤神经性炎症，广泛应用于舒缓皮肤和修复敏感肌产品。

二、棕榈酰三肽-8

棕榈酰三肽-8 的 INCI 名称为 Palmitoyl Tripeptide-8，是三肽-8 经棕榈酰基修饰而来，其氨基酸序列为棕榈酰组氨酸-苯丙氨酸-精氨酸（Pal-His-Phe-Arg，Pal-HFR）。棕榈酰三肽-8 是一种来自天然促黑素皮质激素（POMC）中 α-促黑素细胞激素仿生多肽。棕榈酰三肽-8 商品名为 Neutrazen™，由加拿大 Lucas Meyer Cosmetics 公司开发。棕榈酰三肽-8 的 CAS 号为 936544-53-5。目前，棕榈酰三肽-8 已被纳入《已使用化妆品原料目录（2021 年版）》，未见其外用不安全的报道。

外源性的刺激，如紫外线、化学品、压力等会激活皮肤的感觉神经元，释放神经介质引起一系列的过敏、炎症反应，如水肿、红斑、血管扩张等。棕榈酰三肽-8 可以减少神经介质 Subtance P 的释放，从源头掐断炎症的发生。棕榈酰三肽-8 模拟人体内一种重要的内源性抗炎物质——促黑素细胞激素，它与黑质皮质素 1 受体结合后，可以抑制促炎因子白细胞介素-1、白细胞介素-8 和肿瘤坏死因子 α 的产生，从而起到抗炎作用。

1. 化学结构及性状

棕榈酰三肽-8

棕榈酰三肽-8 为白色粉末，相对分子质量为 695.954，等电点为 8.66，酸度系数为 13.34±0.46。

2. 生物学功能

（1）改善皮肤炎症　阿黑皮素原（POMC）是重要的神经内分泌前体蛋白，进一步分解为促黑素细胞激素（α、β、γ 三种亚型）和促肾上腺皮质素（ACTH）。棕榈酰三肽-8 通过模拟天然抗炎神经介质 α-促黑素细胞激素，抑制下游炎症因子表达，发挥抗炎和抗皮肤刺激的活性，且不会出现促进黑色素生成的作用。

（2）舒缓皮肤刺激　棕榈酰三肽-8 可有效缓解由十二烷基磺酸钠（SDS）引起的皮肤温度升高及红肿现象。在一项由 28 位敏感肌志愿者的双盲对照试验中，棕榈酰三肽-8 有效缓解了由辣椒素引起的皮肤刺激，其抗敏舒缓效果高于阳性对照脱敏剂氯化锶组 47%，表明棕榈酰三肽-8 能够预防和缓解皮肤刺激反应。

（3）改善痤疮症状　含棕榈酰三肽-8 的配方对于玫瑰痤疮导致的红肿、潮红有显著的改善效果，可作为开发减轻玫瑰痤疮症状的候选先导药物分子。

3. 化妆品中应用

棕榈酰三肽-8 可有效降低配方刺激的发生率，作为一种优秀的抗炎抗敏舒缓成分，已被众多品牌广泛应用，常见于抗敏舒缓修复功效的系列产品中。

三、乙酰基四肽-15

乙酰基四肽-15 的 INCI 名称为 Acetyl Tetrapeptide-15，是四肽-15 经乙酰基修饰而来，其氨基酸序列为乙酰酪氨酸-脯氨酸-苯丙氨酸-苯丙氨酸（Ac-Tyr-Pro-Phe-Phe，Ac-YPFF）。乙酰基四肽-15 的来源是人体内源性阿片样物质内啡肽-2（Endomorphin-2）。乙酰基四肽-15 商品名为 Skinasensyl™，由德国 BASF 公司开发。乙酰基四肽-15 的 CAS 号为 928007-64-1。目前，乙酰基四肽-15 暂未被纳入《已使用化妆品原料目录（2021 年版）》，未见其外用不安全的报道。

敏感性皮肤的特征是耐受性阈值较低，角质层渗透性的增加以及神经反应的过度放大，与敏感皮肤的发生密切相关。此外，生活方式也有一种影响，包括烟草、酒精、压力、疲劳、情绪等。尽管敏感性皮肤的成因复杂，但敏感性皮肤并不是不可避免。乙酰基四肽-15 是专门针对敏感性皮肤开发的舒缓镇静因子。乙酰基四肽-15 可有效缓解皮肤刺激性，平复肌肤发红、发热、敏感等现象，修护皮肤的保护屏障功能。同时，乙酰基四肽-15 还能缓解化妆品和皮肤治疗手段带来的不适，达到缓解皮肤敏感的目的。

1. 化学结构及性状

乙酰基四肽-15

乙酰基四肽 - 15 为白色粉末，相对分子质量为 613.715，酸度系数为 13.34±0.46。

2. 生物学功能

（1）阿片受体拮抗 乙酰基四肽-15 通过与 μ 阿片受体结合，引起膜电位超极化，使神经递质释放减少，从而阻断神经冲动的传递发挥出显著的镇痛舒缓作用。

（2）神经传导阻滞 乙酰基四肽-15 可减少感觉神经元神经递质降钙素基因相关肽的释放，且在阿片受体拮抗剂纳洛酮存在时影响消失。临床研究中，乙酰基四肽-15 使皮肤过敏反应以及对疼痛的阈值显著下降，降低敏感皮肤对外界因素的高反应性，缓解敏感皮肤的红肿、灼烧和刺激感。

（3）降低敏感阈值 乙酰基四肽-15 通过提高皮肤对环境因子的耐受力，缓解化妆品和皮肤治疗手段带来的不适，达到缓解皮肤敏感的目的，提高皮肤天然耐受阈值。

3. 化妆品中应用

乙酰基四肽-15 有助于恢复正常水平的皮肤对环境因素或化妆品的耐受性，修复皮肤屏障，广泛应用于抗敏舒缓的护肤品中。

四、五肽-59

海葵是一种捕食性海洋无脊椎动物。虽说它们看起来像是柔弱无害的鲜花，但实际上却是靠摄取水中动物为生的食肉动物。海葵含有大量的刺细胞，含有丰富的活性肽类物质。一旦受到外界的刺激时，刺细胞就会释放活性肽物质，用于捕获猎物和防御敌害，五肽-59 就是基于海葵毒素肽开发的抗敏舒缓类活性成分。

五肽-59 的 INCI 名称为 Pentapeptide-59，其氨基酸序列为精氨酸-组氨酸-苯丙氨酸-缬氨酸（Arg-His-Phe-Val，RHFV）。五肽-59 的来源是一种具有辣椒素门控离子通道蛋白 1 受体抑制作用的海葵（*Heteractis crispa*）中毒素蛋白。五肽-59 商品名为 SensAmone P5，由瑞士 Mibelle Biochemistry 公司开发。目前，五肽-59 暂未被纳入《已使用化妆品原料目录（2021 年版）》，未见其外用不安全的报道。

1. 生物学功能

五肽-59 对辣椒素门控离子通道蛋白 1 受体具有拮抗作用。由于蛋白质性质不稳定且相对分子质量较大，无法有效渗透进入皮肤，因此五肽-59 作为具有活性多肽片段，被开发成新型神经美容舒缓成分。含有五肽-59 的面霜被涂抹在受试者一半的面部，另一半使用安慰剂面霜，结果表明皮肤对外界刺激的反应性显著降低。

2. 化妆品中应用

五肽-59 是一种海洋生物海葵来源的抗敏舒缓多肽，能安抚过度反应的皮肤，并将皮肤对压力的反应降至最低，减轻敏感皮肤的瘙痒感，建议用于抗过敏皮肤护理产品中。

五、乙酰基六肽-49

乙酰基六肽-49 的 INCI 名称为 Acetyl Hexapeptide-49，是六肽-49 经乙酰基修饰而来，其氨基酸序列为乙酰苯丙氨酸-苯丙氨酸-色氨酸-苯丙氨酸-组氨酸-缬氨酸（Ac-Phe-Phe-Trp-Phe-His-Val，Ac-FFWFHV）。乙酰基六肽-49 的来源是蛋白酶活化受体 2（PAR-2）抑制剂多肽。乙酰基六肽-49 商品名为 Delisens™，由西班牙 Lipotec S. A. U 公司开发。乙酰基六肽-49 的 CAS 号为 1969409-70-8。目前，乙酰基六肽-49 暂未被纳入《已使用化妆品原料目录（2021 年版）》，未见其外用不安全的报道。

1. 化学结构及性状

乙酰基六肽-49

乙酰基六肽-49 为白色粉末，相对分子质量为 924.072，酸度系数为 9.83±0.15。

2. 生物学功能

乙酰基六肽-49 具有抗炎活性。乙酰基六肽-49 降低 PAR-2 活性以抑制白细胞介素-6 和白细胞介素-8 等促炎介质的释放，从而减轻神经源性炎症和瘙痒。PAR-2 是一种跨膜 G 蛋白偶联受体，已被证实在人体皮肤炎症、瘙痒和皮肤屏障稳态中发挥关键作用，PAR-2 被激活导致炎性细胞因子和趋化因子的产生，已经作为开发治疗特异性皮炎治疗药物的潜在干预靶点。将含有乙酰基四肽-49 的乳膏涂抹在重建的人表皮模型上 24h 后，ELISA 法检测结果表明乙酰基四肽-49 使白细胞介素-8 的表达下调了 58.2%。

3. 化妆品中应用

乙酰基六肽-49 适用于日常过敏肌肤舒缓和修复，可广泛应用于减轻炎症和舒缓瘙痒、抗炎抗过敏类产品。

六、乙酰基四肽-40

乙酰基四肽-40 的 INCI 名称为 Acetyl Tetrapeptide-40，是四肽-40 经乙酰基修饰而来，其氨基酸序列为乙酰丙氨酸-苏氨酸-天冬酰胺-苏氨酸（Ac-Ala-Thr-Asn-Thr，Ac-ATNT）。乙酰基四肽-40 的来源是抗菌肽 LL-37（37 个氨基酸组成的多肽，过量能引发炎症）抑制剂多肽，可抑制 LL-37 诱发的炎症反应。乙酰基四肽-40 商品名为 Telangyn™，由西班牙 Lipotec 公司开发。乙酰基四肽-40 的 CAS 号为 1472633-28-5。目前，乙酰基四肽-40 暂未被纳入《已使用化妆品原料目录（2021 年版）》，未见其外用不安全的报道。

1. 化学结构及性状

乙酰基四肽-40

乙酰基四肽-40 为白色粉末，相对分子质量为 447.4，酸度系数为 3.19±0.10，能溶于水。

2. 生物学功能

（1）抗炎活性　LL-37 是阳离子抗菌蛋白经酶解的抗菌肽产物，被释放后可使促炎细胞因子白细胞介素-6、白细胞介素-8 大量生成。乙酰基四肽-40 降低 LL-37 诱导的人原代角质形成细胞白细胞介素-6 表达水平 24.2% 和白细胞介素-8 表达水平 22.8%。

（2）抗皮肤老化　乙酰基四肽-40 具有抗胶原蛋白酶和抗酪氨酸酶的活性，可分别改善皮肤紧致弹性和均匀度。受试者在使用含有乙酰基四肽-40 乳液后，皮肤泛红和粗糙的程度均有一定程度的改善。

3. 化妆品中应用

乙酰基四肽-40 可以抑制 LL-37 诱导释放促炎细胞因子（如白细胞介素-6 和白细胞介素-8），减少皮肤因炎症反应引起的细胞受损、泛红、组织降解、血管扩张等不良反应，也会减少皮肤的色素沉着。乙酰基四肽-40 可降低炎性反应使皮肤更加紧致、光滑富有弹性，可广泛应用于抗敏舒缓的皮肤护理品中。

七、乙酰基七肽-4

乙酰基七肽-4 的 INCI 名称为 Acetyl Heptapeptide-4，是七肽-4 经乙酰基修饰而来，其氨基酸序列为乙酰谷氨酸-谷氨酸-甲硫氨酸-谷氨酰胺-精氨酸-精氨酸-丙氨酸（Ac-Glu-Glu-Met-Gln-Arg-Arg-Ala，Ac-EEMARRA）。乙酰基七肽-4 是从大量具有调节微生物菌群功能的多肽序列中筛选得到。乙酰基七肽-4 商品名为 Fensebiome™，由西班牙 Lipotec S. A. U 公司开发。乙酰基七肽-4 的 CAS 号为 1253115-74-0。目前，乙酰基七肽-4 暂未被纳入《已使用化妆品原料目录（2021

年版）》，未见其外用不安全的报道。

1. 化学结构及性状

乙酰基七肽-4

乙酰基七肽-4 为白色粉末，相对分子质量为 961.063。

2. 生物学功能

（1）调节皮肤菌群 皮肤菌群的变化与皮肤免疫功能、衰老生理过程存在联系，乙酰基七肽-4 可调节皮肤微生物群落的组成，帮助有益菌存活，表皮葡萄球菌增加 19%，而金黄色葡萄球菌降低 9%。

（2）强化皮肤屏障 乙酰基七肽-4 可诱导细胞紧密连接组分的表达，促进长链神经酰胺的合成，强化皮肤屏障功能，改善角质层完整性。

3. 化妆品中应用

乙酰基七肽-4 可保持皮肤微生物群落的平衡和多样性并改善皮肤免疫反应及增强物理屏障的完整性，因此能够提升皮肤防御体系。乙酰基七肽-4 可应用于维持皮肤微生物组平衡和增强有益菌的皮肤护理产品。

第六节 抗 UV 损伤多肽类在化妆品中的应用

一、谷胱甘肽

谷胱甘肽的 INCI 名称为 Glutathione，是一种广泛存在于酵母菌、动物肝脏、肌肉及血细胞的肽类抗氧化剂。其氨基酸序列为谷氨酸-半胱氨酸-甘氨酸（γGlu-

Cys-Cly，XCG）。谷胱甘肽的 CAS 号为 70-18-8。目前，谷胱甘肽已被纳入《已使用化妆品原料目录（2021 年版）》，未见其外用不安全的报道。

1888 年，法国科学家德雷-派哈德（De Rey-Pailhade）发现酵母细胞中有一种物质，可与硫元素混合产生硫化氢。这个物质也存在于其他的活体组织，如牛肝、牛肌肉、羊脑及新鲜的芦荟尖等。由于这个物质能与硫元素结合，因此被命名为 Philo Thion。后来，诺贝尔奖得主霍普金斯（Hopkins）于 1921 年在肌肉组织中发现了这种肽，并将它的名字正式改为谷胱甘肽（GSH），经过两年的研究，霍普金斯揭开了它神秘的面纱，他确定谷胱甘肽是一种由谷氨酸、半胱氨酸和甘氨酸经肽键缩合而成的三肽，自此谷胱甘肽走进了人们的视野。当紫外线照射到皮肤后，会产生大量的自由基，激活黑色素的生成机制。谷胱甘肽可以消灭这些自由基，从前端阻止黑色素生成。

1. 化学结构及性状

谷胱甘肽

谷胱甘肽为无色透明长柱状晶体，相对分子质量为 307.32，等电点为 5.93，能溶于水、稀醇、液氨、二甲基甲酰胺，不溶于乙醇、醚及丙酮。固体性状稳定，其水溶液在空气中易被氧化为氧化型谷胱甘肽（GSSG）。

2. 生物学功能

（1）抗氧化作用　谷胱甘肽在人体内的生化防御体系起重要作用，具有多种生理功能。它的主要生理作用是清除人体内的自由基，作为体内一种重要的抗氧化剂保护许多蛋白质和酶等分子中的巯基。谷胱甘肽的结构中含有一个活泼的巯基—SH，易被氧化脱氢，这一特异结构使其成为体内主要的自由基清除剂。谷胱甘肽具有强大的抗氧化能力，已被证实能清除紫外线辐射诱导的表皮细胞中产生的活性氧自由基。

（2）美白作用　谷胱甘肽能够干预黑色素的合成，其机制为直接抑制酪氨酸酶的活性，因自由基可以激活酪氨酸酶，谷胱甘肽直接清除自由基抑制酪氨酸酶的激活，使黑色素合成通路倾向于褐黑素。实验研究表明，1.00mg/mL 的还原性谷胱甘肽对酪氨酸酶活性抑制率可以达到 92.5%，根据剂量-反应曲线计算可得，还原性谷胱甘肽对酪氨酸酶的半数最大抑制浓度（IC_{50}）为 0.32mg/mL，即极低浓度的谷胱甘肽可有效抑制酪氨酸酶的活性，阻止黑色素的合成。

西尼（Sinee）通过一项双盲、随机对照实验，让受试者服用谷胱甘肽（250mg/d）或氧化型谷胱甘肽（250mg/d）或安慰剂（250mg/d），连续12周，测试皮肤黑色素指数、皱纹和其他生理学指标，发现谷胱甘肽组和氧化型谷胱甘肽组都有黑色素减少、皱纹改善的趋势，而谷胱甘肽组的皱纹改善效果更显著。两组试验组皮肤弹性均有改善，未发现严重的不良反应。

（3）抗敏舒缓作用　在体外实验中，通过透明质酸酶抑制实验验证谷胱甘肽的体外抗过敏活性。谷胱甘肽对透明质酸酶的抑制率随浓度的增大而增大，当浓度低于3mg/mL时，透明质酸酶的抑制率与谷胱甘肽的浓度呈线性关系，且随着谷胱甘肽浓度的增大，透明质酸酶抑制率变化较大；在浓度高于3mg/mL时，抑制率随谷胱甘肽浓度的增加而增加缓慢。

3. 化妆品中应用

谷胱甘肽作为护肤品的功效广为人知，各大品牌争相推出相关产品，有较好的市场反馈，然而谷胱甘肽的一大缺点是在水溶液中不稳定，需要采用特殊的方法来解决，如借助干湿分离的包装技术、包囊技术、冻干技术等来解决稳定性问题。

二、肌肽

肌肽的INCI名称为Carnosine，也称二肽-10，其氨基酸序列为丙氨酸-组氨酸（Ala-His，AH）。肌肽的CAS号为305-84-0。目前，肌肽已被纳入《已使用化妆品原料目录（2021年版）》，未见其外用不安全的报道。

皮肤老化是生命体的自然规律，如DNA损伤、线粒体机制、细胞凋亡、细胞自噬及氧化损伤、糖化反应等均在皮肤老化过程中起到重要作用。肌肽于1900年由俄罗斯化学家古勒维奇（Gulewitch）和阿米拉吉比（Amiradzibi）在牛肉提取物中发现，它是由 β-丙氨酸和L-组氨酸组成的一种二肽，存在于机体多种组织中，尤其在肌肉及脑组织中含量丰富。肌肽具有水溶性好、性质稳定、相对分子质量小、易被人体吸收利用等优点，加之肌肽功效广泛，如清除自由基、减少线粒体损伤、抑制端粒缩短、抗糖基化反应、恢复衰老细胞活力等，近些年越来越受到人们的重视。

1. 化学结构及性状

肌肽

肌肽为无色结晶，分子式 $C_9H_{14}N_4O_3$，相对分子质量为 226.23，油水分配系数为 -3.8（22℃），折射率 21°（$C_{浓度}=2$，H_2O），能溶于水（11.1mg/mL），显碱性，不溶于醇。

2. 生物学功能

（1）抗氧化活性　肌肽通过侧链上的组氨酸残基作为氢的受体，使得肌肽具有缓冲 pH 的能力，这种非特异性的缓冲功能对肌肉产生的大量乳酸具有一定的中和作用。肌肽可以通过与铜离子螯合形成复合物从而抑制其催化的脂质过氧化作用，这是因为肌肽分子结构中的组氨酸残基上含有咪唑基，该基团具有螯合金属离子的能力，特别是对于铜离子，能抑制由铜离子引起的脂肪氧化作用。此外，肌肽还可通过侧链上的组氨酸残基作为氢的受体清除超氧阴离子、羟自由基和一些氧化产物，具有较好的抗氧化作用。肌肽除了能够保护细胞膜，穿膜参与细胞内的过氧化反应，还能够保护线粒体功能、防止 DNA 受损等。

（2）抗老化活性　肌肽可使细胞维持年轻态，使已经衰老的成纤维细胞恢复活力，起到抗老化的作用。肌肽可以激活端粒酶，使 DNA 中受损伤部分的端粒得到修复并保持端粒长度，起到抗老化的作用。线粒体是人体内氧化作用的场所，会产生大量的活性氧，过多的活性氧积累会导致线粒体 DNA 突变、电子传递和氧化磷酸化过程缺陷，最终导致 ATP 生成减少，引起细胞功能不足，进而导致皮肤老化。肌肽可以通过保护线粒体功能及减少自由基的产生延缓皮肤老化。

（3）抗糖基化作用　当机体过度摄入糖分时，将与皮肤蛋白质、氨基酸或脂质发生糖化反应，产生晚期糖基化终末产物，导致皮肤老化、肤色暗沉。肌肽作为天然的抗糖化剂，其结构类似蛋白质糖基化位点，可以与体内的活性物质反应，保护蛋白质不被糖基化，同时肌肽还可以与已经发生糖基化的蛋白质产物作用，阻止糖基化蛋白进一步交联，发挥维持皮肤弹性、均匀提亮肤色的作用。

3. 化妆品中应用

肌肽具有水溶性好、性质稳定、相对分子质量小、易被人体吸收利用等优点，广泛应用于抗衰、美白等美容产品中，可以有效减缓肌肤的衰老、起到美白作用。肌肽与天然活性物如维生素、天然植物提取物等成分联合应用，发挥协同抗氧化、抗衰老的作用。

三、乙酰基六肽-1

乙酰基六肽-1 的 INCI 名称为 Acetyl Hexapeptide-1，是六肽-1 经乙酰基修饰而来。其氨基酸序列为乙酰亮氨酸-丙氨酸-组氨酸-苯丙氨酸-精氨酸-色氨酸（Ac-Leu-Ala-His-Phe-Arg-Trp，Ac-XAHFRW）。六肽-1 来自 α-促黑素细胞激素中的仿生多肽活性片段，通过与其受体 MC1-R 相互作用发挥乌发作用。乙酰基六肽-1 商品名为 Melitane™，由加拿大 Lucas Meyer 公司开发。乙酰基六肽-1 的 CAS 号为 448944-47-6。目前，乙酰基六肽-1 已被纳入《已使用化妆品原料目录（2021 年版）》，未见其外用不安全的报道。

20 世纪 80 年代研究人员发现在皮肤中存在 α-黑色素细胞激素，而且 α-黑色素细胞激素对鼠毛囊黑素细胞的调控作用早已了解，但 α-黑色素细胞激素在人体内对黑素细胞及色素沉着是否有直接调控作用一直存在着争议。直到 20 世纪 90 年代人表皮黑质皮质素 1 受体克隆成功，才明确了 α-黑色素细胞激素通过激活黑质皮质素 1 受体对黑素细胞起调控作用。α-促黑素细胞激素与黑色素细胞上的人表皮黑色素-1 受体结合后会引起一系列生理作用，在化妆品领域主要效果为刺激黑色素分泌、促使黑色素细胞树突形成和保护黑色素细胞。乙酰基六肽-1 是一种黑色素细胞激素的仿生肽激动剂，也是一种炎症调节剂，具有较高的特异性，且作用温和、安全、持久。

1. 化学结构及性状

乙酰基六肽-1

乙酰基六肽-1 为白色粉末，相对分子质量为 870.024，油水分配系数 1.483，能溶于水。

2. 生物学功能

（1）增加黑色素生成　当乙酰基六肽-1 应用于皮肤时，会促进皮肤细胞黑色素合成，并促进皮肤黑色素沉着，保护皮肤深层免受 UV 的影响。在体外实验中，乙酰基六肽-1 可剂量依赖性的增加酪氨酸酶的活性，且酪氨酸酶活性的增加超过其先导化合物 α-黑色素细胞激素两倍以上。体外实验中，黑色素细胞经乙酰基六肽-1 处理后，会发生形态学方面的改变，形成更多的树突状结构，黑色素细胞树突状结构的增加有助于黑色素向表皮的转运。

（2）修复 DNA 损伤　乙酰基六肽-1 加入到人黑素细胞中培养，然后用 UVA/UVB 照射，细胞的 DNA 染色和荧光显微镜图像分析结果表明，乙酰基六肽-1 对 UVA 或 UVB 辐射引起的 DNA 损伤有预防作用，且降低了由 UVA 辐射导致的 DNA 氧化应激损伤以及嘧啶二聚体的生成。

（3）改善皮肤炎症　在体外实验中，乙酰基六肽-1 降低了有 SDS 诱导的角质形成细胞炎性相关细胞因子的表达，同时提升了促炎因子表达，说明乙酰基六肽-1 具有抗炎作用。

3. 化妆品中应用

乙酰基六肽-1 具有加速色素沉着的作用，可增强肌肤紫外线的防御能力，用于防晒或晒后护理品等众多产品。

第七节　毛发护理多肽类在化妆品中的应用

一、生物素三肽-1

生物素三肽-1 的 INCI 名称为 Biotinoyl Tripeptide-1，是三肽-1 经生物素修饰而来，其氨基酸序列为生物素-甘氨酸-组氨酸-赖氨酸（Biotin-Gly-His-Lys，Biotin-GHK）。生物素三肽-1 商品名为 Procapil™，由法国 Sederma 公司开发。生物素三肽-1 的 CAS 号为 299157-54-3。目前，生物素三肽-1 暂未被纳入《已使用化妆品原料目录（2021 年版）》，未见其外用不安全的报道。

1. 化学结构及性状

生物素三肽-1

生物素三肽-1 为白色粉末，相对分子质量为 566.678，酸度系数为 3.16 ± 0.10，可溶于水。

2. 生物学功能

（1）蛋白亲和性提升靶向定位　生物素（又名维生素 H）对某些蛋白质（亲和素、链亲和素）具有较强的亲和力。三肽-1 经生物素化修饰后，使得肽对头发角蛋白的亲和力显著提升。通过组织学实验可观察到生物素三肽-1 对毛囊周围蛋白具有高亲和力。

（2）显著促进毛干生长　生物素三肽-1 可显著促进毛干生长。将生物素三肽-1 与离体的毛囊在培养基中培养 14 天，在 2mg/kg 的浓度下，毛发生长率增长 58%，在 5mg/kg 的浓度下，毛干生长率增长 121%。另一项研究表明，生物素三肽-1 在 $0.3\mu mol/L$ 和 $1.0\mu mol/L$ 下，可显著增加细胞有丝分裂，改善毛囊衰老。

（3）促进毛发根鞘和真皮毛乳头多种黏附蛋白的表达　毛发的固着力主要取决于真皮-表皮连接处的层粘连蛋白-5（Laminin-5）和Ⅳ型胶原蛋白的致密程度。在体外培养的毛囊中，经 2mg/kg 生物三肽-1 处理 14 天后，通过荧光染色法观察，层粘连蛋白-5 和Ⅳ型胶原蛋白的表达均显著增加，且毛囊根鞘和真皮毛乳头处的基底层仍然清晰可见，表明生物素三肽-1 可加固毛囊周围表皮-真皮连接处的黏附力。

（4）毛发生长相关基因的激活　DNA 阵列研究表明，生物素三肽-1 可调节多种生发相关基因。包括上调多种黏附蛋白基因如桥粒芯蛋白（Desmogleins）、波形蛋白（Vimentin）和细胞角蛋白 10、14、16（Cytokeratins 10、14、16），发挥毛囊加固作用。此外，生物素三肽-1 可下调干扰素（Interferon）受体相关基因的表达，上调干扰素抑制分子相关基因的表达，从而发挥一定的抗炎作用。

3. 化妆品中应用

生物素三肽-1 被证明具有显著防脱发活性，在 18 名志愿者中，67% 的志愿者在平均生长/休止比上有显著改善，个别受试者改善幅度大于 30%。研究开始和结束期间，所采集的头发样本的形态学和免疫组织学分析表明，与安慰剂组相比，生物素三肽-1 治疗组的休止期毛球、根鞘、层粘连蛋白-5 和 Ⅳ 型胶原蛋白密度均有明显改善。生物素三肽-1 已广泛应用于防止脱发、改善毛囊健康的产品中。

二、乙酰基四肽-3

乙酰基四肽-3 的 INCI 名称为 Acetyl Tetrapeptide-3，是四肽-3 经乙酰基修饰而来，其氨基酸序列为乙酰赖氨酸-甘氨酸-组氨酸-赖氨酸（Ac-Lys-Gly-His-Lys，Ac-KGHK）。四肽-3 是来自细胞外基质蛋白中的一种分泌蛋白（SPARC）中的活性片段，主要介导细胞与基质间的相互作用。乙酰基四肽-3 商品名为 Capixyl™，由法国 Sederma 公司开发。乙酰基四肽-3 的 CAS 号为 827306-88-7。目前，乙酰基四肽-3 已被纳入《已使用化妆品原料目录（2021 年版）》，未见其外用不安全的报道。

1. 化学结构及性状

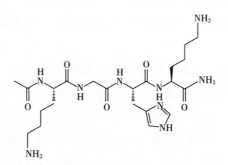

乙酰基四肽-3

乙酰基四肽-3 为白色粉末，相对分子质量为 509.612，酸度系数为 13.35±0.46。

2. 生物学功能

（1）刺激细胞外基质生成　头部皮肤细胞与基质相互作用是毛发循环的关键调控步骤。在头发生长的不同周期，外基质处于不断的重塑中。细胞外基质中的层粘连蛋白和Ⅲ型胶原蛋白在保护毛囊和调控毛囊生长方面起着至关重要的作用。免疫荧光实验表明，乙酰基四肽-3（10^{-7}mol/L）对人成纤维细胞Ⅲ型胶原蛋白和层粘连蛋白表达具有显著的促进作用。与未处理的细胞相比，经乙酰四肽-3处理的细胞中，Ⅲ型胶原蛋白的表达增加了65%，层粘连蛋白的表达增加了285%。

（2）抑制炎症信号　研究表明，发生在真皮毛乳头的炎症反应直接参与脱发的进程，被认为是导致脱发的重要诱发因素。头皮在暴露于刺激物、污染和紫外线辐射时，将促使角质形成细胞产生炎症介质。在应激条件下，角质形成细胞诱导促炎细胞因子白细胞介素-1α产生，刺激成纤维细胞产生白细胞介素-8，白细胞介素-8直接参与炎性中性粒细胞募集，诱导炎症反应的级联放大。炎症反应将激活基质金属蛋白酶，参与头皮组织重塑和毛囊纤维化，最终导致脱发的出现。体外实验表明，乙酰基四肽-3可显著改善有白细胞介素-1α诱导的皮肤成纤维细胞白细胞介素-8的释放。因此，乙酰基四肽-3通过发挥对皮肤炎症反应的调节功能，改善脱发。

3. 化妆品中应用

乙酰基四肽-3与红车轴草组成的混合物的治疗4个月后，头发密度显著增加，治疗组处于毛发生长期的毛发数量平均增加了13%，迅速修复毛囊细胞，刺激毛发自然增长，能有效减少因为老化而导致的毛发脱落现象，使毛发更加浓密、自然、柔顺。

第八节　眼周护理多肽类在化妆品中的应用

眼睑的最外层是皮肤层，是全身最薄的皮肤。眼睑皮肤柔软、纤细、富有弹性，这样可以灵活地进行大幅度的运动。眼睑皮肤由表皮和真皮构成，其中表皮由6~7层鳞状上皮细胞构成，真皮中含有较为丰富的神经、淋巴管、血管和弹性纤维。眼睑正常情况下并不下垂，随着年龄的增长，胶原纤维和弹性纤维断裂变形，使得眼睑皮肤弹性减退而松弛。

眼睑的皮下结缔组织疏松，仅含有极少的脂肪组织，通过纤维束与肌下相联系，这使眼睑皮肤活跃性较大，可在基层表面灵活滑动。心肾功能不全患者或眼局部炎症时，由于眼睑皮下组织特别疏松，渗出液会聚积在此处，表现为眼睑浮肿，这是形成水肿型眼袋的基础，也是导致黑眼圈的原因之一。黑眼圈是多因素作用的结果，可能的原因有浅表血管结构的显现、色素沉积、皮肤松弛、沟槽和水肿等。用于眼周护理的乙酰基四肽-5 和二肽-2 的生物学功能主要体现在降低毛细血管通透性、降低眼睑组织中水分聚集、抑制血管紧张素转化酶、缓解血管压力而改善血液循环，从而发挥去除黑眼圈和眼袋的功效。

一、乙酰基四肽-5

乙酰基四肽-5 的 INCI 名称为 Acetyl Tetrapeptide-5，是四肽-5 经乙酰基修饰而来，其氨基酸序列为乙酰丙氨酸-组氨酸-丝氨酸-组氨酸（Ac-Ala-His-Ser-His，Ac-AHSH）。四肽-5 的来源是一种人工合成的血管紧张素转化酶（ACE）抑制剂，减轻眼部浮肿、眼袋，缓解血管压力，改善肌肤弹性和整体平滑度。乙酰基四肽-5 商品名为 Eyeseryl™，由西班牙 Lipotec S. A. U 公司开发。乙酰基四肽-5 的 CAS 号为 820959-17-9。目前，乙酰基四肽-5 已经被纳入《已使用化妆品原料目录（2021 年版）》，未见其外用不安全的报道。

1. 化学结构及性状

乙酰基四肽-5

乙酰基四肽-5 为白色粉末，相对分子质量为 492.486，等电点为 8.09，溶解性二甲基亚砜为 25mg/mL（需超声）。

2. 生物学功能

乙酰基四肽-5 的作用靶点为血管紧张素转化酶（ACE），作用通路为代谢酶/蛋白酶。通过抑制 ACE 减少水肿，乙酰基四肽-5 对血管紧张素转化酶-1 活性抑制最佳浓度为 100μg/mL。乙酰基四肽-5 可用于抗氧化、抗衰老等眼部护肤品的配制，能够抑制糖基化和血管紧张素转化酶-1 的活性，减少眼部浮肿、眼袋，缓解血管压力，改善肌肤弹性和整体平滑度。

西班牙 Lipotec S. A. U 公司研发的含有 0.1% 乙酰基四肽-5 的 Eyeseryl® 肽有助于抑制糖基化、血管通透性和脂质积累，改善眼下区域。使用该产品能够有效减少眼袋，且女性的黑眼圈、皮肤弹性和保湿度均有改善。

（1）Eyeseryl®肽体外功效　血管渗透性抑制作用降低血管通透性，有助于阻止液体积聚；胆红素下降，降低18.5%的胆红素水平，减少黑眼圈的出现。减少脂质积累，减少与脂肪相关的眼袋。

（2）Eyeseryl®肽体内功效　可以改善眼部轮廓，20名女性（18~65岁）在眼周涂抹含有10% Eyeseryl®肽溶液的面霜，每天两次，持续60天。在治疗30天后皮肤弹性增加29.4%，60天后皮肤弹性增加35.0%。还可以预防黑眼圈效果，17名有黑眼圈的女性（34~54岁）在眼下使用（每天两次）含有1% Eyeseryl®肽溶液的乳霜，14天后 L^*（亮度）、个体类型角度（ITA）分别变化1%和3%。

（3）减少男性眼部浮肿　20名有眼袋的男性（30~65岁），在一侧眼部轮廓涂上含有1% Eyeseryl®肽溶液B的面霜，在另一侧眼部轮廓涂上安慰剂面霜，每天两次，持续28天。通过皮肤快速成像分析系统和志愿者的侧面照片来评估眼袋的体积，测试以受试者的自我评价结束，能够减少高达29.7%的眼袋体积，且90%的受试者推荐该产品作为有效的祛眼袋治疗方法。

二、二肽-2

二肽-2的INCI名称为Dipeptide-2，是由缬氨酸和色氨酸组成的二肽。这种氨基酸结构使其成为有效的皮肤调理剂，是一种天然保湿因子，有助于保持表皮细胞间结构完整，促进皮肤愈合、防止皮肤刺激。目前，二肽-2未被纳入《已使用化妆品原料目录（2021年版）》，未见其外用不安全的报道。

1. 化学结构及性状

二肽-2

二肽-2是由缬氨酸和色氨酸组成的二肽，CAS号为24587-37-9，相对分子质量为303.356，等电点为7。

2. 生物学功能

二肽-2是一种血管紧张素转换酶（ACE）抑制剂，IC_{50} 为1.6μmol/L，阻止ACE催化血管紧张素Ⅰ水解生成血管紧张素Ⅱ造成的血管收缩、血压升高。自发性高血压大鼠（SHR）口服量为25μmol/kg（7.5mg/kg）的二肽-2具有显著的降压效果，在 2h 和 4h 后的降压效果分别为 -10.8 ± 2.7mmHg（$P<0.01$）和 -6.8 ± 1.8mmHg（$P<0.05$）。

3. 化妆品中应用

二肽-2 可用于眼部护理，减少眼周血管收缩、改善淋巴循环，促进眼部水分排出，改善眼部水肿，治疗黑眼圈和眼袋。

第九节　美白提亮多肽类在化妆品中的应用

一、九肽-1

九肽-1 的 INCI 名称为 Nonapeptide-1，是一种仿生肽，其氨基酸序列为甲硫氨酰-脯氨酰-苯丙氨酰-精氨酰-色氨酰-苯丙氨酰-赖氨酰-脯氨酰-缬氨酸（Met-Pro-Phe-Arg-Trp-Phe-Lys-Pro-Val，MPFRWFKPV）。可以从源头有效抑制黑色素的形成，美白提亮肤色。九肽-1 的 CAS 号为 158563-45-2。目前，九肽-1 已被纳入《已使用化妆品原料目录（2021 年版）》，未见其外用不安全的报道。

1. 化学结构及性状

九肽-1

九肽-1 为白色或类白色粉末，相对分子质量为 1206.5，可溶于水。

2. 生物学功能

（1）美白祛斑　在体内，α-促黑素细胞激素和黑质皮质素 1 受体结合，可激活酪氨酸酶的活性，刺激黑色素细胞分化、增殖，促进黑色素合成，导致皮肤变黑、产生褐斑。九肽-1 是 α-促黑素细胞激素的特定拮抗剂，在黑色素形成源头进行阻断、终止 α-促黑素细胞激素信息的传导，阻止 α-促黑素细胞激素与黑质皮质素 1 受体结合，从而抑制酪氨酸酶活化，减少黑色素合成。九肽-1 抑制酪氨酸酶活性效果非常显著，因此能有效减少皮肤中色斑形成和色素沉着，达到美白肌肤的效果。0.01% 的九肽-1 能有效减少 33% 的 α-促黑素细胞激素。

（2）抗老化　九肽可以促进胶原蛋白代谢、释放信号、提醒肌肤增加胶原蛋白的合成、抑制肌肉运动、减少皱纹。

（3）促进新陈代谢　九肽-1 对皮肤的渗透力强，可以透过角质层与皮肤上皮组织结合，参与和改善皮肤细胞代谢，使皮肤中的胶原蛋白活性增强，保持角质层水分及纤维结构的完整性，增强血液循环，为细胞提供营养。

3. 化妆品中应用

九肽-1 主要用于美白亮肤及祛斑，可添加到各种美容护肤品中，如亮肤霜、亮肤粉底、祛斑霜。

二、十肽-12

十肽-12 的 INCI 名称为 Decapeptide-12，其氨基酸序列为酪氨酸-精氨酸-丝氨酸-精氨酸-赖氨酸-酪氨酸-丝氨酸-丝氨酸-色氨酸-酪氨酸（Trp-Arg-Ser-Arg-Lys-Tyr-Ser-Ser-Trp-Tyr，YRSRKYSSWY）。CAS 号为 137665-91-9。十肽-12 由斯坦福大学皮肤科的研究人员开发，它可抑制黑色素的形成，淡化色素沉着，均匀、提亮肤色。它是目前唯一被证明能有效抑制皮肤酪氨酸酶活性的新型肽。目前，十肽-12 未被纳入《已使用化妆品原料目录（2021 年版）》，未见其外用不安全的报道。

1. 化学结构及性状

十肽-12

十肽-12 为白色或类白色粉末，相对分子质量为 1395.52，易溶于水。

2. 生物学功能——美白活性

酪氨酸酶具有独特的双重催化功能，是体内黑色素合成的关键酶，与人的衰老有密切关系。十肽-12 能抑制酪氨酸酶的合成，从而有效减少黑色素的产生，最大化淡化因色素过度沉积而产生的黄褐斑、雀斑、老年斑、晒斑，还可以调理肤色不均和光损伤等皮肤问题。0.01% 的十肽-12 可以明显改善面部褐斑且无任何过敏、刺激和发红等副作用。0.01% 的十肽-12 对酪氨酸酶的抑制率为 25%~35%，可以减少 43% 的黑色素产生。

3. 化妆品中应用

十肽-12 常作为美白亮肤成分添加于护肤品种，如亮肤霜、亮肤粉底、粉饼、祛斑霜（晒斑、雀斑）中。

三、寡肽-68

寡肽-68 的 INCI 名称为 Oligopeptide-68，是一种美白多肽。其氨基酸序列为甘氨酸-精氨酸-甘氨酸-天冬氨酸-酪氨酸-异亮氨酸-色氨酸-丝氨酸-亮氨酸-天冬氨酸-苏氨酸-谷氨酸酰（Gly-Arg-Gly-Asp-Tyr-Ile-Trp-Ser-Leu-Asp-Thr-Gln，GRGDYIWSLDTQ）。CAS 号为 1206525-47-4。目前，寡肽-68 未被纳入《已使用化妆品原料目录（2021 年版）》，未见其外用不安全的报道。

1. 化学结构及性状

寡肽-68

寡肽-68 为白色或类白色粉末，相对分子质量为 1410.49，易溶于水，酸度系数为 3.19±0.1。

2. 生物学功能——美白活性

寡肽-68 可以模拟转化生长因子 β 与受体在细胞表面的结合，通过抑制小眼畸形相关转录因子分子内通道，减少诱发性和遗传性色素沉着，从而达到美白提亮皮肤的效果。0.01% 的寡肽-68 具有明显美白祛斑的效果。在相同浓度下，比其他传统美白成分更有效、更安全。

四、棕榈酰三肽-53 酰胺

棕榈酰三肽-53 酰胺的 INCI 名称为 Palmitoyl Tripeptide-53 Amide，是三肽-53 的衍生物，其氨基酸序列为丙氨酸-谷氨酸-赖氨酸（Ala-Glu-Lys，AEK）。CAS 号为 2170645-13-1。目前，棕榈酰三肽-53 酰胺未被纳入《已使用化妆品原料目录（2021 年版）》，未见其外用不安全的报道。

1. 化学结构及性状

棕榈酰三肽-53酰胺

棕榈酰三肽-53 酰胺为白色或类白色粉末，相对分子质量为 582.8，难溶于水，易溶于乙醇、二甲基亚砜。

2. 生物学功能

棕榈酰三肽-53 酰胺为一种源自 Wnt 信号通路拮抗剂分泌型卷曲相关蛋白 5（SFRP5）的三肽衍生物。Wnt 信号通路参与调节黑色素细胞的增殖以及黑色素的生成，β-链蛋白（β-Catenin）是 Wnt 信号通路的关键信号分子。棕榈酰三肽-53 酰胺可以诱导 β-链蛋白降解并且抑制小眼畸形相关转录因子的产生，从而抑制黑色素生成，减少皮肤色素沉着，防止雀斑和瑕疵的形成，起到净化和美白皮肤的效果。棕榈酰三肽-53 酰胺还可以通过抑制 Wnt 信号通路抑制促炎细胞因子（肿瘤坏死因子 α 和白细胞介素-1）的产生，从而起到抗炎作用。

第六章 氨基酸类化妆品活性物质

第一节 氨基酸类物质概述

氨基酸是蛋白质的基本组成单位，作为生物大分子的蛋白质，之所以在生命活动中表现出各种各样的生理功能，主要取决于蛋白质分子中氨基酸的组成、排列顺序以及形成的特定三维空间结构。任何一种氨基酸的缺乏或代谢失调，都会导致机体代谢紊乱乃至疾病。

一、氨基酸的结构与分类

1. 氨基酸的结构

天然存在的氨基酸有 180 余种，但组成蛋白质的氨基酸有 20 余种，称为基本氨基酸，其化学结构可用下面这个通式表示。

$$H_3\overset{+}{N}—\underset{R}{\overset{\displaystyle COO^-}{\underset{|}{\overset{|}{C}}}}—H$$

氨基酸

由氨基酸的结构通式可以看出，各种氨基酸的区别在于侧链 R 基的不同，R 基对蛋白质的空间结构和理化性质有重要影响；除 R 为 H 的甘氨酸外，其余氨基酸的 α-碳原子均为不对称碳原子（手性碳原子）而具有旋光性，且为 L 型；构成蛋白质的氨基酸，除脯氨酸外（为 α-亚氨基酸），均为 α-氨基酸。

2. 氨基酸的分类

目前，常以侧链 R 基团的结构和性质作为氨基酸分类的基础，因为蛋白质的结构、性质和功能等都与氨基酸的侧链 R 基团相关。据此可将氨基酸分为 4 类，如表 6-1~表 6-4 所示。

表 6-1 非极性疏水性氨基酸

名称	英文名称	等电点
丙氨酸（Ala）	Alanine	6.00
缬氨酸（Val）	Valine	5.96
亮氨酸（Leu）	Leucine	5.98
异亮氨酸（Ile）	Isoleucine	6.02
苯丙氨酸（Phe）	Phenylalanine	5.48
脯氨酸（Pro）	Proline	6.30
色氨酸（Try）	Tryptophan	5.89
甲硫氨酸（Met）	Methionine	5.74

表 6-2 极性中性氨基酸（不带电荷）

名称	英文名称	等电点
甘氨酸（Gly）	Glycine	5.97
半胱氨酸（Cys）	Cysteine	5.07
丝氨酸（Ser）	Serine	5.68
酪氨酸（Try）	Tyrosine	5.66
苏氨酸（Thr）	Threonine	5.60
天冬酰胺（Asn）	Asparagine	5.41
谷氨酰胺（Gln）	Glutamine	5.65

表 6-3 酸性氨基酸（极性带负电荷）

名称	英文名称	等电点
天冬氨酸（Asp）	Aspartic Acid	2.97
谷氨酸（Glu）	Glutamic Acid	3.22

表 6-4 碱性氨基酸（极性带正电荷）

名称	英文名称	等电点
赖氨酸（Lys）	Lysine	9.74
精氨酸（Arg）	Arginine	10.76
组氨酸（His）	Histidine	7.59

二、氨基酸的理化性质

1. 物理性质

（1）形态　均为白色结晶或粉末，不同氨基酸的晶型结构不同。

（2）溶解性　一般都溶于水，不溶或微溶于醇，不溶于丙酮，在稀酸和稀碱中溶解性好。

（3）旋光性　除甘氨酸外，均具有旋光性。

（4）光吸收　氨基酸在可见光范围内无吸收，在近紫外区，含苯环氨基酸，如色氨酸和酪氨酸有特征吸收，最大吸收峰在280nm。

2. 化学性质

（1）两性解离与等电点　氨基酸分子中既有碱性基团—NH_2，又有酸性基团—COOH，因此，可在溶液中进行两性解离，如图6-1所示。

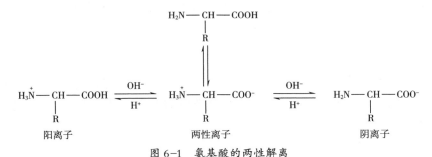

图 6-1　氨基酸的两性解离

由图6-1可知，氨基酸在酸性环境中，主要以阳离子的形式存在，在碱性环境中，主要以阴离子的形式存在。在某pH环境下，氨基酸分子以两性离子（兼性离子）的形式存在，该pH称为该氨基酸的等电点，即氨基酸的等电点是氨基酸所带的正负电荷相等时的溶液pH。

（2）茚三酮反应　氨基酸与茚三酮反应，生成的蓝紫色化合物最大吸收峰在570nm。

三、氨基酸类物质功效

氨基酸及其衍生物具有保湿、柔肤、抗皱、美白、清爽等多种功效，在化妆品中被广泛应用，包括护肤品、清洁用品、护发素等。化妆品中的氨基酸具有以下作用和特点。

1. 保湿

氨基酸具有保湿作用，它的保湿性能是甘油的 12 倍。氨基酸作为保湿剂，能在皮肤表面形成一层薄膜，一方面将水分密封在皮肤内，防止水分蒸发；另一方面又不妨碍皮肤对于空气中水分的吸收，保持皮肤适当的湿度。

2. pH 接近人体肌肤

以氨基酸洗护为例，氨基酸洗护采用的是弱酸性的氨基酸类表面活性剂，pH 与人体肌肤接近，基本保持在 5.5~6.5，加上氨基酸是构成机体蛋白质的基本成分，所以温和亲肤，不但适合痘痘肌肤使用，也适合敏感肌肤使用。而传统洗护产品为了提高清洁力及去油能力，会加入碱性极强的表面活性剂、发泡剂、皂基等成分，长时间使用会刺激皮肤，更严重的是，皮肤的皮脂膜也会被破坏。一旦失去皮脂膜，皮肤很容易受到外界伤害。

3. 抗过敏

氨基酸不仅能够减轻环境中的有害物质对皮肤的影响，还能加强皮肤抗过敏能力，排出老化细胞、油脂等垃圾物质。

4. 抗氧化性

氨基酸还有调节皮肤水分、平衡皮肤油脂以及增加皮肤免疫力的作用，可降低或预防皮肤的氧化伤害，同时也能减少阳光造成的老化，对皮肤的更新、修复和避免脱水有非常好的效果。

5. 延缓皮肤老化

氨基酸能够激活皮肤细胞抗氧化活性，同时清除细胞中多余的自由基，起到防止皱纹产生和延缓皮肤老化的作用。它还可强化肌肤抵御机能保护肌肤，预防和改善皮肤干燥，避免受外界环境变化影响而造成的伤害。

第二节　氨基酸类在化妆品中的应用

一、丝氨酸

丝氨酸的 INCI 名称为 Serine，又名 β-羟基丙氨酸，因最早来源于蚕丝而得名，

CAS 号为 56-45-1。丝氨酸是中性脂肪族含羟基氨基酸，是一种非必需氨基酸。它在脂肪和脂肪酸的新陈代谢及肌肉的生长中发挥着作用，有助于抗体的产生，所以丝氨酸在维持健康的免疫系统方面扮演着重要的角色。丝氨酸在细胞膜的生成、肌肉组织和包围神经细胞的鞘的合成中都发挥着作用。丝氨酸已被纳入《已使用化妆品原料目录（2021 年版）》。此外，丝氨酸的多个衍生物，如辛酰丝氨酸、棕榈酰丝氨酸、甲基丝氨酸、肉豆蔻醇棕榈酰丝氨酸酯等也被纳入该目录中，未见其外用不安全的报道。

1. 化学结构及性状

丝氨酸为白色结晶或结晶性粉末，无臭。熔点 220℃（分解）。本品在水中易溶，在乙醇、丙酮或乙醚中几乎不溶。1% 水溶液 pH 为 5.5～6.5。比旋光度为 + 14.0°～+15.6°（0.1g/mL 丝氨酸于 2mol/L 盐酸溶液中）。

2. 生物学功能

丝氨酸是一种非必需氨基酸，它在脂肪和脂肪酸的新陈代谢及肌肉的生长中发挥着作用。丝氨酸还可促进抗体的生成，对维持健康的免疫系统十分重要。丝氨酸是合成嘌呤、胸腺嘧啶、胆碱的前体；丝氨酸经磷酸化作用后能衍生出具有重要生理功能的磷脂酰丝氨酸，是磷脂的主要成分之一；丝氨酸具有抗衰老作用，有临床研究发现，在针对健康人施加压力的试验中，服用磷脂酰丝氨酸的人群对于压力的反应要比其他人群低。磷脂酰丝氨酸主要用于治疗痴呆症（包括阿尔茨海默病和非阿尔茨海默病的痴呆）和正常的老年记忆损失；丝氨酸是重要的天然保湿因子，是皮肤角质层保持水分的主要角色，是高级化妆品中的关键添加剂。

3. 化妆品中应用

丝氨酸可作为皮肤营养添加剂。丝氨酸中有羟基存在，因此是保湿能力较强的氨基酸之一，常用作皮肤的滋润剂。与磷脂类成分可制作成脂质体，再与其他活性成分配伍，其保湿效果更好。丝氨酸在护肤品中的最大用量可达 2%。丝氨酸还可促进生发和减少脱发。

二、亮氨酸

亮氨酸的 INCI 名称为 Leucine，属于必需氨基酸，CAS 号为 61-90-5。亮氨酸的作用包括与异亮氨酸和缬氨酸协同修复肌肉、控制血糖并给身体组织提供能量。它还提高生长激素的产量，并帮助燃烧内脏脂肪。

亮氨酸具有促进胰岛素分泌的作用，发挥降血糖活性；还可以促进皮肤伤口及骨骼的愈合作用。目前，亮氨酸已被纳入《已使用化妆品原料目录（2021 年版）》，未见其外用不安全的报道。

1. 化学结构及性状

亮氨酸

亮氨酸为白色结晶或结晶性粉末，熔点 293～295℃（分解）。亮氨酸在甲酸中易溶，在水中略溶，在乙醇或乙醚中极微溶解。比旋光度为 +14.9°～+16.0°（40mg/mL 于 6mol/L 盐酸溶液中）。

2. 生物学功能

亮氨酸是增加肌肉和帮助锻炼后肌肉恢复的必需氨基酸之一，还调节血糖并支持能量供应身体，也能影响脑功能。

（1）构建蛋白质　亮氨酸是肌肉中含量较高的氨基酸之一。作为一种支链氨基酸，它给肌肉新陈代谢提供能量，并通过刺激蛋白质合成，增加氨基酸再利用和减少压力下的蛋白质分解，保护肌肉免受压力损害。

（2）调节血糖　亮氨酸是唯一一种能在禁食期间替代葡萄糖的氨基酸。葡萄糖能防止身体在高强度运动时将肌肉当作能量来源。

（3）脑功能　支链氨基酸是神经肽的成分，与内啡肽和脑啡肽一样，是一种产生镇静和止痛效果的神经递质。

3. 化妆品中应用

亮氨酸是具有特殊生理活性的营养剂，亮氨酸的 R 侧链显示一定的亲脂性，所以易被毛发吸收，因此较多用于护发制品；涂敷使用可软化角质层，有保湿和抗炎功能；亮氨酸对亮氨酸脱氢酶活性有抑制，可抑制体臭。

三、甲硫氨酸

甲硫氨酸的 INCI 名称为 Methionine，又名蛋氨酸，是人体必需氨基酸之一，CAS 号为 59-51-8。甲硫氨酸作为细胞内各种生命活动所需的甲基化反应的供体，如核酸、蛋白质、脂质等生物大分子的甲基化修饰的甲基基团供体，在调控基因表达、蛋白质的稳定性和功能以及细胞结构更新等方面发挥重要作用。

它主要作为机体的甲基供体参与基因调控、蛋白质合成等过程，用作营养补充剂发挥肝脏保护作用、心肌保护作用、解毒等。目前，甲硫氨酸已被纳入《已使用化妆品原料目录（2021 年版）》，未见其外用不安全的报道。

1. 化学结构及性状

甲硫氨酸

甲硫氨酸为白色或类白色结晶或结晶状粉末，熔点 280~281℃（分解）。甲硫氨酸易溶于水、热稀乙醇和酸、碱溶液，难溶于乙醇，几乎不溶于醚。10% 甲硫氨酸水溶液的 pH 5.6~6.1。甲硫氨酸对热稳定，在强酸介质中不稳定，可发生脱甲基反应。比旋光度为 +21°~+25°（20mg/mL 甲硫氨酸于 6mol/L 盐酸溶液中）。

2. 生物学功能

（1）可以产生对正常细胞功能至关重要的物质　甲硫氨酸参与半胱氨酸的生成，半胱氨酸可以转化生成多种物质，包括蛋白质、谷胱甘肽和牛磺酸以及肌酸等重要物质。

（2）在 DNA 甲基化中起作用　甲硫氨酸通过 S-腺苷甲硫氨酸对 DNA 进行甲基化，参与基因表达的调控。

3. 化妆品中应用

甲硫氨酸在化妆品中常用作营养添加剂，增强组织的新陈代谢和抗炎能力，可用于调理、抗老化或痤疮防治等的护肤品；可在烫发护发等制品中使用，对毛发有调理和保护作用；在生发剂中使用，有促进毛发生长的效果。

四、半胱氨酸

半胱氨酸的 INCI 名称为 Cysteine，化学名称为 2-氨基-3-巯基丙酸，它是脂肪族含巯基的极性 α-氨基酸。半胱氨酸是人体的条件必需氨基酸和生糖氨基酸。它参与细胞的还原过程和肝脏内的磷脂代谢，有保护肝细胞不受损害、促进肝脏功能恢复的作用，是一种氨基酸类解毒药。半胱氨酸主要参与细胞的还原过程和肝脏内的磷脂代谢，发挥保护肝细胞的作用。半胱氨酸的 CAS 号为 52-90-4。目前，半胱氨酸及其衍生物羧甲基半胱氨酸、乙酰半胱氨酸等均已被纳入《已使用化妆品原料目录（2021 年版）》，未见其外用不安全的报道。

1. 化学结构及性状

半胱氨酸

半胱氨酸为白色或类白色结晶或结晶性粉末，在水中易溶，在乙醇中略溶，在丙酮中几乎不溶，熔点 240℃（分解）。比旋光度为 +5.5°～+7.0°（80mg/mL 半胱氨酸于 1mol/L 盐酸溶液中）。

2. 生物学功能

半胱氨酸最重要的功能是清除体内的自由基、抗氧剂以及铜的整合剂；半胱氨酸与其他氨基酸一样，可被转化成葡萄糖，为机体供能；半胱氨酸参与脂肪酸长链的合成过程；半胱氨酸对于维持大脑健康十分重要，因为酸性硫酸基的半胱氨酸及谷胱甘肽，已被确认是神经递质。

3. 化妆品中应用

从生化角度来看，巯基（—SH）是酶的主要活性点，半胱氨酸可使生物酶的—SS—键还原成—SH 基团，从而恢复或提高该酶的活性，如添加微量半胱氨酸，可有效地提高酪氨酸酶的活性；对角朊二硫键的还原和切断作用过程，适用于冷烫液；半胱氨酸比巯基乙酸作用温和，对发丝还有营养护理作用；半胱氨酸与大多数氨基酸相似，都具有吸湿、抗静电作用，而半胱氨酸特有功效为清除自由基，故半胱氨酸也作抗氧化剂应用。

五、组氨酸

组氨酸的 INCI 名称为 Histidine，也称 L-2-氨基-3-（1H-咪唑-4）丙酸，属于半必需氨基酸，对儿童和脓毒症患者来说，它属于必需氨基酸。组氨酸的咪唑基能与 Fe^{2+} 形成配位化合物，促进铁的吸收，因而可用于防治贫血。组氨酸还能降低胃液酸度，缓和胃肠手术的疼痛，减轻妊娠期呕吐及胃部灼热感，抑制由神经紧张而引起的消化道溃烂，对过敏性疾病如哮喘等也有功效。此外，组氨酸可扩张血管、降低血压、缓解心绞痛。组氨酸的咪唑基可以快速接受或给出质子，还可以结合 Fe^{2+}，因而可以发挥抑制胃溃疡、贫血等作用。组氨酸的 CAS 号为 71-00-1。目前，组氨酸已被纳入《已使用化妆品原料目录（2021 年版）》，未见其外用不安全的报道。

1. 化学结构及性状

组氨酸

组氨酸为白色或类白色结晶或结晶性粉末，在水中溶解，在乙醇中极微溶，在乙醚中不溶。比旋光度为 +12.0°~+12.8°（0.11g/mL 组氨酸于 6mol/L 盐酸溶液中），227℃软化，277℃分解。

2. 生物学功能

在组氨酸脱羧酶的作用下，组氨酸脱羧形成组胺，组胺具有很强的血管舒张作用，并与多种变态反应及发炎有关。此外，组胺会刺激胃蛋白酶与胃酸。组氨酸的咪唑基能与 Fe^{2+} 或其他金属离子形成配位化合物，促进铁的吸收。组氨酸可扩张血管，降低血压。

3. 化妆品中应用

组氨酸外用常作为营养性助剂，以增强其他调理剂的效能，有强抗菌性，对口腔牙龈炎症有疗效性作用；也具有保湿作用。

六、脯氨酸

脯氨酸的 INCI 名称为 Proline，也称为（L）-吡咯烷-2-羧酸，属于 α-亚氨基酸，为非必需氨基酸。脯氨酸是身体合成胶原蛋白和软骨所需的氨基酸，它有保持肌肉和关节灵活、减少紫外线暴露和正常老化造成皮肤下垂和起皱的作用。脯氨酸主要参与机体胶原蛋白和软骨的合成，在保持肌肉和关节灵活性和保持皮肤紧致中发挥重要作用。脯氨酸的 CAS 号为 147-85-3。目前，脯氨酸以及多个衍生物，如 N-棕榈酰羟基脯氨酸鲸蜡酯、N-棕榈酰羟基脯氨酸鲸蜡酯、PEG-4 脯氨酸亚麻酸酯、脒基脯氨酸等均已被纳入《已使用化妆品原料目录（2021 年版）》，未见其外用不安全的报道。

1. 化学结构及性状

脯氨酸

脯氨酸为白色结晶或结晶性粉末，在水中易溶，在乙醇中溶解，在乙醚或正丁醇中不溶。比旋光度为 $-86.0° \sim -84.5°$（40mg/mL 脯氨酸于水中），熔点 228℃。

2. 生物学功能

（1）促进生长　脯氨酸是生长激素分泌的必需物质，可促进儿童和青少年的生长发育。

（2）维持肌肉和组织　脯氨酸是合成肌肉和其他组织的必需物质，可维持肌肉和其他组织的正常功能。

3. 化妆品中应用

脯氨酸为胶原蛋白纤维中的氨基酸类成分，可用作营养剂。脯氨酸有软化角质层的作用，可以强化角质功能，使肌肤自身具有保湿能力。脯氨酸可在防晒用品中缩短皮肤角质层再生周期；在美白产品中，脯氨酸可与果酸等复配，具有美白功效。

七、精氨酸

精氨酸的 INCI 名称为 Arginine，也称为 L-2-氨基-5-胍基戊酸，属于碱性氨基酸，CAS 号为 157-07-3，对于幼龄动物来说是必需氨基酸。精氨酸是细胞质和核酸蛋白的主要成分，同时也是机体内肌酐酸、多胺和一氧化氮（NO）等物质的合成前体，在动物营养代谢与调控过程中发挥着重要作用。此外，精氨酸还是尿素循环、解除氨中毒的必要成分。

精氨酸是机体组织蛋白中最丰富的氮载体。精氨酸主要有机体代谢（尿素循环等）、改善性欲、免疫调节功能、促进肠道发育、抗肿瘤和抗肥胖等作用。目前，精氨酸及其部分衍生物，如棕榈酰精氨酸、乙酰基瓜氨酰胺基精氨酸、椰油酸精氨酸盐等均已被纳入《已使用化妆品原料目录（2021年版）》，未见其外用不安全的报道。

1. 化学结构及性状

精氨酸

精氨酸在水中易溶，在乙醇中几乎不溶；在稀盐酸中易溶。精氨酸的比旋光度为+26.9°～+27.9°（80mg/mL精氨酸于6mol/L盐酸溶液中），熔点为244℃（分解）。

2. 生物学功能

（1）促进伤口愈合的作用　精氨酸可促进胶原组织的合成，还能促进伤口周围的微循环，故能修复伤口。

（2）抗肿瘤　精氨酸具有与免疫有关的抗肿瘤特性。精氨酸作为一氧化氮合成的前体，可以抑制基质金属蛋白酶、抑制细胞黏附分子和提高基质金属蛋白酶组织抑制物的表达，从而阻止细胞黏附；此外，一定浓度的精氨酸可通过增加一氧化氮的合成而发挥细胞毒性作用，诱导凋亡、抑制肿瘤细胞增殖。

（3）抗肥胖作用　精氨酸作为生物活性因子一氧化氮的前体，可减少肥胖，增加肌肉质量。

3. 化妆品中应用

精氨酸属于碱性氨基酸，在化妆品中主要用于干燥型皮肤的调理，与具有保湿作用的果酸、海藻糖等协同作用，可保持皮肤水分、柔滑肌肤并减少皮屑的剥落。因为精氨酸呈碱性，因此可代替氨水用于染发剂，既可避免氨水刺激气味，又可提高染料的着色力，对头发没有伤害。精氨酸也是最常用的化妆品营养性助剂。

八、色氨酸

色氨酸的 INCI 名称为 Tryptophan，也称为 L-2-氨基-3（β-吲哚）丙酸，属于必需氨基酸，CAS 号为 73-22-3。它是脑部化学物质 5-羟色胺的重要前体，对于调节情绪、改善睡眠有积极作用；色氨酸可转化为烟酸，具有预防糙皮病的功能。色氨酸已被纳入《已使用化妆品原料目录（2021 年版）》，未见其外用不安全的报道。

1. 化学结构及性状

色氨酸

色氨酸为白色至微黄色结晶或结晶性粉末，在水中微溶，在乙醇中极微溶解，在三氯甲烷中不溶，在甲酸中易溶；在氢氧化钠试液或稀盐酸中溶解。色氨酸的比旋光度为-32.5°~-30.0°（10mg/mL 色氨酸于水中），熔点为 289℃（分解）。

2. 生物学功能

色氨酸是人体的必需氨基酸之一，参与机体蛋白质合成和代谢调节。它是烟酸（维生素 B_3）、5-羟色胺（5-HT）、褪黑激素、色胺、烟酰胺腺嘌呤二核苷酸（NAD）、烟酰胺腺嘌呤二核苷酸磷酸（NADP）等的前体物，这些代谢产物对机体内蛋白质、脂类和碳水化合物等营养物质代谢和一些重要的生理生化反应都有影响。因此，色氨酸对睡眠模式、饥饿模式、抑郁和焦虑、攻击行为、性行为、疼痛和温度的感觉、食欲具有重要影响。

3. 化妆品中的应用

色氨酸有良好的抗氧化作用和抗紫外线功能，但在紫外光照射下易损失。皮肤蛋白质中色氨酸的减少会导致皮肤免疫功能的下降、硬皮病及泛发性硬斑病的产生。因此，在护肤品中添加色氨酸有助于恢复和提高皮肤正常机能；化妆品中加入色氨酸，既可防止皮肤色素沉着，又可增加光泽；色氨酸也是一种非刺激性的染发染料和减肥剂。

九、酪氨酸

酪氨酸的 INCI 名称为 Tyrosine，也称 L-2-氨基-3-（4-羟基苯基）丙酸，属于半必需氨基酸，CAS 号为 60-18-4。它是蛋白质的重要组成成分，也是机体多种生物分子的合成原料，对人体健康有着重要的作用。酪氨酸在体内可通过不同代谢途径转化为多种生理物质，如左旋多巴、多巴胺、肾上腺素、甲状腺素、黑色素等。这些物质与神经传导和代谢调节控制关系密切。因此，酪氨酸能促进新陈代谢，防治甲亢，增进食欲，还具有安神、抗抑郁、稳定情绪等作用。酪氨酸作为半必需氨基酸，对人体新陈代谢、生长发育起着重要的作用。酪氨酸及其衍生物，如乙酰酪氨酸、油酰酪氨酸、3-羟基-L-酪氨酸等已被纳入《已使用化妆品原料目录（2021 年版）》，未见其外用不安全的报道。

1. 化学结构及性状

酪氨酸

酪氨酸为白色结晶或结晶性粉末，水中极微溶解，在无水乙醇、甲醇或丙酮中不溶，在稀盐酸或稀硝酸中溶解。酪氨酸的比旋光度为 $-12.1° \sim -11.3°$（50mg/mL 酪氨酸于 1mol/L 盐酸溶液中），熔点为 344℃（分解）。

2. 生物学功能

酪氨酸作为半必需氨基酸，它是人体用来合成蛋白质、神经传导物质和其他重要化合物的原料，包括多巴胺、肾上腺素和去甲肾上腺素、甲状腺素、黑色素的合成都与之有关。如酪氨酸具有改善认知记忆功能（压力状态下），减缓心率、调节血压，还能减轻白癜风症状等。

3. 化妆品中应用

酪氨酸在化妆品中常作皮肤调理剂、保湿剂和抗静电剂。它可以通过合成与酪氨酸竞争的酪氨酸酶结构的类似物来有效地抑制黑色素的生成，发挥美白功效。

十、丙氨酸

丙氨酸的 INCI 名称为 Alanine，也称为 L-2-氨基丙酸，为非必需氨基酸，CAS 号为 56-41-7。丙氨酸是蛋白质食物中含量最高的氨基酸之一，参与色氨酸和维生素吡哆醇的代谢。丙氨酸是肌肉和中枢神经系统的重要能量来源，可以增强免疫系统，帮助糖类和有机酸的代谢，并在动物体内显示降低胆固醇的作用。丙氨酸及其衍生物噻唑基丙氨酸、十一碳烯酰基苯丙氨酸、椰油酰基丙氨酸 TEA 盐等均已被纳入《已使用化妆品原料目录（2021 年版）》，未见其外用不安全的报道。

1. 化学结构及性状

丙氨酸

丙氨酸为白色或类白色结晶或结晶性粉末，在水中易溶，在乙醇、丙酮或乙醚中不溶，在 1mol/L 盐酸溶液中易溶。丙氨酸的比旋光度为 + 14.0° ~ + 15.0°（50mg/mL 丙氨酸于 1mol/L 盐酸溶液中），熔点为 297℃（分解）。

2. 生物学功能

丙氨酸可在血液中以游离状态高浓度存在，由丙酮酸通过转氨作用产生。丙氨酸参与糖和酸的代谢，并为肌肉组织、大脑和中枢神经系统提供能量。高强度运动时，支链氨基酸被用作肌肉细胞的能量来源，它们的碳骨架被用作燃料，而氮部分被用来形成另一种氨基酸——丙氨酸，然后丙氨酸被肝脏转化为葡萄糖。这种形式的能量产生称为丙氨酸-葡萄糖循环，它在维持身体的血糖平衡方面起着主要作用。

3. 化妆品中应用

丙氨酸具有一定的抗氧化性，可促进细胞新陈代谢、促进胶原蛋白的生长，还具有抗炎的作用。

十一、苯丙氨酸

苯丙氨酸的 INCI 名称为 Phenylalanine，也称 L-2-氨基-3-苯基丙酸，属于必需氨基酸，CAS 号为 63-91-2。它在体内大部分经苯丙氨酸羟化酶催化作用氧化成酪氨酸，并与酪氨酸一起合成重要的神经递质和激素，参与机体糖代谢和脂肪代谢。目前，苯丙氨酸已被纳入《已使用化妆品原料目录（2021 年版）》，未见其外用不安全的报道。

1. 化学结构及性状

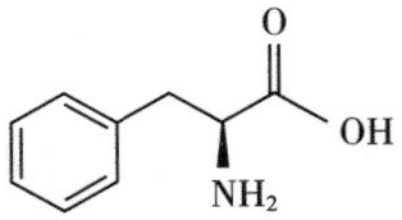

苯丙氨酸

苯丙氨酸为白色结晶或结晶性粉末，在热水中溶解，在水中略溶，在乙醇中不溶，在稀酸或氢氧化钠溶液中易溶。苯丙氨酸的比旋光度为 $-35.0° \sim -33.0°$（20mg/mL 苯丙氨酸于水中），熔点为283℃（分解）。

2. 生物学功能

苯丙氨酸既是蛋白质的组成成分，还能在机体内转变为酪氨酸，促进甲状腺素和肾上腺素、黑色素等的合成，因而具有降低血压、治疗白癜风、降低饥饿感等作用。

3. 化妆品中应用

苯丙氨酸作为人体的必需氨基酸之一，既可用于护肤品，又可用于护发用品。如用于发乳，头发的主成分是角蛋白，含多种氨基酸，白发生成的原因是角质蛋白缺少氨基酸等元素，将苯丙氨酸用于发乳，能及时补充头发所需营养，可推迟白发的生成。苯丙氨酸与其他天然组分混合，能增强使用效果，拓宽应用范围。如与糖类混合使用，对皮肤和头发的保湿效果更好，能提高对酶氨酸酶的抑制活性，有益于提高皮肤、毛发的光泽。

十二、缬氨酸

缬氨酸的 INCI 名称为 Valine，也称 L-2-氨基-3-甲基丁酸，属于必需氨基酸，CAS 号为 7004-03-7。缬氨酸可与其他必需氨基酸联合应用，治疗肝功能衰竭、中枢神经系统功能紊乱。目前，缬氨酸已被纳入《已使用化妆品原料目录（2021 年版）》，未见其外用不安全的报道。

1. 化学结构及性状

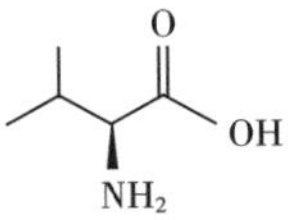

缬氨酸

缬氨酸为白色结晶或结晶性粉末，在水中溶解，在乙醇中几乎不溶。缬氨酸的比旋光度为+26.6°~+28.8°（80mg/mL 于水中），熔点为 315℃。

2. 生物学功能

缬氨酸作为必需氨基酸，具有以下生物学功能。

（1）促进机体生长发育，修复受损组织，提供机体所需能量。

（2）保护肝脏及神经系统。

（3）促进创伤愈合。

3. 化妆品中应用

在化妆品中，缬氨酸用于补充皮肤营养，具有保湿的功效，同时具有活血和加快创伤愈合的功效。

十三、异亮氨酸

异亮氨酸的 INCI 名称为 Isoleucine，也称 L-2-氨基-3-甲基戊酸，属于必需氨基酸，CAS 号为 73-32-5。它可以快速转化为葡萄糖给身体组织提供能量，特别是为肌肉供能，减少肌肉组织的损伤。目前，它已被纳入《已使用化妆品原料目录（2021 年版）》，未见其外用不安全的报道。

1. 化学结构及性状

异亮氨酸

异亮氨酸为白色结晶或结晶性粉末，在水中略溶，在乙醇或乙醚中几乎不溶。异亮氨酸的比旋光度为+38.9°~+41.8°（40mg/mL 异亮氨酸于 6mol/L 盐酸溶液中），熔点为 168~170℃。

2. 生物学功能

异亮氨酸的作用包括与亮氨酸和缬氨酸协同修复肌肉、控制血糖，并给身体组织提供能量。

3. 化妆品中应用

异亮氨酸是具有特殊生理活性的营养剂，其在头发中含量较高。此外，异亮氨酸侧链 R 碳链显示一定的亲脂性，易为毛发吸收，因此较多用于护发、生发、防脱发制品；异亮氨酸还有保湿和抗炎功能。

十四、苏氨酸

苏氨酸的 INCI 名称为 Threonine，也称 L-2-氨基-3-甲基戊酸，属于必需氨基酸，CAS 号为 71-19-5。苏氨酸可直接参与蛋白质的合成，维持身体蛋白质平衡，促进机体正常生长发育。目前，苏氨酸已被纳入《已使用化妆品原料目录（2021年版）》，未见其外用不安全的报道。

1. 化学结构及性状

苏氨酸为白色结晶或结晶性粉末，在水中溶解，在乙醇中几乎不溶。苏氨酸的比旋光度为-29.0°～-26.0°（60mg/mL 苏氨酸于水中），熔点为 255℃。

2. 生物学功能

（1）苏氨酸可直接参与蛋白质的合成，维持身体蛋白质平衡，促进正常生长发育。

（2）苏氨酸能转变某些氨基酸来维持体内氨基酸平衡。如当体内甲硫氨酸和赖氨酸过量时，苏氨酸的需求量也增加，补充适量的苏氨酸可消除因甲硫氨酸和赖氨酸过剩引起的体重下降。

（3）苏氨酸可提高免疫能力，对神经系统有益。

（4）苏氨酸对肌肉组织和心脏的作用。身体合成甘氨酸和丝氨酸需要苏氨酸，而这两种氨基酸是身体产生胶原蛋白、弹性蛋白和肌肉组织所必需的。苏氨酸有助于保持整个身体结缔组织和肌肉强大并富有弹性，心脏中苏氨酸含量很高。

（5）苏氨酸的其他作用。苏氨酸具有强健骨骼和牙釉质并加速伤口愈合和损伤恢复等作用。

3. 化妆品中应用

苏氨酸在化妆品中作为抗静电剂使用，同时由于苏氨酸的结构中含有羟基，对人体皮肤具有持水作用，与寡糖链结合，对保护细胞膜起重要作用。苏氨酸常用作化妆品的营养助剂，缓冲其他化学药剂对皮肤的刺激；有美白皮肤的作用，并有调理头发的功能。

十五、赖氨酸

赖氨酸的 INCI 名称为 Lysine，也称 L-2,6-二氨基己酸，属于必需氨基酸，CAS 号为 56-87-1。它能促进人体发育、增强免疫功能，并有提高中枢神经组织功能的作用。目前，赖氨酸已被纳入《已使用化妆品原料目录（2021 年版）》，未见其外用不安全的报道。

1. 化学结构及性状

赖氨酸

赖氨酸为白色结晶或结晶性粉末，在水中易溶，在乙醇中极微溶解，在乙醚中几乎不溶。赖氨酸的比旋光度为+20.4°~+21.5°（80mg/mL 赖氨酸于 6mol/L 盐酸溶液中），熔点为 215℃（分解）。

2. 生物学功能

（1）参与机体蛋白质的合成　赖氨酸作为机体必需氨基酸，参与体内骨骼肌、酶、血清蛋白、多肽激素等多种蛋白质的合成。

（2）参与能量代谢　赖氨酸在体内参与肉碱的生物合成。肉碱在脂肪代谢中起着重要作用，是脂肪代谢的必需辅助因子，是脂肪酸 β-氧化过程中多个酶的辅酶。

（3）促进矿物质的吸收和骨骼生长　赖氨酸可与钙、铁等矿物质元素螯合形成可溶性的小分子单体，促进这些矿物质元素的吸收。

（4）增强免疫功能　赖氨酸被认为是一种非特异性的桥分子，它能将抗原与 T 细胞相连，使 T 细胞产生针对抗原的特异效应。

3. 化妆品中应用

赖氨酸是常用的化妆品营养滋补剂，可与硅油、植物萃取物等协同作用调理皮肤，有促进组织修复的作用，还可与 α-羟基酸或 α-酮酸复配防治皮肤干燥和皮屑增多症。

十六、天冬氨酸

天冬氨酸的 INCI 名称为 Aspartic Acid，又称天门冬氨酸、门冬氨酸和 L-2-氨基丁二酸，属于非必需氨基酸，CAS 号为 56-84-8。天冬氨酸在生理条件下整体带负电荷，在其他氨基酸的合成以及柠檬酸和尿素循环中起着重要作用。它是生物体内赖氨酸、苏氨酸、异亮氨酸、甲硫氨酸等氨基酸及嘌呤、嘧啶碱基的合成前体。天冬氨酸及其多种盐，如钾盐、钠盐、钙盐、镁盐、锰盐和铜盐等，均已被纳入《已使用化妆品原料目录（2021 年版）》，未见其外用不安全的报道。

1. 化学结构及性状

天冬氨酸

天冬氨酸为白色结晶或结晶性粉末，在水中微溶，在乙醇中不溶，在稀盐酸或氢氧化钠溶液中溶解。天冬氨酸的比旋光度为 +24.0° ~ +26.0°（80mg/mL 天冬氨酸于 6mol/L 盐酸溶液中），熔点超过 230℃。

2. 生物学功能

天冬氨酸作为基本氨基酸，参与蛋白质的合成。天冬氨酸是生物体内赖氨酸、苏氨酸、异亮氨酸、甲硫氨酸等氨基酸及嘌呤、嘧啶碱基的合成前体。天冬氨酸可作为 K^+、Mg^{2+} 的载体向心肌输送电解质，改善心肌收缩功能，对心肌有保护作用。天冬氨酸参与鸟氨酸循环，促进氨和二氧化碳生成尿素，降低血液中氨和二氧化碳的含量，增强肝脏功能，消除疲劳。

3. 化妆品中应用

天冬氨酸分子中含有两个羧基和一个氨基，是最重要的酸性氨基酸之一。它可作为化妆品的营养性添加剂，对神经细胞有兴奋作用；有抗氧性，可阻止不饱和脂肪酸的氧化，可在化妆品和药品中用作维生素 E 的稳定剂；易被头发吸收，可以提高抗静电性和梳理性。

十七、谷氨酸

谷氨酸的 INCI 名称为 Glutamic Acid，谷氨酸又称 L-2-氨基戊二酸，属于非必需氨基酸和酸性氨基酸，谷氨酸的 CAS 号为 56-86-0。谷氨酸是生物机体内氮代谢的基本氨基酸之一，在蛋白质代谢过程在占有重要地位。谷氨酸及其多种衍生物，如椰油酰谷氨酸、乙酰谷氨酸、硬脂酰谷氨酸等均已被纳入《已使用化妆品原料目录（2021 年版）》，未见其外用不安全的报道。

1. 化学结构及性状

谷氨酸

谷氨酸为无色晶体，有鲜味，微溶于冷水，易溶于热水，溶于盐酸溶液，几乎不溶于乙醚、丙酮，也不溶于乙醇和甲醇。在 200℃ 时升华，247～249℃ 分解，密度为 1.538g/cm³，比旋光度 +37°～+ 38.9°（25℃）。

2. 生物学功能

谷氨酸被人体吸收后，易与血氨形成谷酰氨，能解除代谢过程中氨的毒害作用，因而能预防和治疗肝昏迷；谷氨酸是大脑中最丰富的游离氨基酸，也是大脑主要的兴奋性神经递质。同时，谷氨酸还是脑内普遍存在的抑制性神经递质 γ-氨基丁酸（GABA）的前体，这二者之间的平衡对于大脑健康非常重要。近年来，还发现，谷氨酸及其受体在神经退行性疾病（阿尔茨海默病、肌萎缩侧索硬化、多发性硬化症、癫痫、帕金森病等）以及肠道疾病如克罗恩病（Crohn disease，CD）和溃疡性结肠炎（Ulcerative colitis，UC）的病因中起核心作用。

3. 化妆品中应用

在脂肪组织培养中，谷氨酸对 cAMP 的生成具有促进作用，显示脂肪组织活性和代谢的增强，具有促进减肥的作用。谷氨酸一般用作化妆品的 pH 调节剂和营养性助剂。

十八、谷氨酰胺

谷氨酰胺的 INCI 名称为 Glutamine，谷氨酰胺也称 L-2-氨基戊酰胺酸，属于条件必需氨基酸，也是人体内含量最高的自由氨基酸。谷氨酰胺的 CAS 号为 56-86-9。它最独特的作用是在器官组织间以无毒方式转运有毒的氨，发挥解毒作用。目前，谷氨酰胺及其衍生物，如谷氨酰胺基乙基咪唑、谷氨酰胺基乙基吲哚等均已被纳入《已使用化妆品原料目录（2021 年版）》，未见其外用不安全的报道。

1. 化学结构及性状

谷氨酰胺

谷氨酰胺为白色结晶或结晶性粉末，在水中溶解，在乙醇或乙醚中几乎不溶。谷氨酰胺的比旋光度为 +6.3°～+7.3°（40mg/mL 谷氨酰胺于水中），熔点为 177℃。

2. 生物学功能

（1）参与合成重要的抗氧化剂——谷胱甘肽　补充谷氨酰胺，可通过保持和增加组织细胞内的谷胱甘肽的储备提高机体抗氧化能力，稳定细胞膜和蛋白质结构，保护肝、肺、肠道等重要器官及免疫细胞的功能，维持肾脏、胰腺、胆囊和肝脏的正常功能。

（2）增强免疫系统的功能　作为核酸生物合成的前体和主要能源，谷氨酰胺是淋巴细胞分泌、增殖及其功能维持所必需的物质。

（3）是胃肠道细胞的基本能量来源　谷氨酰胺是肠道黏膜细胞代谢必需的营养物质，对维持肠道屏障的结构及功能起着十分重要的作用，尤其在外伤、感染、疲劳等严重应激状态下更为重要。

3. 化妆品中应用

谷氨酰胺可以保持皮肤湿润，防治干裂，常用于配制洗涤剂、化妆品，对皮肤、黏膜刺激小。

十九、天冬酰胺

天冬酰胺的 INCI 名称为 Asparagine，属于非必需氨基酸，CAS 号为 70-47-3。它在氨的合成和氮的转运中发挥着重要作用。它对大脑的发育及功能是必需的，还有肝脏保护作用，对于平复极端情绪也有作用。目前，天冬酰胺已被纳入《已使用化妆品原料目录（2021 年版）》，未见其外用不安全的报道。

1. 化学结构及性状

天冬酰胺

天冬酰胺为白色结晶或结晶性粉末，在热水中易溶，在甲醇、乙醇或乙醚中几乎不溶，在稀盐酸或氢氧化钠溶液中易溶。天冬酰胺的比旋光度为 $+31° \sim +35°$（20mg/mL 天冬酰胺于 3mol/L 盐酸溶液中），熔点为 235℃（分解）。

2. 生物学功能

（1）免疫调节　天冬酰胺可以增强人体的免疫力，促进免疫细胞的增殖和分化，提高机体的抗病能力。同时，它还可以抑制过度的免疫反应，减轻炎症。

（2）抗氧化　天冬酰胺具有较强的抗氧化作用，可以清除体内的自由基，减少氧化损伤，延缓细胞老化进程。

（3）保护肝脏　天冬酰胺可以保护肝脏，促进肝细胞的修复和再生，降低肝脏损伤的风险。同时，还可以促进肝脏的解毒作用。

（4）促进骨骼健康　天冬酰胺可以增强骨密度，预防骨质疏松和骨折等。它可以提高钙的吸收率，促进骨细胞的生长和分化。

3. 化妆品中应用

天冬酰胺可作为化妆品的营养性添加剂。天冬酰胺能调节脑及神经细胞的代谢功能，对皮肤和毛发也有调理作用。

二十、甘氨酸

甘氨酸的 INCI 名称为 Glycine，也称氨基乙酸，是最简单的氨基酸，CAS 号为

56-40-6。甘氨酸参与嘌呤、卟啉、肌酸和乙醛酸的合成。它不仅参与机体蛋白质的构成，还是很多重要物质，如甲硫氨酸、胆碱的结构成分。甘氨酸及其盐或衍生物，如辛酰甘氨酸、椰油酰甘氨酸钾、椰油酰甘氨酸钠等均已被纳入《已使用化妆品原料目录（2021年版）》，未见其外用不安全的报道。

1. 化学结构及性状

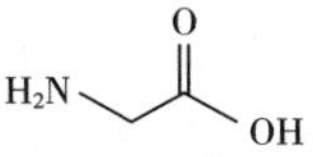

甘氨酸

甘氨酸为白色结晶或结晶性粉末，在水中易溶，在乙醇或乙醚中几乎不溶，熔点为240℃（分解）。

2. 生物学功能

游离的甘氨酸有护肝作用。甘氨酸有免疫调节和细胞保护作用。甘氨酸是体内重要的抗氧化剂——谷胱甘肽的组成氨基酸。

3. 化妆品中应用

甘氨酸可用作皮肤调理剂，具有调理皮肤的作用。

二十一、γ-氨基丁酸

γ-氨基丁酸的INCI名称为Aminobutyric Acid，CAS号为56-12-2。γ-氨基丁酸是天然存在的非蛋白质组成氨基酸，几乎只存在于神经组织中，在大脑黑质中含量最高，具有增进脑活力、安神、降压等作用。

γ-氨基丁酸属于很强的神经抑制性氨基酸，具有镇静、催眠、抗惊厥、降血压等生理作用。目前，γ-氨基丁酸及其衍生物，如羧乙基氨基丁酸等已被纳入《已使用化妆品原料目录（2021年版）》，未见其外用不安全的报道。

1. 化学结构及性状

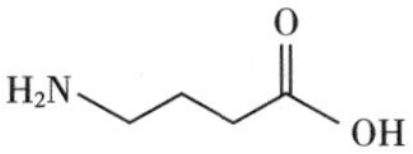

γ-氨基丁酸

γ-氨基丁酸为片状（甲醇–乙醚）或针状结晶（水–乙醇），熔点 202 ℃（在快速加热下分解），极易溶于水，不溶于醇、醚和苯。

2. 生物学功能

γ-氨基丁酸作为抑制性神经递质，可以抑制动物的活动，减少能量的消耗。γ-氨基丁酸能促进胃液和生长激素的分泌，从而提高生长速度和进食量。

3. 化妆品中应用

γ-氨基丁酸在化妆品中具有细胞赋活作用，可与多种活性成分配伍并提高它们的功效，如与亚麻酸配伍可作护肤调理剂，与维生素 E 配伍有协同抗衰老功效，还具有生发功效，也可与抗氧及紫外吸收剂共用于增白型化妆品。

二十二、氨基酸表面活性剂

氨基酸表面活性剂是一类亲油基团与一种或多种氨基酸亲水基团组成的表面活性剂，具有优良表面活性、刺激性小、生物降解性好、抗菌性好等特点，在化妆品中应用广泛。根据氨基与羧基的不同，化妆品中常见有谷氨酸类、甘氨酸类、丙氨酸类、甲基牛磺酸类、肌氨酸类氨基酸表面活性剂。

谷氨酸类：椰油酰谷氨酸钠、月桂酰谷氨酸钠、肉豆蔻酰谷氨酸钠、硬脂酰谷氨酸钠。

甘氨酸或丙氨酸类：椰油酰甘氨酸钾、椰油酰甘氨酸钠、椰油酰基丙氨酸钠。

甲基牛磺酸类：椰油酰甲基牛磺酸钠。

肌氨酸类：月桂酰肌氨酸钠、棕榈酰肌氨酸钠。

化妆品用氨基酸表面活性剂的特性主要包括三方面。

1. 表面活性良好

与其他传统表面活性剂类似，氨基酸表面活性剂具有良好的乳化、润湿、增溶、分散、发泡等性能。据报道，0.05% 椰油酰基甲基牛磺酸钠的抗硬水性能，在 1500mg/kg 硬水条件下与纯水条件下的泡沫高度几乎一致，都在 1700mm 左右。

2. 环保、健康、安全

氨基酸表面活性剂表现出优秀的生物降解性、生物相容性、高安全性等优良特性，其能被人体内的酶分解为脂肪酸和氨基酸。研究人员对白鼠、家兔进行了亚急性试验、慢性毒性试验、黏膜刺激性试验等，结果表明 N-酰基氨基酸钠比十二烷基硫酸钠刺激性更小，安全性更高。

3. 抗菌能力强

由于酰基链中存在羟基或不饱和键，氨基酸表面活性剂具有杀菌功效，且抗菌性随着羟基和不饱和度的增加而增加。研究表明，N-酰基氨基酸型表面活性剂对金黄色葡萄球菌、绿脓杆菌以及大肠杆菌的抗菌性良好，但当 pH>6 时，抗菌活性下降。

氨基酸表面活性剂广泛用于化妆品产品如洗面奶、沐浴露、香波中，已经形成了以氨基酸作为主清洁剂的系列氨基酸绿色日化产品。

第七章 多糖类化妆品活性物质

第一节 多糖类物质概述

多糖是自然界含量最丰富的物质之一，也称为多聚糖，它是单糖的聚合物，一般由 10 个以上单糖或其衍生物通过糖苷键连接而成的聚合物称为多糖。它是自然界中分子结构复杂且庞大的糖类物质，广泛分布于动物、植物和微生物中。

一、多糖的分类

多糖按其生物来源的不同，可分为植物多糖、动物多糖和微生物多糖。植物多糖有淀粉、纤维素、果胶、当归多糖、枸杞多糖等，动物多糖有肝素、硫酸软骨素、透明质酸、甲壳素等，微生物多糖有香菇多糖、茯苓多糖、银耳多糖、猪苓多糖、云芝多糖等。

多糖根据组成单糖的种类不同，可分为同多糖和杂多糖两类。由一种单糖缩合而成的多糖称同多糖，如淀粉、纤维素及糖原等；由不同类型的单糖缩合而成的多糖称杂多糖，如果胶、硫酸软骨素、肝素等。杂多糖的种类和数量远多于同多糖，具有生物活性的多糖绝大多数是杂多糖。根据多糖结构中是否形成分支，可分为直链多糖和支链多糖。

多糖按在其生物体内功能不同，可分为结构多糖、储藏多糖和生物活性多糖三类。结构多糖是生物体的结构组成部分，如植物细胞壁的纤维素和半纤维素、甲壳类动物甲壳的甲壳素；储藏多糖是生物体的营养和能量储备，如植物中的淀粉、动物体内的糖原等；生物活性多糖具有更复杂的生物活性功能，如黏多糖在生物体内起着重要的作用。有些结构多糖和储存多糖也可以同时属于生物活性多糖。本章着重介绍生物活性多糖。

二、多糖的理化性质

多糖是高分子化合物，相对分子质量很大，一般不溶于水，在水溶液中不形成真溶液，而是形成胶体。多糖没有甜味，无还原性，有旋光性，但无变旋现象。

1. 多糖的溶解性

多糖类物质由于其分子中含有大量的极性基团，对于水分子具有较大的亲和力。但是，一般多糖的相对分子质量非常大，其疏水性也随之增大。通常相对分子质量较小、分支程度低的多糖在水中有一定的溶解度，加热情况下更容易溶解；而相对分子质量大、分支程度高的多糖则在水中溶解度低。

2. 多糖溶液的黏度与稳定性

由于多糖在溶解性能上的特殊性，导致了多糖类化合物的水溶液具有比较大的黏度，甚至形成凝胶。

多糖形成的胶状溶液其稳定性与分子结构有较大的关系。不带电荷的直链多糖由于形成胶体溶液后，分子间可以通过氢键而相互结合，随着放置时间的延长，缔合程度越来越大。因此，在重力的作用下可以沉淀或形成分子结晶。支链多糖胶体溶液也会因分子凝聚而变得不稳定；带电荷的多糖由于分子间相同电荷的斥力，其胶体溶液具有相当高的稳定性。

3. 多糖的水解

多糖的水解指在一定条件下，糖苷键断裂，多糖降解为低聚糖甚至单糖的反应过程。多糖水解的条件主要包括酶促水解和酸碱催化水解。

三、多糖的生物学活性

多糖的生物学功能多种多样，它不仅是能量和结构物质，而且还直接参与细胞的分裂过程，调节细胞生长，成为细胞和细胞、细胞和病毒、细胞和抗体等相互识别结构的活性部位。因此，多糖具有多种生物学功能，如免疫调节、抗肿瘤、抗病毒、抗凝血、抗辐射和延缓衰老等。

四、多糖在化妆品中的应用

多糖分子中含有大量亲水羟基，使得多糖表现出一些优良的理化性质，如强吸水性、乳化性、高黏度和良好的成膜性。多糖的生物学活性和理化性质使它在化妆品中具有保湿、稳定、改善肤色，抗衰老和抗菌等功能，而且多糖无毒副作用，与常用化妆品成分配伍良好。因此，多糖作为功效性化妆品添加剂有着日益广泛的应用。多糖的护肤作用和机理主要包括以下几个方面。

1. 保湿作用

当角质层中水分降低到 10% 以下时，皮肤就会显得干燥、失去弹性、起皱，皮肤老化加速。因此，保水和保湿一直是护肤品最主要的作用之一。多糖的保湿作用在于其分子中的羟基、羧基和其他极性基团，它们可与水分子形成氢键而结合大量的水分；同时，多糖分子链还会相互交织成网状，并与水形成氢键，具有很强的保水作用。再者，多糖还具有良好的成膜性能，可在皮肤表面形成一层均匀的薄膜，减少皮肤表面的水分散失。

2. 延缓衰老

自由基过多是导致皮肤老化的一个确定机制。多糖的抗氧化作用有较多的研究报道，多糖结构中的还原性羟基可捕获脂质过氧化生成的活性氧，发挥抗氧化作用。此外，有些多糖还能通过提高超氧化物歧化酶、过氧化氢酶等抗氧化酶的活性，发挥抗氧化的作用。

3. 改善面部血液循环

外界环境污染、紫外线照射等都会引起面部微循环减弱，无法给肌肤细胞带来充足养分，导致色素沉着、皮肤暗沉。多糖中以肝素为代表的糖胺聚糖具有突出的抗凝和改善微循环的作用。将多糖添加到化妆品中，它们可经皮肤吸收，畅通血管，加速营养物质随微循环进入肌肤，从而改善皮肤的新陈代谢。

4. 抗粉刺作用

粉刺与沉积在表皮的皮脂残留物排除不畅而引起的细菌感染有关。因此，抑制粉刺恶化的关键方法之一就是抑菌。多糖能增强溶菌酶的作用，促进溶菌酶对细菌的破坏。而且，多糖的抑菌作用是广谱的，能同时抑制革兰氏阴性菌和革兰氏阳性菌。

5. 修复皮肤组织

皮肤的弹性和光滑外观受皮肤的自我更新影响，而表皮生长因子等能促进成纤维细胞和表皮细胞的新陈代谢。研究发现，肝素、岩藻多糖可显著促进各类细胞生长因子的作用，促进皮肤组织的修复。

6. 美白作用

皮肤内黑色素的多少决定了肤色的深浅。多糖对皮肤美白作用的机理体现在两个方面。第一，多糖通过抗氧化机制抑制黑色素生成过程的关键酶所引发的过氧化作用。第二，多糖具有吸收紫外线的特性。如中药牛膝多糖能吸收多个波段的紫外线辐射，故在防晒化妆品中添加多糖具有美白作用。

第二节 多糖类在化妆品中的应用

一、维生素 C 丙二醇透明质酸酯

维生素 C 丙二醇透明质酸酯也称抗坏血酸丙二醇透明质酸酯，INCI 名称为 Ascorbyl Propyl Hyaluronate，英文缩写为 VCHA，CAS 号为 1800464-57-6。维生素 C 丙二醇透明质酸酯是一种新型高效的维生素 C 衍生物，将人体不可缺少的左旋维生素 C 与天然保湿因子透明质酸相结合，创造性地攻克了左旋维生素 C 不稳定的难题，利用独特的透皮吸收机制，起到抗皱、紧致、美白、祛斑、保湿、舒缓等美容功效。左旋维生素 C 是维持肌肤健康的最重要因素之一，与健康的皮肤相比，左旋维生素 C 的水平相对偏低是患特异性皮炎、痤疮皮肤的共同特征。左旋维生素 C 具有强大的抗氧化性，可修复紫外线造成的皮肤屏障损坏，通过抑制酪氨酸酶的活性阻断黑色素生成，提高皮肤抵抗力，恢复肌肤盈润亮泽。左旋维生素 C 还有促进胶原蛋白合成的作用，若左旋维生素 C 缺乏，胶原蛋白不能正常合成，如果皮肤缺乏胶原蛋白，会失去弹性并变薄老化，因此左旋维生素 C 缺乏会使皮肤出现皱纹、色素沉着等一系列的老化现象。

2023 年 4 月 20 日，ICIC2023 国际化妆品创新大会在上海召开。本次大会的 2023 ICIC AWARDS 中，润辉生物参评的专利产品"维生素 C 丙二醇透明质酸酯（VCHA）"获得"ICIC 科技创新原料奖"。同时该产品还获得"山东省企业创新成果项目库优秀创新成果"。

由于左旋维生素 C 的化学结构具有高度亲水性，本身难以透皮吸收，暴露在外容易被空气中的氧气氧化失活生成脱氢抗坏血酸，引起皮肤黄染。同时，左旋维生素 C 在配方中如果想要保持稳定，需要将配方 pH 调低至 3.5 以下，以降低分子的电荷密度，无疑会对皮肤造成刺激。另外，左旋维生素 C 的变性失活还伴随颜色变黄变暗，严重影响了产品的外观。左旋维生素 C 结构不稳定、渗透性差、刺激性强、易变黄等缺点限制了产品的开发。为了避免左旋维生素 C 以上缺陷，一系列衍生物被制备出来，如表 7-1 所示。

表 7-1　　　　　　　　　　　　维生素 C 衍生物及其性能列表

产品名称	稳定性	透皮性	是否转化为维生素 C	紫外线损伤保护	促进胶原蛋白合成	减少皮肤色素沉着
左旋维生素 C	无水环境或 pH<3.5	体内实验证明维生素 C 能以溶液或者微粒形式透皮	不需要	能，人体内试验已经证明	能，人体内试验已经证明	能，人体内试验已经证明
维生素 C 磷酸酯钠（SAP）	pH=7 左右	仅有较少实验证明能渗透	没有数据证明	能，但效率比维生素 C 低	体外实验证明，且效率低于维生素 C 磷酸酯镁	能，体内实验证明，但是发表在商业期刊
维生素 C 磷酸酯镁（MAP）	pH=7 左右	有限的动物体内实验能够证明渗透	体外实验证明能转化	没有数据证明	体外实验证明，效率大概与抗坏血酸等同	能，体内实验证明
维生素 C 棕榈酸酯（AA-PAL）	与维生素 C 相同（无水或者低 pH）	动物体内实验证明可以渗透，但是极大依赖于配方剂型	没有数据证明	能，动物体内试验可以证明	体外实验证明	没有数据证明
酯化型维生素 C（VC-IP）	pH<5	动物体内给药体外实验能证明渗透，效果好于维生素 C 磷酸酯钠	体外实验证明能转化	只有体外实验证明	体外实验证明	能，体内实验证明，但是发表在商业期刊

续表

产品名称	稳定性	透皮性	是否转化为维生素C	紫外线损伤保护	促进胶原蛋白合成	减少皮肤色素沉着
维生素C葡萄糖苷（AA-2G）	在较宽的pH范围内都稳定	体外实验证明可以渗透	体外实验证明能转化	能，人体内实验证明	体外实验证明	能，体外实验证明可以淡斑
维生素C二磷酸六棕榈酸酯（APPS）	pH=7左右	动物体内实验证明可以渗透	体外实验证明能转化	没有数据证明	没有数据证明	能，人体内实验证明可以淡斑
3-O-乙基维生素C（EAC）	没有相关数据	动物体内实验证明可以渗透	没有数据证明	没有数据证明	没有数据证明	能，人体内实验证明可以淡斑

通过以上衍生物对比可以看出，维生素C葡萄糖苷（AA-2G）的稳定性、透皮性、紫外线损伤保护、促进胶原蛋白合成及减少皮肤色素沉着等方面均有突出优势。近年来，透明质酸作为一种广泛应用的多糖，其维生素C的衍生物已经被证明为更好的维生素C糖衍生物，该类产品同时具有透明质酸的功效。

左旋维生素C与透明质酸通过酯键连接，利用小分子透明质酸的透皮性，被带入皮下。左旋维生素C在此过程中避免与空气中的氧接触，从而避免被氧化，不会产生刺激性物质。左旋维生素C的活性全部得以保存，在体液中酯酶的作用下，将酯键打开，使左旋维生素C和透明质酸稳定地传递至皮肤。同时，表面形成含水的透明质酸膜，与内源的透明质酸一起，在角质层两侧形成"三明治"结构。使得角质层含水量迅速上升成为半透膜，利用渗透压原理使左旋维生素C得以轻易通过，进而发挥抗氧化、抗色素沉着和美白效果，又能刺激成纤维细胞生成胶原蛋白，减少皱纹生成、增加皮肤弹性。

人体自身不合成左旋维生素C，必须从外界获得。所有活性物质与药物类似，并不是越多越好，而是物极必反，即活性物质在一定的浓度范围内起效，高浓度下反而出现副作用。同理，化妆品中左旋维生素C含量并不是越高越好，过量的左旋维生素C反而会被氧化，生成有害的酸性物质，加剧了对皮肤的损害。市面上之所以出现含大量高浓度的左旋维生素C的化妆品，其本质还是由于左旋维生素C易于氧化失活，不得不添加高浓度以维持活性。因此，活性物质发挥美容功效不能靠量取胜，而要看产品的机制和活性。维生素 C 丙二醇透明质酸酯实现了左旋维生素 C 和透明质酸的美白、抗皱和抗炎等美容效果的最大化，具有如下优点：结构非常稳定，通过了光稳定和热稳定测试，完全克服了普通左旋维生素 C 的易氧化、易失活、易变色等缺点。左旋维生素 C 与透明质酸协同起效，即使暴露于空气或与各种化妆品成分混用，也能稳定维持其独特的性能。维生素 C 丙二醇透明质酸酯通过皮肤中存在的酯酶分缓慢分解为左旋维生素 C 和透明质酸，透明质酸对表皮具有保湿作用，左旋维生素 C 被皮肤吸收，具有美白和抗氧化作用，促进胶原蛋白表达并使成纤维细胞增殖。左旋维生素 C 通过与透明质酸连接，pH 接近中性，刺激性远远低于左旋维生素 C。

维生素 C 丙二醇透明质酸酯是用化学合成方式将透明质酸通过丙二醇连接桥（Linker）共价键而形成的化合物，解决了左旋维生素 C 不稳定、渗透性差、刺激性强、易变黄、易失活以及作用时间短等缺点，具备低分子透明质酸和左旋维生素 C 的双重功效，还具备安全性高、稳定性强和易吸收的优点。维生素 C 丙二醇透明质酸酯是一种功能性强、安全性高的新型化妆品原料，具有强大的保湿、祛皱、紧致、屏障保护和美白功效，并具有良好的稳定性和缓释透皮效果，可应用于化妆品等领域。该原料的化妆品已在国外使用多年，无产品安全性问题。

（一）化学结构及性状

$m \geq 1$, $n \geq 0$

维生素C丙二醇透明质酸酯

维生素 C 丙二醇透明质酸酯为类白色至黄色吸湿性粉末，1g/L 维生素 C 丙二醇透明质酸酯水溶液的 pH 为 5.0~7.0（25℃±0.5℃），在水中溶解，在二甲基亚砜中略溶，在乙醇和甲醇中微溶，在乙醚、甲基叔丁醚和正己烷中几乎不溶，干燥失重不超过 10.0%，黏度范围在 0.1 ~ 1.0dL/g，相对分子质量为 1.0×10^4 ~ 1.0×10^5，透过率（0.5%，550nm）不低于 98.0%，维生素 C 当量不低于 10.0%，游离维生素 C 含量不超过 1.0%，炽灼残渣不超过 20.0%。

（二）影响因素考察

通过对维生素 C 丙二醇透明质酸酯在温度、相对湿度、光线的影响下随时间变化的规律进行分析，为维生素 C 丙二醇透明质酸酯的生产、包装、储存、运输提供科学依据。

1. 高温试验

将维生素 C 丙二醇透明质酸酯置于稳定性试验箱内，设置温度 60℃，分别于 5 天、10 天、30 天取样，性状、酸度、透光率、特性黏数、相对分子质量、干燥失重、维生素 C 当量、葡糖醛酸检测结果无显著变化，均符合标准规定，证明产品在高温条件下性质稳定。

与左旋维生素 C 热稳定性对比：将左旋维生素 C 及维生素 C 丙二醇透明质酸酯同时置于 85 ~ 90℃真空干燥箱中放置 0h，0.5h，1.0h。取样检测含量下降程度，结果如表 7-2 所示。

表 7-2　　　　　　　　　维生素 C 丙二醇透明质酸酯热稳定性

热稳定性	下降为初始的含量/%			外观变化（1h）
	0h	0.5h	1h	
左旋维生素 C	99.6	66.3	42.1	变为红褐色
维生素 C 丙二醇透明质酸酯	99.7	99.1	98.8	无明显变化

2. 高湿试验

将维生素 C 丙二醇透明质酸酯置于 25℃，相对湿度 90%±5%环境，放置 5 天后，样品外观为棕褐色黏稠液体，产品吸湿增重 52%。重新取样品放置在 25℃，相对湿度 75%±5%的环境，放置 5 天、10 天，样品外观为棕褐色黏稠液体。放置 5 天后吸湿增重为 14.7%，放置 10 天后吸湿增重为 13.3%。后经引湿性试验（温度：25±1℃，相对湿度：80%±2%，放置 24h），产品增重百分率为 43%，证明维生素 C 丙二醇透明质酸酯性质为潮解。

与左旋维生素 C 湿热稳定性对比：将左旋维生素 C 及维生素 C 丙二醇透明质

酸酯同时置于高温（37~40℃）、高湿（RH75%）及铁离子存在环境，存放15天。取样检测含量下降程度，结果如表7-3所示。

表7-3　　　　　　　　维生素C丙二醇透明质酸酯湿热稳定性

| 湿热稳定性 | 下降为初始的含量/% | | 外观变化 |
	0天	15天	
左旋维生素C	99.6	未检测到	变为红褐色
维生素C丙二醇透明质酸酯	99.4	86.3	变为淡黄色

3. 强光照射试验

将维生素C丙二醇透明质酸酯置于日光灯照度为5000lx、紫外照度为$1W/m^2$环境，放置10天，且光源总光照强度不低于$1.2×10^6 lx \cdot h$、近紫外灯能量不低于$200W \cdot h/m^2$，于5天、10天取样，性状、酸度、透光率、特性黏数、相对分子质量、干燥失重、维生素C当量、葡糖醛酸检测结果无显著变化，均符合标准规定，证明产品在强光照射试验条件下性质稳定。

与左旋维生素C强光稳定性试验：将左旋维生素C及维生素C丙二醇透明质酸酯同时置于试验箱中，在照度为4500lx±500lx的条件下放置0天、5天、10天。取样检测含量下降程度，结果如表7-4所示。

表7-4　　　　　　　　维生素C丙二醇透明质酸酯光稳定性

| 光稳定性 | 下降为初始的含量/% | | | 外观变化（10天） |
	0天	5天	10天	
左旋维生素C	99.6	63.2	36.7	变为红褐色
维生素C丙二醇透明质酸酯	99.4	97.3	96.8	无明显变化

4. 稳定性研究

通过以上稳定性试验对比，维生素C丙二醇透明质酸酯在光、热、湿环境中的稳定性均远高于左旋维生素C。维生素C丙二醇透明质酸酯在高温和强光照射条件下，产品性质稳定；通过引湿性试验，确认本品的吸湿潮解性能，本品易吸收足量水分形成液体，潮解。

5. 溶液稳定性研究

将左旋维生素C、低分子透明质酸钠、乙酰化透明质酸钠、维生素C丙二醇透明质酸酯分别配制 1% 的水溶液，并平均分为 5 份。其中一份加入 0.1% 美拉德反应抑制剂。

将每种溶液的样品分别置于常温密封、常温接触空气、48℃ 密封、48℃ 接触空气环境以及加入 0.1% 美拉德反应抑制剂 48℃ 接触空气环境。样品静置 3 天，结果如表 7-5 所示。

表 7-5　　　　　　　　　维生素 C 丙二醇透明质酸酯溶液稳定性

样品	初始颜色	常温密封	常温接触空气	48℃ 密封	48℃ 接触空气	加入 0.1% 美拉德反应抑制剂 48℃ 接触空气
1% 左旋维生素 C 溶液	无色	无明显变化	淡黄色	淡黄色	深黄色	深黄色
1% 乙酰化透明质酸钠溶液	无色	无明显变化	淡黄色	无明显变化	淡黄色	无明显变化
1% 低分子透明质酸钠溶液	无色	无明显变化	淡黄色	无明显变化	淡黄色	无明显变化
1% 维生素 C 丙二醇透明质酸酯溶液	淡黄色	无明显变化	无明显变化	无明显变化	淡黄色加深	无明显变化

左旋维生素 C 在水溶液中不稳定，且接触空气和高温会加速其氧化分解。而维生素 C 丙二醇透明质酸酯中的维生素 C 比游离的维生素 C 更稳定。

1% 维生素 C 丙二醇透明质酸酯变黄主要是透明质酸钠发生了美拉德反应造成（透明质酸之类的产品如维生素 C 丙二醇透明质酸酯、低分子透明质酸钠、乙酰化透明质酸钠溶液在接触空气和高温的条件下均出现变黄或颜色加深），而非掇合的左旋维生素 C 氧化变性生成有害的深颜色物质。

加入美拉德反应抑制剂如亚硫酸氢钠（化妆品中最大允许量为 0.39375%）可以抑制多糖的美拉德反应，从而抑制溶液变黄或颜色加深。

（三）毒理学研究

1. 基于人类永生化表皮细胞（HaCat 细胞）的细胞毒性

以维生素 C 丙二醇透明质酸酯的浓度为横坐标，相对细胞活性值为纵坐标，绘制相对细胞活性曲线，如图 7-1 所示，样品浓度为 16000μg/mL 时，相对细胞活性为 90.74%。低于 16000μg/mL 范围内未表现出细胞毒性。

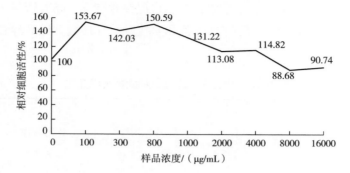

图 7-1　维生素 C 丙二醇透明质酸酯 HaCat 细胞毒性

2. 基于成纤维细胞（FB 细胞）的细胞毒性

以维生素 C 丙二醇透明质酸酯的浓度为横坐标，相对细胞活力值为纵坐标，绘制相对细胞活力曲线，如图 7-2 所示，样品浓度为 12500μg/mL 时，相对细胞活性为 116.98%。低于 12500μg/mL 范围内未表现出细胞毒性。

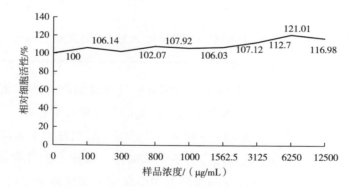

图 7-2　维生素 C 丙二醇透明质酸酯 FB 细胞毒性

该原料毒理学试验测试结果为急性经皮微毒，眼及皮肤刺激性均为无刺激，皮肤致敏性、无光毒性和光致敏性试验结果均为阴性。其中，遗传毒性试验包括细菌回复突变以及哺乳动物体外染色体畸变，同时测试过程包括添加和未添加 S9 代谢系统，对受试物及其可能代谢产物遗传毒性进行全面评价，符合化妆品安全技术规范对化妆品原料致突变毒性包括一项基因突变和一项染色体畸变的要求。细菌回复突变以及哺乳动物体外染色体畸变的结果均为阴性，该结果提示无潜在基因突变性或染色体畸变性。上述结果支持受试物应用风险在可接受范围内。

（四）生物学功能

基于吸水性和保水性的试验结果，说明维生素 C 丙二醇透明质酸酯具有一定保湿补水功效；基于皮肤模型屏障提升法，300μg/mL 的维生素 C 丙二醇透明质酸酯可以显著提高丝聚蛋白含量，可以显著改善十二烷基硫酸钠（SLS）刺激造成的 3D 表皮模型屏障损伤情况，具有一定的屏障保护功效；基于成纤维细胞，100～6250μg/mL 维生素 C 丙二醇透明质酸酯可以促进 I 型胶原蛋白的产生，具有一定的紧致功效。综上所述，维生素 C 丙二醇透明质酸酯具有保湿补水、屏障保护、紧致肌肤的功效。

1. 保湿功效的评价

根据不同时间点增重百分率结果（图 7-3）和失重百分率结果（图 7-4）可以看出，样品组各时间点增重百分率均高于阴性对照组，且增重百分率大于 0，说明样品具有一定的吸湿性。样品组各时间点失重百分率均低于阴性对照组，说明维生素 C 丙二醇透明质酸酯具有一定的保水性。

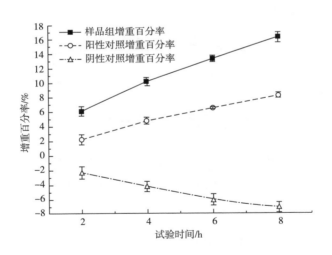

图 7-3　不同时间点增重百分率结果

根据图 7-5 可以看出，不同浓度的样品在 8h，增重百分率随着样品浓度的增加而增大，呈现出一定的剂量依赖关系；失重百分率随着样品浓度的增加，变化率不明显。

根据吸湿性和保水性，表明维生素 C 丙二醇透明质酸酯具有一定的保湿功效。

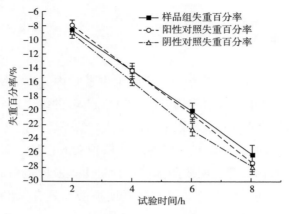

图 7-4　不同时间点失重百分率结果

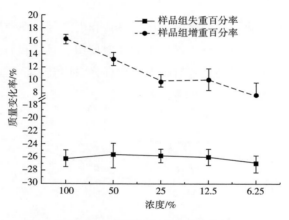

图 7-5　不同样品浓度的试验结果

使用 Corneometer CM 825 水分测试仪测试使用原液 4h 内皮肤 MMV 值，统计并计算 40 名志愿者手前臂各个受试物使皮肤水分含量（MMV）的变化结果的平均值，数据结果如表 7-6 所示。

表 7-6　　　　　　　　　　补水效果对比表

时间/min	皮肤 MMV 值的变化/%			
	透明质酸钠原液	左旋维生素 C 原液	透明质酸钠与维生素 C 组合原液	维生素 C 丙二醇透明质酸酯原液
15	39.27	22.76	47.38	75.82
30	36.61	20.65	44.10	70.92

续表

时间/min	皮肤 MMV 值的变化/%			
	透明质酸钠原液	左旋维生素 C 原液	透明质酸钠与维生素 C 组合原液	维生素 C 丙二醇透明质酸酯原液
60	31.26	15.53	40.47	67.58
90	29.26	8.34	35.80	65.89
120	25.62	5.45	32.76	64.95
180	22.99	3.12	27.36	59.38
240	20.02	1.02	22.59	48.63

由表 7-6 结果可知，皮肤 MMV 值的变化随时间的增长整体呈现逐渐降低的趋势，维生素 C 丙二醇透明质酸酯的补水效果显著高于单独的透明质酸钠原液、左旋维生素 C 原液，同时也显著高于透明质酸钠与左旋维生素 C 混合原液，充分证明维生素 C 丙二醇透明质酸酯的补水效果的显著提高，并不是透明质酸钠与左旋维生素 C 简单组合产生的，而是由于左旋维生素 C 跟透明质酸通过一个柔性 Linker 采用共价键偶联的方式生成，直接通过化学改性修饰从根本上赋予其更为优良的特性，提高了透明质酸钠和左旋维生素 C 的稳定性，提高抗酶解能力，延长半衰期，增强作用时间，使其保湿效果的显著提高。

2. 屏障保护功效的评价结果

丝聚蛋白荧光染色后结果，如图 7-6 所示；丝聚蛋白含量检测结果，如图 7-7 所示。与空白对照组相比，阴性对照组的丝聚蛋白含量显著降低（$P<0.01$），表明本次试验十二烷基硫酸钠刺激条件有效。与阴性对照组相比，阳性对照组丝聚蛋白含量显著升高（$P<0.01$），表明本次阳性对照检测有效。与阴性对照组相比，样品的丝聚蛋白含量显著升高（$P<0.05$）。

组织形态（H&E）染色结果，如图 7-8 所示。观察图片可知，与阴性对照组相比，阳性对照组模型轮廓清晰，角质层疏松现象明显改善，表明本次阳性对照检测有效；与阴性对照组相比，样品组角质层疏松增厚现象显示出明显改善。综上所述，维生素 C 丙二醇透明质酸酯在 $300\mu g/mL$，对十二烷基硫酸钠刺激造成的 3D 表皮皮肤模型损伤具有一定的屏障保护功能。

试验分组	复孔1	复孔2	复孔3
空白组			
阴性对照组			
阳性对照组			
样品组			

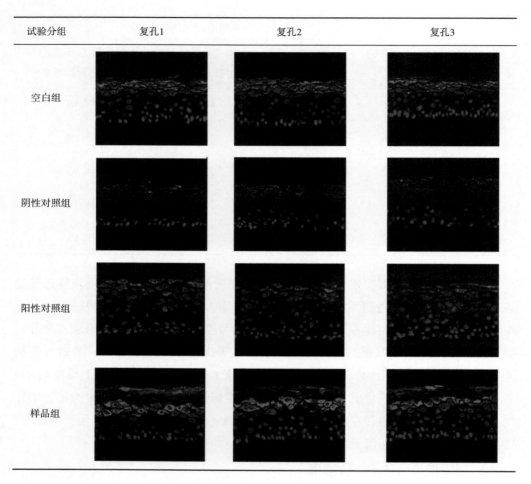

图7-6 丝聚蛋白荧光染色结果

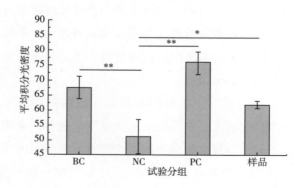

图7-7 不同试验分组的丝聚蛋白含量检测结果

注：* 表示 $P<0.05$；** 表示 $P<0.01$。

试验分组	复孔1	复孔2	复孔3
BC			
NC			
PC			
样品组			

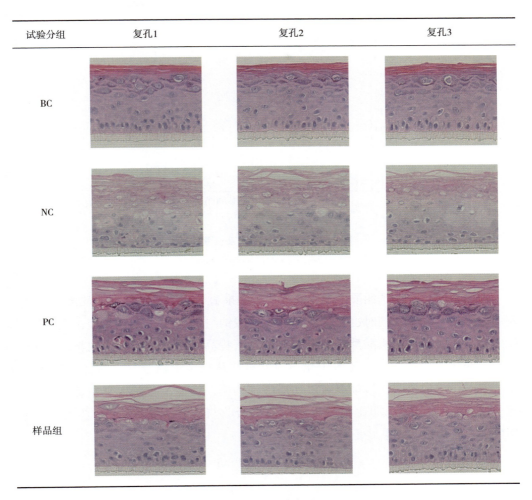

图 7-8　H&E 染色结果

3. 紧致功效的评价结果

对 Ⅰ 型胶原蛋白表达量的检测结果如图 7-9 所示。与 NC 组相比，100μg/mL 样品组的 Ⅰ 型胶原蛋白表达量有所提升；与 NC 组相比，1000μg/mL 和 6250μg/mL 样品组的 Ⅰ 型胶原蛋白表达量显著提升（$P<0.01$）；在试验设计的三个样品浓度下（100μg/mL，1000μg/mL 和 6250μg/mL），样品的浓度与胶原蛋白表达量呈剂量依赖型关系。综上所述，基于样品促进成纤维细胞 Ⅰ 型胶原蛋白表达试验，样品的紧致功效与样品浓度呈剂量依赖型关系，即样品在试验设计 100~6250μg/mL，紧致功效随着样品浓度的增加而增强。

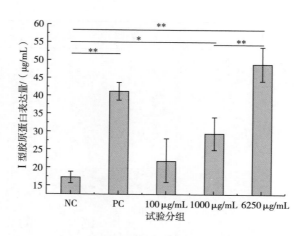

图7-9 Ⅰ型胶原蛋白表达量结果

注：＊表示 P<0.05；＊＊表示 P<0.01。

　　维生素 C 丙二醇透明质酸酯原液的祛皱效果显著高于单独的透明质酸钠原液、左旋维生素 C 原液，同时也显著高于透明质酸钠与维生素 C 混合原液，充分证明维生素 C 丙二醇透明质酸酯的祛皱效果的显著提高并不是透明质酸钠与左旋维生素 C 简单组合产生的，而是由于化学改性修饰从根本上赋予其更为优良的特性，维生素 C 丙二醇透明质酸酯具有透明质酸钠的靶向性能，有效促进左旋维生素 C 穿透皮肤屏障，增强皮肤对左旋维生素 C 的吸收与结合，增加左旋维生素 C 的使用效果，使其祛皱效果显著提高。

4. 美白效果

　　不同样品的美白效果对比数据如表7-7所示。

表7-7　　　　　　　　　美白效果对比表

时间	皮肤黑色素减少量/%			
	透明质酸钠原液	左旋维生素 C 原液	透明质酸钠与左旋维生素 C 混合原液	维生素 C 丙二醇透明质酸酯原液
1 周	1.94	20.42	24.46	43.03
2 周	2.69	29.48	33.49	52.54
3 周	2.87	30.89	34.69	55.25
4 周	3.05	32.03	36.06	61.42

　　由表7-7结果可知，维生素 C 丙二醇透明质酸酯原液的美白效果显著高于单

独的透明质酸钠原液、左旋维生素 C 原液，同时也显著高于透明质酸钠与左旋维生素 C 混合原液，充分证明维生素 C 丙二醇透明质酸酯的美白效果并不是透明质酸钠与左旋维生素 C 简单组合产生的，而是由于化学改性修饰从根本上赋予其更为优良的特性，使左旋维生素 C 的美白效果显著提高。维生素 C 透明质酸酯的添加量为 0.001%~25% 时，其保湿、祛皱、美白效果最显著。

维生素 C 丙二醇透明质酸酯创造性攻克了左旋维生素 C 在护肤品制造和保存中的不稳定难题，具有复合型活性、产品功效强和功效持续时间久的特点，它的使用效果优于透明质酸钠或左旋维生素 C 单独使用的效果、也优于透明质酸钠和左旋维生素 C 联合使用的效果，同时还提供其在化妆品以及美容产品中的应用方法。

维生素 C 丙二醇透明质酸酯解决了左旋维生素 C 结构不稳定、渗透性差、刺激性强、易变黄等缺点，功能型化妆品中的低分子透明质酸酯和左旋维生素 C 需分别添加、易受环境影响而失活和作用时间短、部分维生素 C 衍生物活性降低等技术问题；维生素 C 丙二醇透明质酸酯兼具了低分子透明质酸钠和左旋维生素 C 的功能活性，其保湿、祛皱、抗老化和美白效果均明显优于透明质酸钠和左旋维生素 C 分别使用以及联合使用的效果，同时延长其功效，增强功能型化妆品的使用效果，提高用户的使用满意度，应用范围广。

维生素 C 丙二醇透明质酸酯的应用范围：配制具有防晒、保湿、补充皮肤营养、抗炎、抗氧化、祛皱、抗老化和皮肤修护等功能化妆品；化妆品的剂型包括水溶液、乳液、精华、凝胶、粉底、膏霜和面膜；化妆品的应用范围包括头部洗护、面部洗护和身体洗护等。

原液浓度：5000mg/kg 添加量为 2%~20%。粉末建议添加量为 0.01%~0.1%。

注意事项：使用时应尽量避免接触强酸、强碱、强氧化剂。干燥环境热稳定性可达 90℃，但应避免在水相中长时间加热。

储存条件：2~8℃，避光。保质期：2 年。

二、乙酰化透明质酸钠

乙酰化透明质酸钠，别称乙酰化玻尿酸，INCI 名称为 Sodium Acetylated Hyaluronate，英文简称 AcHA，CAS 号为 158254-23-0。乙酰化透明质酸钠由天然保湿因子透明质酸钠（HA）经乙酰化反应得到。乙酰化透明质酸钠是透明质酸钠的衍生物，乙酰基的引入，使乙酰化透明质酸钠兼具亲水性和亲脂性，可发挥双倍保湿、修护角质层屏障、提高皮肤弹性等生物活性，从而改善肌肤干燥、粗糙状态，令肌肤柔软有弹力。乙酰化透明质酸钠具有以下特点。

（1）高"吸"肤性　乙酰化透明质酸钠具有极好的皮肤亲和性，即使经过冲洗，也可牢牢吸附在肌肤上，发挥持久保湿、柔肤等功效。

（2）双倍保湿力　乙酰化透明质酸钠是特色的透明质酸-衍生物，由于其两亲性质，易于使用，高柔软度角质层，并提供高保水能力（比常规透明质酸钠高2倍以上）。同时，乙酰化透明质酸钠可短时间内快速结合水分，提高皮肤水分含量，使肌肤持续水润12h。

（3）修复皮肤屏障　乙酰化透明质酸钠不仅能促进表皮细胞增殖，还能修复受损的表皮细胞，增强表皮角质层屏障功能，提高肌肤的自然抵御能力，高效减少皮肤内部水分蒸发，改善皮肤粗糙、干燥状态，增加皮肤弹性。

（4）安全性高、性质温和、持久保湿且适用群体广泛　乙酰化透明质酸钠在化妆品、护肤品里主要作用是保湿剂，由于此产品的风险系数较小，可适用于孕妇等特殊人群。

（一）化学结构及性状

乙酰化透明质酸钠由 D-葡糖醛酸及 N-乙酰葡糖胺组成，糖分子上羟基被乙酰化。

R=乙酰基或H

乙酰化透明质酸钠

乙酰化透明质酸钠为白色至淡黄色颗粒或粉末，糠醛酸显色反应显紫红色，红外光谱在 3440cm^{-1}，1740cm^{-1}，1620cm^{-1}，1375cm^{-1}，1250cm^{-1} 和 1050cm^{-1} 附近有吸收，钠盐的火焰鉴别反应为正反应，溶液外观为澄明液体，pH（0.1%）为 5.0~7.0，干燥失重不得过 10.0%，特性黏数为 0.50~2.80dL/g，乙酰基含量为 23.0%~29.0%，堆积密度应不低于 0.25g/cm^3，炽灼残渣为 11.0%~16.0%。每 100g 黑点不得超过 5 个，氮含量为 2.0%~3.0%，乙酸应小于 1.0%。

（二）生物学功能

1. 抗老化活性的研究

在皮肤中，透明质酸会在透明质酸酶的作用下降解，而皮肤中透明质酸酶的含量会随着年龄的增长而增加。因此，随着年龄的增长，皮肤中的透明质酸会加速降解，从而导致皮肤水分的流失以及皱纹的产生。

相较于透明质酸钠，乙酰化透明质酸钠对皮肤有更高的渗透性。用相同相对分子质量的透明质酸钠以及乙酰化透明质酸钠做皮肤渗透试验，不做任何处理的皮肤作为空白组，8h后，经拉曼光谱分析，透明质酸钠相对于不做任何处理的空白组可以提高皮肤的渗透性，但效果不如乙酰化透明质酸钠。

此外，乙酰化透明质酸钠可以限制透明质酸酶活性位点的接入，因此乙酰化透明质酸钠相对于透明质酸钠更难被降解。将相同相对分子质量的2%乙酰化透明质酸钠和非乙酰化透明质酸钠与透明质酸酶在55℃下反应16h，检测透明质酸钠和乙酰化透明质酸钠相对分子质量，对照未经过酶催化的相对分子质量，如图7-10所示。

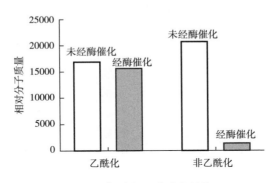

图7-10 相对分子质量降解情况

未经过乙酰化修饰的透明质酸钠在透明质酸酶的作用下，相对分子质量下降约92%，而经过乙酰化修饰的透明质酸钠相对分子质量仅降低了约7%。

因此，实验表明乙酰化修饰的透明质酸钠不仅比普通透明质酸钠更容易穿透皮肤屏障，发挥其活性，而且可以有效降低皮肤中透明质酸酶对其的降解，从而达到更长久的保湿、抗老化效果。

2. 皮肤亲和性

乙酰化透明质酸钠具有极好的皮肤亲和性，即使经过冲洗，也可牢牢吸附在肌肤上，发挥持久保湿、柔肤等功效。

采用不同浓度乙酰化透明质酸钠/透明质酸钠水溶液涂抹皮肤，冲洗后检测皮肤吸附率。0.05% 乙酰化透明质酸钠组的吸附率达 35.42%，而透明质酸钠对照组为 5.32%；0.1% 乙酰化透明质酸钠组的吸附率达 64.77%，而透明质酸钠对照组为 8.29%。

3. 高度保湿力

乙酰化透明质酸钠在角质层中的水分结合能力是普通透明质酸钠的 2 倍，表明乙酰基可使乙酰化透明质酸钠长时间吸附在皮肤上，发挥双倍的保湿能力。

涂抹 2h 后，乙酰化透明质酸钠组的皮肤含水量快速提高 103.4%，而透明质酸钠对照组提高 65.3%，空白对照组提高 29.6%。

乙酰化透明质酸钠提高皮肤含水量的作用可持续 12h。乙酰化透明质酸钠可牢牢吸附于皮肤，短时间内快速结合水分，提高皮肤水分含量，持久保湿。

经过乙酰化透明质酸钠增加皮肤弹性试验表明，连续使用 0.1% 乙酰化透明质酸钠面霜 4 周后，志愿者的皮肤弹性显著增加 22.8%，肌肤饱满丰盈。

4. 促进表皮细胞增殖

乙酰化透明质酸钠可促进表皮细胞增殖，修复受损的表皮细胞，从而增强角质层屏障功能，提高肌肤的自然抵御能力，如图 7-11 所示。

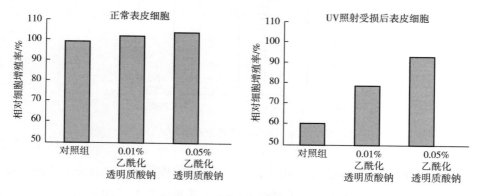

图 7-11　表皮细胞增殖率

5. 降低皮肤水分流失量

乙酰化透明质酸钠可增强角质层屏障功能，有效减少皮肤内部水分蒸发，改善皮肤粗糙、干燥状态。涂抹 2h 后，乙酰化透明质酸钠组的皮肤水分流失量降低 40.5%，而透明质酸钠对照组降低 26.9%，空白对照组降低 12.6%；乙酰化透明质酸钠降低皮肤水分流失量的作用可持续 12h。

透明质酸钠的乙酰化保护透明质酸钠不被透明质酸酶降解，从而更好更深的穿透皮肤层，相较于透明质酸钠能更高效持久保湿、软化角质层改善皮肤粗糙状况等，肤感清爽不黏腻，可广泛应用于乳液、面膜、精华等化妆品。

推荐添加量：0.01%～0.1%。

使用方法：易溶于水，可直接添加于水相；肤感清爽不黏腻。

应用范围：应用于精华、面膜、膏霜、乳液等化妆品。

三、全反式维甲酸透明质酸酯

功能型化妆品的研制已成为当今化妆品行业开发的主题，其中添加的生物活性成分对细胞的生长和代谢具有重要的调控作用。在众多功能性原料中，"抗老化"和"祛痘"始终是护肤界的热门话题，消费者和品牌都在探索心中"真命成分"来改变和抵抗皮肤老化和痘痘的噩梦。

近年来，视黄醇作为一种明星功能成分被运用在各大品牌的护肤品中。但视黄醇性质极不稳定，接触阳光和空气就会变质、失去活性，因此对化妆品生产厂家的技术要求非常高，严重限制了其开发与应用，研究人员迫切寻找可替代的产品。视黄酸（又称维甲酸）与视黄醇同属维生素 A 族，化学结构极为相似。1971 年，美国食品与药物管理局（FDA）便认证通过了一系列旨在治疗诸如痤疮等皮肤问题的外用及口服类视黄酸（维甲酸）药物，科学家很快发现维甲酸同样具有抗肌肤老化的特性，如可提亮肤色、缓解细纹及皱纹等。但高浓度的维甲酸降解产物具有较高的刺激性，容易对皮肤造成损伤，出现红斑、灼烧、瘙痒等现象。

全反式维甲酸透明质酸酯的 INCI 名称为 Sodium Retinoyl Hyaluronate，可以大大降低维甲酸的刺激性。它是将亲脂的维甲酸链修饰到低分子透明质酸骨架上，这种结构可以在溶液中自组装成核-壳结构的胶束，提高了其水溶性及稳定性。该衍生物能够高效地穿透表皮和真皮层，在体液的作用下结构中的酯键和醚键打开，实现对全反式维甲酸和低分子透明质酸或乙酰透明质酸在真皮层的有效释放，从而降低使用中维甲酸出现的皮肤刺激的可能性，更好的发挥抗炎、抗老化的作用。全反式维甲酸低分子透明质酸酯结合了低分子透明质酸优异的透皮吸收特性和全反式维甲酸的功能活性，具有更好的光保护作用。通过减少促炎细胞因子如白细胞介素-6和白细胞介素-8 的生成，有效减轻紫外线诱导的皮肤炎症；增加细胞更新速率，刺激胶原蛋白和纤连蛋白的合成，增加皮肤弹性，改善纹理，减少毛孔（包括数量和大小），可渗透到皮肤深处，改善皮肤弹性和质地，达到抗皱和保湿性的功效；不刺激皮肤，减少红斑，推荐用于日霜、眼霜、晚霜、乳液、面膜和精华液。该原料的化妆品已在国外人群中使用多年，无专利侵权和产品安全性问题。

（一）化学结构及性状

全反式维甲酸低分子透明质酸酯

全反式维甲酸低分子透明质酸酯为黄色粉末，1g/L 水溶液（25±0.5）℃的 pH 为 5.0~7.0，在水中微溶，在乙醇和甲醇中不溶，在乙醚、甲基叔丁醚和正己烷中几乎不溶，黏度不高于 1.0dL/g，相对分子质量不大于 $1×10^4$，干燥失重不超过 15.0%，0.1%时有丁达尔效应，糖醛酸显色反应显正反应，乙醇残留不超过 1.0%，维甲酸当量不低于 1.0%，炽灼残渣不超过 20.0%，游离维甲酸符合化妆品中使用限度。

（二）影响因素考察

1. 稳定性研究

通过化学改性的方法设计合成了两种维甲酸透明质酸衍生物。以低分子透明质酸为原料合成了全反式维甲酸低分子透明质酸酯，以乙酰化透明质酸钠为原料合成了全反式维甲酸低分子乙酰透明质酸酯，并对这两种衍生物进行光、热的稳定性实验，与全反式维甲酸进行比较，结果显示两种衍生物的稳定性显著优于全反式维甲酸的稳定性。

（1）强光稳定性试验　将全反式维甲酸及两种衍生物同时置于试验箱中，在照度为3000lx的条件下放置8天。取样检测（紫外-可见分光光度法）全反式维甲酸含量的下降程度以及两种衍生物中全反式维甲酸含量的下降程度，结果如表7-8所示。

表7-8　　　　　　　　　强光稳定性试验

光稳定性	下降为初始的百分含量/%				
	0 天	2 天	4 天	6 天	8 天
全反式维甲酸	99.6	73.2	60.7	50.2	41.7
全反式维甲酸低分子乙酰透明质酸酯	99.4	97.1	96.3	96.1	95.2
全反式维甲酸低分子透明质酸酯	99.5	97.0	96.1	96.2	95.1

（2）热稳定性试验　将全反式维甲酸及两种衍生物同时置于避光真空干燥箱中，40~45℃放置8天。取样检测（紫外-可见分光光度法）全反式维甲酸含量的下降程度以及两种衍生物中全反式维甲酸含量的下降程度，结果如表7-9所示。

表7-9　　　　　　　　40~45℃热稳定性试验

40~45℃热稳定性	下降为初始的含量/%				
	0 天	2 天	4 天	6 天	8 天
全反式维甲酸	99.6	78.1	68.6	59.3	55.2
全反式维甲酸低分子乙酰透明质酸酯	99.4	99.1	98.4	97.9	97.2
全反式维甲酸低分子透明质酸酯	99.5	99.0	98.1	97.5	97.1

将全反式维甲酸及两种衍生物同时置于避光真空干燥箱中，60~65℃放置8天。取样检测（紫外-可见分光光度法）全反式维甲酸含量的下降程度以及两种衍生物中全反式维甲酸含量的下降程度，结果如表7-10所示。

通过以上稳定性试验对比，全反式维甲酸低分子透明质酸酯衍生物及全反式维甲酸低分子乙酰透明质酸酯衍生物均具有较高的光、热环境稳定性，且均远优于全反式维甲酸。

表 7-10   60~65℃热稳定性试验

60~65℃热稳定性	下降为初始的含量/%				
	0 天	2 天	4 天	6 天	8 天
全反式维甲酸	99.6	75.3	61.2	51.3	40.8
全反式维甲酸低分子乙酰透明质酸酯	99.4	96.8	96.9	95.9	94.9
全反式维甲酸低分子透明质酸酯	99.5	96.4	96.3	95.8	94.7

2. 水溶性研究

将全反式维甲酸低分子乙酰透明质酸酯和全反式维甲酸低分子透明质酸酯以 4mg/mL 的浓度分别溶解于纯化水中，全反式维甲酸作对照。在相同浓度下全反式维甲酸几乎不溶于水，其溶液为不透明状态，而全反式维甲酸低分子乙酰透明质酸酯和全反式维甲酸低分子透明质酸酯均完全溶于水，形成稳定胶体（图 7-12），水溶性显著改善。

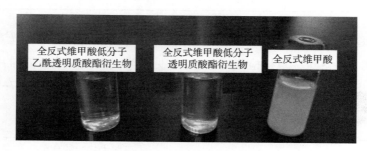

图 7-12　水溶性试验

（三）生物学功能

全反式维甲酸低分子透明质酸酯及其衍生物通过一个柔性 Linker 相连，反应位点明确，产品质量易控制，稳定性有保证。同时增强了其功效和使用效果：维甲酸和低分子透明质酸通过酯键键合，增加其稳定性和吸收性的同时，由于体液中存在的酯酶作用，将酯键打开，使维甲酸和小分子透明质酸稳定的传递至皮肤，发挥其功效；透明质酸继续发挥保湿的作用，维甲酸将渗透至真皮起到促进胶原蛋白生成，抗氧化，紧致肌肤的效果。该原料也解决了功能型化妆品中的维甲酸稳定性差、刺激性强、水溶性差等缺点，具有良好的稳定性、水溶性、很低或几乎没有皮肤刺激性，能够高效的穿透表皮和真皮，更好的发挥抗炎、抗老化的作用。

根据产品最终确定的工艺路线和工艺参数以及工艺验证及稳定性考察结果，采用相同的生产工艺及拟定的市售包装形式，产品工艺及质量稳定可靠，可以满足生产及质量要求，确定产品内包装为双层药用低密度聚乙烯无菌袋，外包装为包装用复合膜，产品复验期为 24 个月。

1. 光保护作用及抗炎效果

白细胞介素-8 和白细胞介素-6 浓度随辐射时间变化数据见表 7-11 和表 7-12。

表 7-11　　　　　白细胞介素-8 浓度随辐射时间变化数据

时间点/h	不同实验组 UVB 辐射（300J/m²）白细胞介素-8 浓度/（pg/mL）						
	低分子透明质酸钠	全反式维甲酸	低分子透明质酸钠与全反式维甲酸	全反式维甲酸低分子透明质酸酯	全反式维甲酸乙酰透明质酸酯	全反式维甲酸高分子透明质酸酯	空白组
2	590.40	488.38	474.82	314.32	343.31	412.32	639.66
8	521.63	428.71	412.13	278.94	299.46	381.44	649.83
12	500.33	399.54	353.38	156.97	205.78	272.79	657.79
12h 变化率	−15.26%	−18.19%	−25.58%	−50.06%	−40.06%	−33.84%	2.83%

表 7-12　　　　　白细胞介素-6 浓度随辐射时间变化数据

时间点/h	不同实验组 UVB 辐射（300J/m²）白细胞介素-6 浓度/（pg/mL）						
	低分子透明质酸钠	全反式维甲酸	低分子透明质酸钠与全反式维甲酸	全反式维甲酸低分子透明质酸酯	全反式维甲酸乙酰透明质酸酯	全反式维甲酸高分子透明质酸酯	空白组
2	623.76	523.96	503.10	343.46	389.89	437.06	668.46
8	601.32	493.67	442.63	248.76	304.23	347.21	675.16
12	586.44	425.79	395.36	189.45	224.12	300.13	689.55
12h 变化率	−5.98%	−18.74%	−21.42%	−44.84%	−42.52%	−31.33%	3.16%

结合表 7-11 和表 7-12 可知，不添加功能成分的空白组对白细胞介素-8 和白细胞介素-6 两种炎症因子的表达不仅没有表现出抑制作用，其表达量反而升高。添加了低分子透明质酸、全反式维甲酸、低分子透明质酸和全反式维甲酸简单混合物的实验组均表现出对白细胞介素-8 和白细胞介素-6 两种炎症因子表达的抑制，但抑制效果不明显。添加了全反式维甲酸透明质酸酯及其衍生物的实验组对白细胞

介素-8 和白细胞介素-6 两种炎症因子的表达均表现出明显的抑制作用，这说明全反式维甲酸透明质酸酯及其衍生物具有更好的光保护作用，能够有效减轻紫外线诱导的皮肤炎症。

2. 抗老化活性及促进胶原蛋白再生效果

Ⅰ型胶原蛋白的合成情况见表 7-13。

表 7-13　　　　　　　　　　Ⅰ型胶原蛋白的合成情况

被测试物质	Ⅰ型胶原蛋白的合成/%
低分子透明质酸钠	102
全反式维甲酸	107
低分子透明质酸钠与全反式维甲酸	110
全反式维甲酸低分子透明质酸酯	136
全反式维甲酸乙酰透明质酸酯	127
全反式维甲酸高分子透明质酸酯	117
空白组	100

由表 7-13 可知，相较于空白组，其余各实验组均能够促进Ⅰ型胶原蛋白的合成，但是仅添加低分子透明质酸钠或维甲酸及二者的简单混合物的受试品促进效果不明显，添加了全反式维甲酸透明质酸酯及其衍生物的全反式维甲酸低分子透明质酸酯和全反式维甲酸乙酰透明质酸酯促进效果特别显著，Ⅰ型胶原蛋白的合成明显增多。

3. 祛皱效果

不同物质祛皱效果对比见表 7-14。

表 7-14　　　　　　　　　　祛皱效果对比表

时间/周	皮肤皱纹面积减少量/%						
	低分子透明质酸钠	全反式维甲酸	低分子透明质酸钠与全反式维甲酸	全反式维甲酸低分子透明质酸酯	全反式维甲酸乙酰透明质酸酯	全反式维甲酸高分子透明质酸酯	空白组
1	1.36	5.77	9.56	13.36	11.75	10.05	0.35
2	3.67	8.93	12.33	22.71	19.44	17.23	0.14
3	6.23	9.25	16.78	33.39	26.97	21.34	0.13
4	9.66	12.49	21.46	45.48	39.76	30.69	0.13

由表 7-14 可知，涂抹空白凝胶的皮肤，皱纹面积几乎没有变化，证明人体脸部皮肤皱纹在不添加去皱产品的时候，其自身皱纹形成后不会自行消失；仅添加透明质酸或维甲酸及二者的简单混合物的受试品对皱纹祛除的作用不明显，添加了全反式维甲酸透明质酸酯及其衍生物的样品祛皱效果显著。

综上所述，全反式维甲酸透明质酸酯及其衍生物是一种有效的功能性化妆品添加成分，它可以起到消除皮肤炎症、促进皮肤胶原蛋白的产生、减少皱纹、使皮肤焕活年轻的功效。

（四）产品亮点

全反式维甲酸透明质酸酯衍生物创造性攻克了维甲酸在护肤品制造和保存过程不稳定的难题，具有复合型活性、产品功效强和功效持续时间久的特点，它的使用效果优于透明质酸钠或全反式维甲酸单独使用的效果，同时也优于透明质酸钠和全反式维甲酸联合使用的效果。

全反式维甲酸酯衍生物的合成解决了全反式维甲酸结构不稳定、渗透性差、刺激性强、易变黄等缺点，解决了功能型化妆品中的低分子透明质酸酯和全反式维甲酸需分别添加、易受环境影响而失活和作用时间短、全反式维甲酸衍生物活性降低等技术问题。全反式维甲酸透明质酸酯衍生物能够增强功能型化妆品的使用效果，提高用户的使用满意度，可应用范围广。

全反式维甲酸透明质酸酯衍生物的应用范围：配制具有防晒、保湿、补充皮肤营养、抗炎、抗氧化、祛皱、抗老化和皮肤修护等功能化妆品；化妆品的剂型包括水溶液、乳液、精华、凝胶、粉底、膏霜和面膜；化妆品的应用范围包括头部洗护、面部洗护和身体洗护等。

添加量：0.01%~0.1%。

注意事项：使用时应尽量避免接触强酸、强碱、强氧化剂，避免长时间加热，与阳离子物质、表面活性剂或者聚合物（如聚季铵盐-4 等）不兼容。

储存条件：2~8℃，避光保质期：2 年。

四、低分子透明质酸锌

低分子透明质酸锌的 INCI 名称为 Zinc Hydrolyzed Hyaluronate。透明质酸（Hyaluronic Acid，HA），又名玻尿酸，是一种高分子的酸性黏多糖，是由 N-乙酰葡萄糖胺和葡糖醛酸通过 β-1,4-糖苷键和 β-1,3-糖苷键反复交替连接而成的一种直链多糖，属于高分子聚合物。在透明质酸分子中，β-D-葡糖醛酸（GlcA）与 β-D-N-乙酰氨基葡萄糖（GlcNAc）以 β-1,3-键相连形成双糖单位，GlcNAc 再通过 β-1,4-键与下一个双糖单位中的 GlcA 相连。透明质酸广泛分布于动物的结缔组织中，但不同来源的透明质酸化学结构完全相同，仅存在相对分子质量的差异，没有种属特异性。大分子透明质酸应用于化妆品中的作用主要表现在外部保湿，难以渗透到皮肤内部，无法进行皮肤内在的营养和修护，低分子透明质酸易于穿透细胞膜到达真皮层并重新构建大分子穿透皮肤表层，黏度低，使用性能大大增强，且表现出普通透明质酸所不具备的特殊功能，如促进血管形成、促进创伤愈合、祛皱增强、抗炎、抗肿瘤、免疫调节等生物活性。由于透明质酸是人体固有的成分，无抗原性、无过敏反应、安全性高，具有良好的生物相容性。低分子透明质酸锌是低分子透明质酸的锌盐（LMWHA-Zn），是低分子透明质酸和锌两者的完美结合，兼具低分子透明质酸和锌两者的功效特点，不仅具有透明质酸钠的保湿、紧致、营养肌肤的功效，同时具有锌的抗炎、促进伤口愈合、抑菌和抗氧化等作用。

（一）化学结构及性状

低分子透明质酸锌

低分子透明质酸锌为类白色粉末，1g/L 水溶液（25±0.5）℃的 pH 为 5.0~7.0，在水中溶解，在二甲基亚砜中略溶，在乙醇和甲醇中微溶，在乙醚、甲基叔丁醚和正己烷中几乎不溶，干燥失重不超过 10.0%，相对分子质量不大于 1×10^4，透过率（0.5%，550nm）不低于 98.0%，锌含量不低于 5.0%，炽灼残渣不超过 20.0%。

（二）毒理学研究

在 HaCaT 细胞中通过 MTT 检测法对比低分子透明质酸锌和氯化锌的细胞毒性。在锌元素的质量浓度一致的情况下，氯化锌的最大无毒剂量低于低分子透明质酸锌，根据曲线以锌元素质量浓度计算 IC_{50} 值，得出低分子透明质酸锌和氯化锌的 IC_{50} 分别为 35.4796μg/mL 和 13.6102μg/mL，说明低分子透明质酸锌具有更高的安全使用剂量。同时，检测了低分子透明质酸锌在 SZ95 细胞中的细胞毒性。低分子透明质酸锌在质量浓度为 1mg/mL 时对人皮脂腺细胞（SZ95 细胞）具有一定的毒性，在质量浓度 ≤0.25mg/mL 时，无细胞毒性。

（三）生物学功能

锌离子可以调整内皮细胞与血管生成相关的一些功能。在溶液中，锌离子可以刺激内皮细胞的增殖，促进受伤单层细胞的修复。锌是 70 多种酶的辅助因子，其中一些酶参与伤口愈合的生物过程。实验表明，愈合时肉芽形成以及上皮再形成过程中，锌的消耗量增加。研究证明，眼部组织中的锌含量在人体中最高，可超过 21.86μmol/g 眼组织干重，而人眼中又以视网膜、脉络膜等组织中锌含量最高，人眼组织中锌含量与眼健康密切相关。视网膜脱落的发病机理与微量元素锌有关，补充锌制剂，具有防止视网膜脱落的作用。透明质酸可以参与很多与伤口愈合有关的过程，如吞噬作用，上皮及内皮细胞的增殖，成纤维细胞活化、迁移以及增殖。锌可以调整内皮细胞与血管生成相关的一些功能。溶液中，锌离子可以刺激内皮细胞的增殖，促进受损细胞的修复。实验表明，愈合时肉芽形成以及上皮再形成过程中，锌的消耗量增加。因此，低分子透明质酸锌复合物除了具有低分子透明质酸的优良性能外，还具有其他生理功能。

1. 抗微生物作用

低分子透明质酸锌作为活性成分的药物组合物具有抗微生物作用，对需氧和厌氧菌如金黄色葡萄球菌、链球菌、绿脓杆菌、沙门氏菌、大肠杆菌和幽门螺杆菌有十分明显的抗菌作用，浓度为 0.5% 时，防腐试验结果最终达到美国药典-35<51>（USP-35<51>）的要求。

低分子透明质酸锌可以用于治疗细菌和真菌感染。眼科手术时，既可以起到润滑作用，同时还能作为局部抗菌剂使用，抑制与眼科感染有关的金黄色葡萄球菌、绿脓杆菌等，较透明质酸钠更有优势。

2. 预防和治疗消化性溃疡

因低分子透明质酸锌具有黏性，能在创口表面形成保护膜，修复创面组织，促进伤口愈合。低分子透明质酸锌对胃、肠具有保护功能和抗消化性溃疡的作用，其剂型为溶液、片剂或胶囊。低分子透明质酸锌对肠、胃的保护效果好于硫酸铝，可预防、治疗幽门螺杆菌诱导的胃溃疡、十二指肠溃疡及其他消化道溃疡，并具有防止溃疡愈合后再感染的功能。其不与胃黏膜发生不可逆黏着，且对肠蠕动无任何影响。

低分子透明质酸锌还可以用于治疗糖尿病足，促进溃疡愈合，是糖尿病足溃疡综合治疗的一种重要药物成分。对口腔溃疡，可用膜剂，贴在口腔创面上，兼具吸收溃疡组织分泌物和修复创面组织的功能。

3. 抗氧化以及对抗氧化损伤

研究表明，低分子透明质酸锌复合物在抗氧化过程中具有清除作用，而单纯的氯化锌没有此类作用。与透明质酸钠相比，低分子透明质酸锌可以抵抗 ONOO—的降解作用，同时对活性氧诱导的特殊抗氧化过程也有对抗作用，还可以控制自由基产生的过程，在保持透明质酸的流变学特性以及清除自由基方面都将具有非常重要的应用。

4. 抗痤疮功效

低分子透明质酸锌抑制花生四烯酸诱导的 SZ95 细胞分泌皮脂的作用。痤疮发病的最显著特征之一是皮脂过度产生。0.2mg/mL 和 0.225mg/mL 的低分子透明质酸锌均能显著抑制花生四烯酸诱导的 SZ95 细胞内的油脂生成。通过油红染色观察胞内的脂滴产生情况，在低分子透明质酸锌处理后，SZ95 细胞内脂滴变小，说明低分子透明质酸锌可以减少皮脂腺细胞的终末分化，抑制其油脂的释放。

低分子透明质酸锌对痤疮丙酸杆菌和糠秕马拉色菌具有抑制作用。皮肤上寄生着数百种微生物，形成不同的群落，当正常菌群受到干扰或宿主免疫防御减弱时，机会性微生物可能会引发或加重某些皮肤病，痤疮丙酸杆菌是引起痤疮的病原菌之一。痤疮丙酸杆菌通过影响皮脂腺的活性，导致粉刺的形成并引发宿主的免疫反应进而形成痤疮。马拉色菌被认为是引起痤疮的另一种致病菌。研究表明，在使用抗真菌药物后，患者的痤疮明显减少。因此，马拉色菌可能是难治性痤疮产生的主要原因之一。糠秕马拉色菌在痤疮，尤其是丘疹脓疱型痤疮皮损中有较高的感染率。

体外抑菌实验结果显示，5mg/mL 的低分子透明质酸锌对痤疮丙酸杆菌（*Propionibacterium acnes*）和糠秕马拉色菌（*Malassezia furfur*）具有明显的抑制作用。

低分子透明质酸锌具有增加 HaCaT 中透明质酸合成酶 2（HAS2）和水通道蛋白 3（AQP3）含量的作用。在分泌正常的情况下，油脂的主要作用是覆盖在皮肤表面以防止皮肤水分散失。而大多数的抗痤疮的药物其作用机制为抑制皮脂腺的功能而减少油脂的分泌，因此它们通常会导致皮肤干燥。

使用细胞免疫荧光实验来检测低分子透明质酸锌处理后 HaCaT 细胞中保湿相关的标志物水通道蛋白 3 和透明质酸合成酶 2 的表达。

内源性透明质酸是表皮层中最主要的糖胺聚糖，它是表皮层中主要结合水分、储存水分的物质。

内源性透明质酸的含量增加可以侧面反映表皮层水合能力的增加。透明质酸合成酶参与大片段的透明质酸合成。同时，由于表皮层没有毛细血管，水分及营养物质的运输主要依赖于一些细胞膜表面的受体。水通道蛋白，是表皮细胞运送水分的细胞膜表面受体。因此，检测以上两个标志物在 HaCaT 细胞中的表达，可以在一定程度上反映表皮的保湿能力。

在加入低分子透明质酸锌后，HaCaT 细胞中透明质酸合成酶和水通道蛋白的含量均显著上升，提示低分子透明质酸锌可以提升表皮的保湿能力。

低分子透明质酸锌相较于氯化锌而言，具有更高的安全使用剂量，且其水溶性较好。低分子透明质酸锌能抑制花生四烯酸诱导的皮脂腺的油脂生成，抑制痤疮丙酸杆菌和糠秕马拉色菌的生长，可能具有一定的控油、抗痤疮的作用。同时，低分子透明质酸锌能增加角质形成细胞中水通道蛋白 3 和透明质酸合成酶 2 的含量，可能具有促进表皮水合的作用。低分子透明质酸锌可以作为控油、抗痤疮的活性物添加于化妆品中。

推荐添加量：0.05% ~ 0.5%。

使用方法：易溶于水，可直接添加于水相。

应用范围：可添加在具有抑菌、祛痘、保湿和皮肤保护等功效的乳液、膏霜、精华、面膜、洗面奶、牙膏、漱口水和洗发水等产品中。

五、羟丙基三甲基氯化铵低分子透明质酸

羟丙基三甲基氯化铵低分子透明质酸的 INCI 名称为 Hydroxypropyltrimonium Hyaluronate，是一种阳离子化的透明质酸，阳离子修饰后的透明质酸带有正电，与人体毛发表面的负电荷相互吸引，可以很好地吸附在毛发表面，还对皮肤和发丝具有良好的吸附性和亲和性，不易被冲洗掉、能持久高效地发挥作用。人类的皮肤、毛发表面带有负电性，由于同为负电，未经修饰的透明质酸不易被人体的皮肤、毛发吸附，达不到好的效果。阳离子的引入，使透明质酸带有正电性，根据异电性相吸的原理，阳离子化后的透明质酸更容易被皮肤、毛发表面吸附。同时，低分子透明质酸具有良好的稳定性和缓释透皮效果，可应用于化妆品、药品以及食品领域。

大分子阳离子化透明质酸或其盐类由于其相对分子质量太大导致其只能在毛发或皮肤表皮吸附，不能够渗透进入毛发或皮肤内部，存在大分子阳离子化透明质酸容易被水冲洗掉造成其解吸的问题。另外，大分子阳离子化透明质酸或其盐类与化妆品中使用的其他各种成分相溶性低，存在配方受到限制的问题。低分子透明质酸虽具有优异的渗透性及保湿性能，但是由于本身结构原因导致其不能在毛发护理方面发挥作用。低分子阳离子化透明质酸/盐除了具有小分子透明质酸/盐的功效以外，因其特有的阳离子侧链具有强亲水性，赋予产品良好的吸附性和亲和性，应用于毛发改善产品和清洁类化妆品中，可以直接吸附在头发和皮肤表面，不易流失，从而持久发挥透明质酸的功效。其可作为洗护产品专属保湿剂，天然温和，适用于头发、头皮护理，显著增强头皮的水合保湿能力，滋润头皮，改善因头皮干涩所引起的瘙痒及头屑状况；产品具有优越的吸附性和高亲和性，耐冲洗，能持久高效的发挥保湿和滋养的作用；可显著降低表面活性剂对皮肤的刺激性，使肤感丝滑不黏腻。该产品的 CAS 号为 999999-97-1。

（一）化学结构及性状

羟丙基三甲基氯化铵低分子透明质酸

羟丙基三甲基氯化铵低分子透明质酸为类白色粉末，1g/L 水溶液（25±0.5）℃的 pH 为 5.0~8.0，在水中溶解，在二甲基亚砜中略溶，在乙醇和甲醇中微溶，在乙醚、甲基叔丁醚和正己烷中几乎不溶，干燥失重不超过 15.0%，阳离子化程度不小于 15.0%，相对分子质量不大于 1×10^4，蛋白质含量不超过 0.1%，炽灼残渣不超过 30.0%。

（二）生物学功能

羟丙基三甲基氯化铵透明质酸作为调理保湿剂，在冲洗的过程中比单独添加透明质酸更易驻留，表现出较高的亲和性。应用于洗去型产品中时，为透明质酸的功效发挥提供了更好的驻留条件（图7-13和图7-14）。

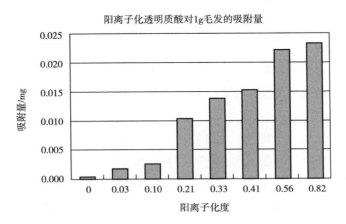

图 7-13　羟丙基三甲基氯化铵低分子透明质酸对 1g 毛发的吸附量

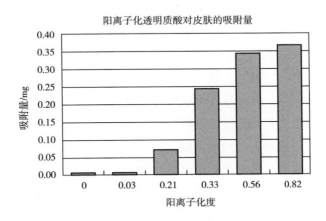

图 7-14　羟丙基三甲基氯化铵低分子透明质酸对皮肤的吸附量

产品适用范围为洗发护发产品如洗发水、洗发露、洗发香波、护发素、润发乳、发膜和头发护理剂等，清洁类化妆品如洗面奶、洁面膏、洁面泡沫、清洁皂、沐浴露等，护肤类产品如紫外线防护类、化妆水、护肤乳液、美容液和爽肤水等。

推荐添加量：0.01%～1.0%。

使用方法：易溶于水，可直接添加于水相。

六、米诺地尔透明质酸酰胺

米诺地尔透明质酸酰胺的 INCI 名称为 Minoxidil Hyaluronamide，通过化学合成的方法将米诺地尔和透明质酸通过酰胺键偶联，具有良好的水溶性和缓释透皮效果，具有固发防脱和生发的功能。解决了米诺地尔等二氨基嘧啶类氧化物类生发剂溶解度差、渗透性差、作用时间短、需要大剂量高频率使用并由此导致刺激性强等缺陷，还具备保湿性及对皮肤、发丝良好的吸附性和亲和性的优势。同时解决了功能型化妆品中的透明质酸类成分和二氨基嘧啶类氧化物需分别添加和作用时间短等技术问题。

近年来，脱发的发生比例呈上升趋势，且年轻化趋势越来越明显。脱发可以在任何年龄发病，当前针对脱发可供选择的有效成分极其有限，主要有中药成分和化学生发剂。目前虽然有很多的中药成分具有防脱发作用，如当归、人参、银杏叶、杜仲等，但以植物提取物作为原料生产的中药生发产品由于提取物成分稳定性差，有效物和含量并不确定，作用机理不明确，很难保证稳定疗效。治疗脱发常用的化学生发剂有米诺地尔、非那雄胺等，但这些物质的副作用明显：米诺地尔会导致头皮发干、头屑、头皮红斑、炎症、刺激等，并且会影响血压；非那雄胺具有男性激素活性抑制作用。

由于二氨基嘧啶类氧化物类的水溶性较差，在制备生发剂时通常需要加入大量的醇类物质增加溶解度。此外，使用该类产品时，需要保持头发干燥，避免药液通过头发进入脸部和颈部，导致这些部位的毛发异常增长。使用过程中，还会产生发痒干燥等不适感，这些都需要注意。同时，因为皮肤自身的屏障作用，这类生发剂透皮吸收效果较差，需要大剂量高浓度且多次反复使用。

为了改善这类生发剂的不足，已经有许多措施被公开，如以 β-环糊精基衍生物包合吡咯烷基二氨基嘧啶氧化物以提高吡咯烷基二氨基嘧啶氧化物在水中的溶解度，但这样获得的包合物的粒径较大，无法深入渗透至毛囊结构。又如应用纳米药物靶向载体制剂技术制备含有二氨基嘧啶氧化物和吡咯烷基二氨基嘧啶氧化物的纳米组合物，以改善透皮性，提高生物利用度，但是，这种纳米制剂的生产工艺烦琐，应用不方便。

（一）化学结构与理化性质

米诺地尔透明质酸酰胺

米诺地尔透明质酸酰胺为类白色粉末，1g/L 水溶液（25±0.5）℃的 pH 为 5.0~8.0。其在水中溶解，在二甲基亚砜中略溶，在乙醇和甲醇中微溶，在乙醚、甲基叔丁醚和正己烷中几乎不溶，干燥失重不超过 15.0%，米诺地尔当量应不低于 20.0%，相对分子质量不大于 $1×10^4$，蛋白质含量不超过 0.1%，炽灼残渣不超过 30.0%。

将 0.1g/mL 米诺地尔透明质酸酰胺溶于纯化水中，用 0.1g/mL 米诺地尔作对照，进行水溶性试验，结果表明，在相同浓度下米诺地尔几乎不溶于水，因此处于不透明状态，而米诺地尔透明质酸酰胺可完全溶于水。

（二）毒理学研究——体外细胞毒性实验及刺激性实验

根据 GB/T 16886.5—2017/ISO 10993—5：2009《医疗器械生物学评价　第5部分：体外细胞毒性试验》，对米诺地尔透明质酸酰胺进行体外细胞毒性实验（表 7-15），以验证生物相容性。选用 MTT 细胞毒性实验评价方法，选用 L929 细胞，10%二甲基亚砜溶液为阳性对照组，3%胎小牛血清培养基为阴性对照组，试验组为添加受测样品的 3%胎小牛血清培养基浸提液，在 37℃下振荡培养 24h。

实验结果如表 7-16 所示，米诺地尔透明质酸酰胺的体外细胞毒性为 1 级，说明米诺地尔透明质酸酰胺具有良好的生物相容性，不会产生毒性和造成毒性残留。

表 7-15　　　　　　　　　　　体外细胞毒性分级表

级别	0	1	2	3	4	5
相对增殖度/%	≥100	75~99	50~74	25~49	1~24	0

表 7-16　　　　　　　　　　　体外细胞毒性实验结果

样品	毒性级别	样品	毒性级别
米诺地尔透明质酸酰胺	1	阳性对照组	5

取 15 只健康家兔，体重 2kg 左右，随机分 3 组，每组 5 只，在实验前 24h 将家兔背部皮肤两侧去毛，去毛后 24h 检测去毛区域皮肤是否受伤，皮肤受伤家兔不适宜做皮肤刺激性实验，每天涂抹米诺地尔透明质酸酰胺及空白组的样品 3 次，连续涂抹 7 天，实验结果如表 7-17 所示。由表 7-17 可得，米诺地尔透明质酸酰胺对皮肤没有刺激性。

表 7-17　　　　　　　　　　皮肤刺激性实验结果

分组	时间/天							
	0	1	2	3	4	5	6	7
米诺地尔透明质酸酰胺	—	—	—	—	—	—	—	—
空白组	—	—	—	—	—	—	—	—

注："—" 表示家兔无皮肤红肿，发炎充血现象。

（三）生物学功能

1. 透皮实验

采用垂直式 Franz 扩散池法进行离体鼠皮的透皮实验，结果表明米诺地尔透明质酸酰胺具有良好的皮肤透过性及皮肤滞留能力。米诺地尔透明质酸酰胺单位面积累积透过量约为米诺地尔的 2.5 倍，透皮效果显著提升，添加低分子透明质酸钠可以增加米诺地尔的透皮性；米诺地尔透明质酸酰胺透皮 24h，其单位面积皮肤滞留量达 $11.5\mu g/cm^2$，而米诺地尔透皮 24h，其单位面积皮肤滞留量仅有 $3.6\mu g/cm^2$。米诺地尔难以穿透皮肤角质层，更无法作用于毛囊深层结构，故其生物利用度低，米诺地尔透明质酸酰胺可深入渗透至毛囊，直达靶点，并在毛囊中长时间滞留，缓释控释，显著提高其生物利用度，增强防脱、生发功效。

2. 生发活性测试

不同物质生发治疗效果对比见表7-18。

表7-18　　　　　　　　治疗效果对比表

分组	时间											
	1月			2月			3月			4月		
	显效	有效	无效	显效	有效	无效	显效	有效	无效	显效	有效	无效
低分子透明质酸钠	0	0	20	0	0	20	0	0	20	0	0	20
米诺地尔	6	5	9	10	5	5	11	6	3	11	8	1
米诺地尔和低分子透明质酸钠	7	6	7	10	6	4	11	7	2	12	3	5
米诺地尔透明质酸酰胺	13	5	2	16	4	0	17	3	0	19	1	0
空白组	0	0	20	0	0	20	0	0	20	0	0	20

由表7-18结果可知，低分子透明质酸钠及空白组无效，说明低分子透明质酸钠无固发防脱发的作用，也无法生发。米诺地尔和低分子透明质酸钠治疗脱发略优于米诺地尔，说明低分子透明质酸钠可以略微增强米诺地尔治疗脱发的作用。米诺地尔透明质酸酰胺的治疗效果显著高于单独的米诺地尔凝胶，同时也显著高于米诺地尔与低分子透明质酸钠混合凝胶，充分证明米诺地尔透明质酸酰胺的治疗脱发效果的显著提高，并不是米诺地尔与低分子透明质酸钠简单组合产生的，而是由于通过化学改性修饰从根本上赋予其更为优良的特性。

（四）产品亮点

米诺地尔透明质酸酰胺克服了米诺地尔溶解度差、渗透性差，大剂量高频率高浓度使用导致刺激性强的缺陷，具备了低分子透明质酸钠的功效，具有协同增效的防脱发效果，也解决了功能型化妆品中的透明质酸类成分和米诺地尔等二氨基嘧啶类氧化物需分别添加和作用时间短等技术问题，可增强功能型化妆品的使用效果，提高用户的使用满意度，应用范围广。

米诺地尔透明质酸酰胺的应用范围：剂型包括膏剂、搽剂、敷料、液体制剂等。所述化妆品的应用范围包括但不限于头部洗护保养、面部洗护保养和身体洗护保养等。米诺地尔透明质酸酰胺可用于配制具有防脱、生发、美须等毛发护理功能的化妆品。

推荐添加量：0.1%~5.0%。

使用方法：易溶于水，可直接添加于水相。

第三节 海洋生物多糖类在化妆品中的应用

一、角叉菜胶钠

角叉菜胶又称卡拉胶，广泛存在于海洋藻类植物中，如红藻、红舌藻、沙菜等，是由 α-D-半乳吡喃糖硫酸酯、脱水半乳糖和其他结构近似的衍生物组成的杂多糖。根据硫酸基的取代位置及含量不同，角叉菜胶可分为十多种，如 κ、λ 和 ι 等。由于角叉菜胶具有较高的相对分子质量，难以穿越身体的补铁屏障甚至是细胞膜，因而限制了其应用。但是，大量研究表明，具有一定相对分子质量的角叉菜胶降解产物仍然保持其良好的生物活性，如 κ-角叉菜胶五糖具有显著的提高免疫活性，κ-角叉菜胶六糖具有显著的抗肿瘤活性等。化妆品中应用的角叉菜胶是角叉菜胶的盐类，如角叉菜胶钠、角叉菜胶钙。

角叉菜胶钠的 INCI 名称为 Sodium Carrageenan，是由角叉菜属、麒麟菜属、衫藻属和沙菜属等红藻中提取的一类硫酸半乳糖聚糖钠盐，具有抗病毒、抗肿瘤等活性。角叉菜胶钠的 CAS 号为 9062-07-1。角叉菜胶钠（和角叉菜胶钙）已被纳入《已使用化妆品原料目录（2021 年版）》。部分人对角叉菜胶有过敏，但未见角叉菜胶盐外用不安全的报道。

1. 化学结构及性状

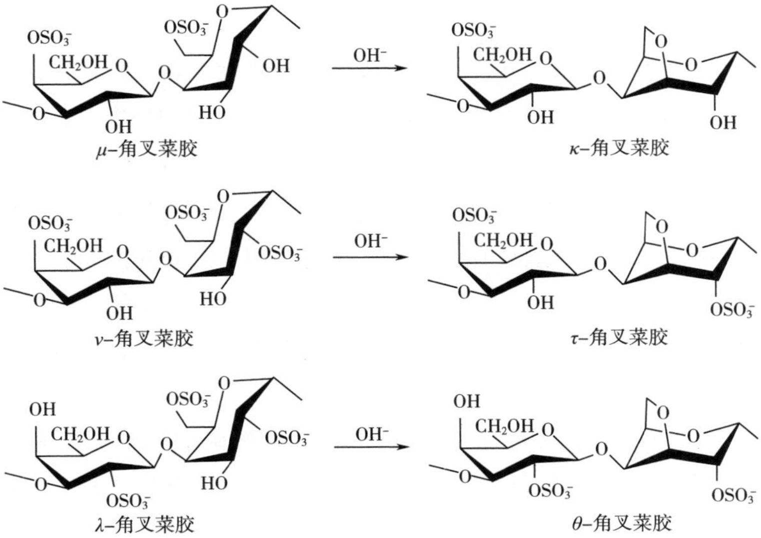

μ-角叉菜胶 →(OH⁻) κ-角叉菜胶

ν-角叉菜胶 →(OH⁻) τ-角叉菜胶

λ-角叉菜胶 →(OH⁻) θ-角叉菜胶

角叉菜胶

角叉菜胶为白色或淡黄色无定形粉末，相对分子质量在 100 万以上。在热水中，所有类型的角叉菜胶都能溶解；在冷水中，λ 型角叉菜胶溶解，而 κ 和 ι 型的角叉菜胶钠盐也能溶解，但 κ 型的钾盐只能吸水膨胀，不能溶解。角叉菜胶不溶于甲醇、乙醇、异丙醇和丙酮等有机溶剂，但可溶于多元醇化合物如甘油、聚乙二醇、山梨醇的水溶液，形成高黏度体系。这种胶体属于触变胶体，即在触变点前后，体系的黏度有很大的变化。

2. 生物学功能

研究表明，角叉菜胶钠具有多种生物活性，如抗病毒、抑菌、抗肿瘤、增强免疫、降血糖、抗菌、清除自由基等。

3. 化妆品中应用

由于角叉菜胶钠能提供黏稠的连续凝胶相而广泛用作助乳化剂，特别适用于液固分散体系和气液分散体系，前者可维持固体精细粉末在胶体中的稳定性，如牙膏和洗粉，后者可提高泡沫的稳定性，如剃须膏。添加角叉菜胶钠的日化用品手感柔滑但不油腻，易于漂洗，可直接以细粉形态或与甘油合用作为肤用品中的润湿剂；与洗涤剂和表面活性剂配合使用可减少它们对皮肤的伤害，避免皮肤的粗糙，有柔滑作用。角叉菜胶钠有良好的成膜性，在喷发胶中使用，毛发无僵硬感，梳理容易，保持力长。角叉菜胶与非离子表面活性剂结合，有助于提高发胶的保留能力。

二、海藻酸

海藻酸是一种天然多糖，在许多种类的海藻中都有分布，是从褐藻类的海带或马尾藻中提取碘和甘露醇之后的副产物。海藻酸分子结构依海藻的种类、生长环境、提取工艺等的不同而不同，但以 D-甘露糖醛酸和 L-古洛糖醛酸为结构单元，通过 β-1,4-糖苷键连接而成。海藻酸与钙离子接触可形成海藻酸钙凝胶，胶体稳定性非常高；海藻酸的硫酸酯具有很强的抗凝血作用。海藻酸因具有优良的生物相容性、生物可降解性，无毒性、稳定性和安全性，广泛应用于药物递送载体、创面修复中的医用敷料、介入治疗中的栓塞材料以及组织工程中的骨架材料和生物活性物质传递等方面。

海藻酸及其盐类（钠、钾、钙）和衍生物（藻酸硫酸酯钠）已被纳入《已使用化妆品原料目录（2021 年版）》中，其 INCI 名称分别为 Alginic Acid、Algin、Potassium Alginate、Calcium Alginate 和 Sodium Alginin Sulfate。海藻酸的 CAS 号为9005-32-7。

1. 化学结构及性状

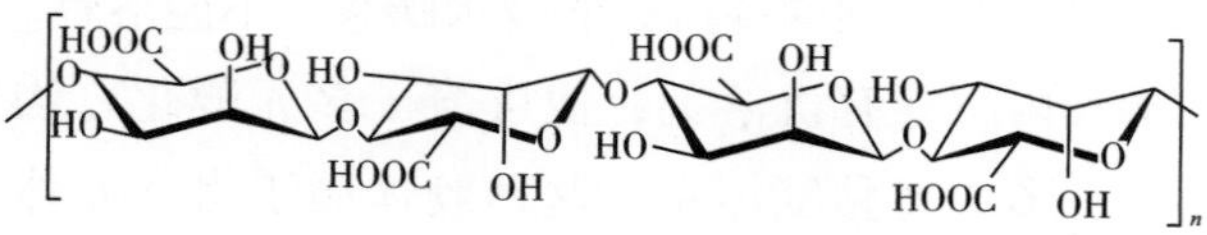

β-D-（1,4）-连接的聚甘露糖醛酸（PM）

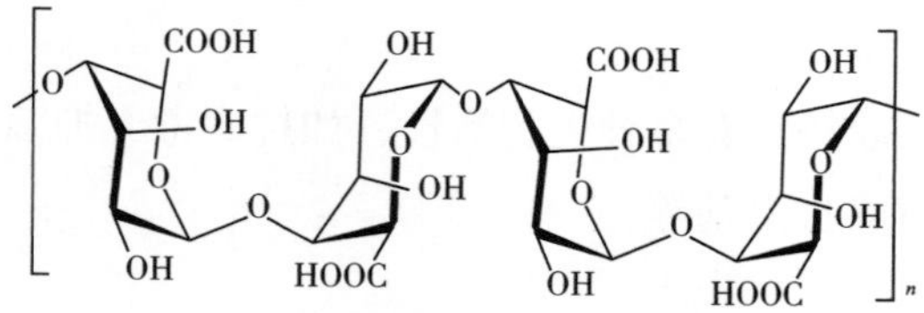

α-L-（1,4）-连接的聚古罗糖醛酸（PG）

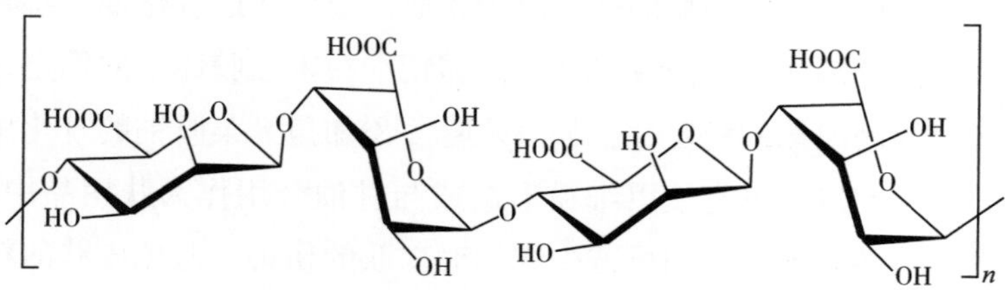

MG交替共聚片段

海藻酸的平均相对分子质量为 $2.4×10^5$，白色或淡黄色粉末，不溶于冷水和有机溶剂，微溶于热水，缓慢溶解于碱性溶液。海藻酸钠的水溶液对钙离子敏感，可形成凝胶甚至沉淀。

2. 化妆品中应用

海藻酸及其钠盐是常用的增稠剂和乳化剂，在烫发剂中加入海藻酸钠和果胶，再加入适量的钙离子，可将钙固定在毛发上，卷毛容易，烫发不伤发质，并可保湿；海藻酸及其衍生物均易凝胶化，可稳定乳状液。

三、壳聚糖

壳聚糖也称几丁质，是甲壳素脱去大部分（超过50%）乙酰基后所形成的产物，是 N-（乙酰或脱乙酰）-D-葡糖胺以 β-1-4 连接的同多糖。甲壳素是自然界第二丰富的多糖，主要存在甲壳动物虾、蟹和昆虫类的外骨骼以及植物细胞壁中。壳聚糖最突出的特性是其抗菌性能，还被现代科学称为继蛋白质、糖、脂肪、维生素和矿物质五大生命要素之后的第六大生命要素。

壳聚糖无毒，易被生物体吸收，在抗菌、抗肿瘤、血管修复等方面的应用取得了良好的成效。壳聚糖的衍生物——羟丙基壳聚糖、羧甲基壳聚糖等被收录于《已使用化妆品原料目录（2021年版）》，其 INCI 名称分别为 Hydroxypropyl Chitasan，Carboxymethyl Chitasan，CAS 号分别为 84069-44-3 和 83512-85-0，未见它们外用不安全的报道。

1. 化学结构及性状

羟丙基壳聚糖　　　　　羧甲基壳聚糖

壳聚糖是白色或淡黄色纤维状物质，不溶于水，但能溶于稀酸水溶液形成高黏度体系，并缓慢发生降解。壳聚糖是一种带正电荷的线型高分子多糖，其化学性质不活泼，不与体液发生反应，对组织无异物反应，具有无毒、耐高温消毒等特点。

壳聚糖的衍生物可弥补壳聚糖不溶于水的不足，如羟丙基壳聚糖、羧甲基壳聚糖等。

2. 化妆品中应用

壳聚糖及其衍生物对皮肤和头发有较好的亲和作用，其在化妆品中的应用正是利用了这一特性，它们可与头发的角质层结合成一层透明、均匀、致密的保护膜。壳聚糖及其衍生物具有良好的吸湿、保湿、调理、抑菌等功能，适用于润肤霜、沐浴露、洗面奶、摩丝、膏霜、乳液、凝胶化妆品等，其的保湿作用与透明质酸相近。壳聚糖及其衍生物对皮肤安全、无刺激。

第八章　脂质类化妆品活性物质

第一节　脂质类物质概述

一、脂质的概念

脂质（Lipid）是脂肪（Fat）、类脂（Lipoid）及其衍生物的总称。脂肪是甘油三酯，类脂的溶解性与脂肪类似，体内的类脂有磷脂、糖脂和类固醇（Steroid）等。脂质类物质的共同物理性质是不溶或微溶于水，易溶于某些有机溶剂，如乙醚、氯仿、丙酮等。

二、脂质的生物学功能

脂质的主要生物学功能有以下几个方面。

（1）提供能量　人体内氧化1g脂肪可释放38kJ的热能，而氧化1g糖或蛋白质只能释放17kJ的热能。

（2）保护和御寒作用　人和动物的脂肪具有润滑和保护内脏免受机械损伤的作用。此外，脂肪还具有绝热功能，可阻止体内热量的散发，起到御寒作用。

（3）为脂溶性物质提供溶剂　促进人及动物吸收脂溶性物质，如脂溶性维生素A、维生素D、维生素E和胡萝卜素等。

（4）提供必需脂肪酸　必需脂肪酸是人及动物正常生长所必需的，但本身不能合成，必须由食物供给。

（5）磷脂和糖脂是构成生物膜脂双层结构的基本物质和参加构成某些生物大分子化合物（如脂蛋白和脂多糖）的组分。

（6）脂质作为细胞表面的物质，参与细胞识别、免疫过程。有些脂质物质还具有维生素和激素的功能。

三、脂质在化妆品中的应用

油性原料在化妆品中用量较大，在常温下有液态、半固态和固态三种存在形式。通常情况下，把常温下呈液态的称为油，如橄榄油、杏仁油等；常温下呈半固态的称为脂，如矿物脂（即凡士林）、牛脂等；常温下呈固态的称为蜡，如蜂蜡、固体石蜡等。因此，也可把化妆品中的油性原料直接称为油脂蜡类原料。油性原料在化妆品中具有多种作用。

1. 屏障作用

油性原料能够在皮肤表面形成油膜屏障，防止外界不良因素对皮肤产生刺激，保护皮肤并能抑制皮肤水分蒸发而发挥保湿作用。如日常使用的保湿膏霜，涂抹后停留在皮肤表面的油性原料发挥的就是屏障作用。

2. 滋润作用

油性原料的滋润作用是人们最为熟悉的，不但能滋润皮肤，也能滋润毛发，并能赋予皮肤及毛发一定的弹性和光泽。如润肤的膏霜奶液、发乳、发油等产品中的油性原料主要发挥滋润作用。

3. 清洁作用

根据相似相溶的原理，油性原料可溶解皮肤上的油溶性污垢而使之更容易清洗，如卸妆油以及清洁霜中的油性原料。

4. 固化作用

固态的蜡类原料可赋予产品一定的外观状态，使产品倾向于固态化。如固态的唇膏类产品中使用了大量的蜡类原料，既可滋润口唇，赋予口唇光泽，又能赋予产品固态的外观形式。

另外，脂质中还有类脂。常用的类脂包括磷脂、萜类和甾体化合物。磷脂是优良的乳化剂，是脂质体的主要成分，脂质体是促进化妆品透皮吸收的关键物质；大多数萜类是从植物花、叶、果实等部位提取获得的一类挥发油，一般具有清凉、止痒、醒脑、防腐、驱虫、抗菌消炎等功能；甾体化合物结构差异大，其理化性质不尽相同，主要有乳化、消炎等功效。

第二节　脂质类在化妆品中的应用

一、植物性油脂

植物性油脂主要来自植物的果实、花、叶、根茎、种子等。在植物性油脂中除了甘油三酯外，还含有少量的磷脂、固醇和维生素等。植物性油脂容易被氧化，对于产品的储存有严格的控制。

1. 椰子油

椰子油的 INCI 名称为 Coconut Oil，其 CAS 号为 8001-31-8。椰子油由椰子得到，白色或淡黄色的半固体，具有椰子的香气，在空气中极易被氧化。它的熔点为 24~27℃，凝固点为 14~25℃，皂化值为 250~264mgKOH/g。

椰子油是制作香皂不可或缺的原料，同时也是许多表面活性剂的主要原料。由于椰子油含有短链脂肪酸，对皮肤略有刺激。椰子油在化妆品中也大量使用，对皮肤具有滋润、保湿的效果。

椰子油及其多个衍生物被列入《已使用化妆品原料目录（2021 年版）》，如椰油酰水解大豆蛋白钾、椰油酰水解大豆蛋白钠、椰油酰水解胶原钾、椰油酰水解小麦蛋白钠、椰油脂基 PG-二甲基氯化铵磷酸酯钠、椰油酰水解燕麦蛋白钾和椰子油 PEG-10 酯类等。

2. 橄榄油

橄榄油的 INCI 名称为 Olive Oil，CAS 号为 8001-25-0。橄榄油取自常绿树油橄榄的果实，为无色至黄绿色的透明液体，具有特有香味。橄榄油是脂肪酸甘油酯的混合物，主要成分为甘油三油酸酯，含高比例的非饱和脂肪酸。当温度低于 0℃ 时，橄榄油仍旧保持液体状态。由于橄榄油含亚油酸较少，较其他植物油脂不易氧化。

有 37 种橄榄油衍生物收录于《已使用化妆品原料目录（2021 年版）》中。如 PEG-10 橄榄油甘油酯类、PEG-4 橄榄油酸酯、PEG-30 二聚羟基硬脂酸酯、橄榄油 PEG-6 酯类等。

橄榄油对皮肤的渗透性较羊毛脂差，但比矿物油佳。橄榄油用于化妆品中，具有优良的润肤养肤作用。此外，橄榄油还有一定的防晒作用。在化妆品中，橄榄油是制造按摩油、发油、防晒油及口红等和 W/O 型香脂的重要原料。其含有天然维生素 E 及非皂化物成分，能维护肌肤的紧致与弹性，具有抗老和适度防紫外线的功能。橄榄油不会引起急性皮肤刺激，但由于橄榄油中油酸的含量较高，可能会引起过敏。

3. 霍霍巴油

霍霍巴油的 INCI 名称为 Jojoba Oil，CAS 号为 61789-91-1。霍霍巴油取自美洲沙漠地带的常绿小灌木霍霍巴的果实（籽），经分子蒸馏获得，为无色、无味透明液体。霍霍巴油中含 96% 以上的 34~50 碳蜡酯，另含少量游离醇、游离脂肪酸。霍霍巴油和其他植物油脂不同，它的主要成分不是甘油三酯，而是长链脂肪酸和长链脂肪醇组成的高级脂肪酸酯。因此，严格来说，它不是油脂，而是一种蜡。霍霍巴油具有化学性质稳定、不易氧化、耐热性良好的特点，其黏度随温度变化不大。

目前，已有 14 种霍霍巴油衍生物收录于《已使用化妆品原料目录（2021 年版）》中，如霍霍巴脂，霍霍巴籽蜡、霍霍巴蜡 PEG-120 酯类等。

霍霍巴油容易被皮肤吸收，与皮脂能混溶，使用后清爽不油腻。它已广泛应用于各类护肤、护发、沐浴和防晒产品中。大量的安全及毒理数据表明，霍霍巴油应用于化妆品是安全的，不会产生粉刺，并能减轻牛皮癣的症状。

4. 棕榈油和棕榈仁油

油棕果实中含有两种不同的油脂，从棕榈果肉中得到的是棕榈油，从棕榈仁中得到的是棕榈仁油。

棕榈油的 INCI 名称为 Palm Oil，CAS 号为 8002-75-3。棕榈油是红黄色至深暗红色油脂。棕榈油的主要成分为饱和脂肪酸和不饱和脂肪酸，含量最多的是棕榈酸，棕榈油还含有胡萝卜素。

棕榈仁油的 INCI 名称为 Palm Kernel Oil，CAS 号为 8023-79-8。棕榈仁油是白色至淡黄色油脂，由多种脂肪酸酯组成，含量最多的是月桂酸酯。

二者都是制造肥皂、表面活性剂的原料，精制产品也可用于膏霜产品中。已有 23 种棕榈油衍生物收录于《已使用化妆品原料目录（2021 年版）》中，如氢化棕榈油甘油酯类，在化妆品中常做皮肤柔润剂和乳化剂使用。

二、动物性油脂

一般来说，动物性油脂中饱和脂肪酸含量较高。动物性油脂不同程度带有特殊气味，很少直接应用于化妆品中，主要作为制皂原料；而经过精炼的动物性油脂，是化妆品的优质原料。

1. 水貂油

水貂油的 INCI 名称为 Mink Oil，CAS 号为 8023-74-3，水貂油取自水貂皮下脂肪，精炼水貂油是近乎无色无味的透明液体。它由多种脂肪酸所组成，不饱和脂肪酸占 70%，还含有多种营养成分，其理化性质与人体脂肪很接近，渗透性好，易被皮肤吸收，用后滑而不腻，使皮肤柔软而有弹性。而且，水貂油具有优良的抗氧化性能。此外，它还能调节头发生长，使头发柔软、有光泽和弹性。水貂油主要用于营养霜、润肤膏、唇膏和焗油膏等，已被纳入《已使用化妆品原料目录（2021年版）》中。

2. 角鲨烷

角鲨烷的 INCI 名称为 Squalane，CAS 号为 111-01-3。角鲨烷是从深海鲨鱼肝脏中提取的角鲨烯经氢化制得一种烃类油脂，属三萜类烷烃，在人体皮脂中约含 5%。角鲨烷在动物界中主要与角鲨烯伴生存在于鲨鱼肝油中，在一些植物的种子如丝瓜籽、橄榄果中也含有较多的角鲨烷。原料来自动物的称为动物角鲨烷，来自植物的称为植物角鲨烷。现在，角鲨烷产品中，植物角鲨烷的比例越来越多，其已被纳入《已使用化妆品原料目录（2021年版）》中，未见其外用不安全的报道。

角鲨烷为无色透明黏稠油状液体，熔点为 -38℃，沸点为 470.3℃，密度为 0.81g/cm³，易溶于乙醚、汽油、石油醚、苯、氯仿和油类，微溶于甲醇、乙醇、丙酮和冰乙酸。

角鲨烷对皮肤的亲和性好，无刺激，常用作基础化妆品的油性原料，并能加速配方中其他活性成分向皮肤中渗透。角鲨烷可乳化性好，用在洁面乳液、洁手液、去指甲油液、去眼影膏中，可促进皮肤的新陈代谢，缓和对皮肤的刺激性，对皮肤粗糙、皮屑增多等都有预防作用。由于角鲨烷具有较低的极性和中等的铺展性，且纯净、无色、无异味，适用于各类高档护肤品、功能性化妆品、婴儿用品、透明及无香产品。

3. 角鲨烯

角鲨烯的 INCI 名称为 Squalene，CAS 号为 7683-64-9。角鲨烯又名鲨烯、三十碳六烯、鱼肝油萜，化学名为 2，6，10，15，19，23-六甲基-2，6，10，14，18，22-二十四碳六烯，是一种高度不饱和烃类化合物。它被收录于《已使用化妆品原料目录（2021年版）》中，未见其外用不安全的报道。

角鲨烯是一种天然三萜烯类多不饱和脂肪族烃类化合物，为无色或淡黄色油状液体，熔点为-75℃，沸点为240～242℃（266.6Pa），折射率为1.494～1.499，吸收氧变成黏性如亚麻油状，几乎不溶于水，易溶于乙醚、丙酮、石油醚，微溶于醇和冰乙酸。角鲨烯容易聚合，受酸的影响环合生成四环鲨烯。

角鲨烯属于动物性油，在皮肤上渗透性好，可加速皮肤新陈代谢并软化皮肤，常用作营养助剂。角鲨烯可与任何活性物配伍，如与磷脂类先组成脂质体护肤性能更好。在化妆品中角鲨烯还常与维生素类成分配伍。另外，它也用于洗发剂或染发剂，角鲨烯易被头发毛孔吸收，使头发经处理后不致太过干枯；以角鲨烯为原料配制成的头发护理剂，有去头屑、防脱发和生发功效。

角鲨烯在化妆品中易形成乳化，可以用作保湿剂，同时具抗氧化和自由基清除剂作用。由于角鲨烯在高温和紫外光照射下易生成过氧化物，应用于护肤品时，可使皮肤免受高温和紫外光伤害。角鲨烯还是良好的活性氧输送载体，故含角鲨烯的化妆品有防止皮肤粗糙、增强皮肤免疫力等功效。角鲨烯的抗菌性适合于对痤疮等皮肤疾患的防治，还有抑制过敏的作用。

4. 羊毛脂

羊毛脂的INCI名称为Lanolin，CAS号为8006-54-0。羊毛脂是由洗涤粗羊毛洗液中回收的副产物，经提取加工而制得的精制羊毛脂。羊毛脂的主要成分是固醇类、脂肪醇类和三萜烯醇类与大约等量的脂肪酸所生成的酯（约占95%），还含有游离醇（约占4%），并有少量的游离脂肪酸和烃类物质。羊毛脂及其多个衍生物，如氢化羊毛脂、乙氧基化羊毛脂、羟基化羊毛脂和乙酰化羊毛脂等共60种收录于《已使用化妆品原料目录（2021年版）》中，未见其外用不安全的报道。

羊毛脂为白色或浅黄色至深棕色膏状半透明体，有臭味。其无水物的相对密度0.946，软化点38～44℃，酸值<1.0mgKOH/g，皂化值为92～106mgKOH/g，碘值约18～36gI/100g。

羊毛脂有很好的乳化作用和渗透作用，易为皮肤和头发吸收，且与化妆品其他基料的配伍性好。但其黏稠、不易铺展、有特殊的异味及色泽欠佳等缺点。所以，在化妆品中多采用经物理或化学法改性后的羊毛脂衍生物。羊毛脂的衍生物，如羊毛脂酸异丙酯（Isopropy Lanolate，CAS号为63393-93-1），是精选羊毛脂脂肪酸与异丙醇反应制得的酯类。它与肌肤接触即可融化，不黏腻，易被人体吸收。它还是一种良好的润滑剂和光泽剂，可在口红、适合干性皮肤的面霜和乳液中使用，也可以作为肥皂赋脂剂。在粉饼中羊毛脂酸异丙酯可作为疏水黏合剂，不油腻。

5. 二十碳五烯酸

二十碳五烯酸的 INCI 名称为 Eicosapentaenoic Acid（EPA），CAS 号为 10417-94-4。EPA 大多存在于鱼类的脂肪组织中，属于 ω-3 型多不饱和脂肪酸，是一种人体难以合成，需由食物提供的必需脂肪酸。EPA 可维持大脑、视网膜等正常功能和生长发育，具有抑制血小板凝聚、抗血栓、调血脂等功效，对抑制炎症和部分癌症、糖尿病的发生也有较好的功效。目前，EPA 已被纳入《已使用化妆品原料目录（2021 年版）》中，未见其外用不安全的报道。

EPA 常温下为无色至淡黄色透明液体，无味，无臭，熔点 -54℃。EPA 不稳定，易氧化、氧化后有一定的气味。

EPA 的生物学功能包括：降低血清胆固醇，抑制血液中的中性脂肪上升，调节血脂，改变脂蛋白中脂肪酸的组成；抑制血小板凝集，减少血栓素形成，从而能预防血栓的形成；具有抗炎作用，用于防治某些炎性疾病如类风湿性关节炎、哮喘等可以得到良好效果。

6. 二十二碳六烯酸

二十二碳六烯酸的 INCI 名称为 Docosahexaenoic Acid（DHA），CAS 号为 6217-54-5。DHA 与 EPA 一样，大多存在于鱼类的脂肪组织中，属于 ω-3 型多不饱和脂肪酸，是必需脂肪酸。DHA 有辅助脑细胞发育、抗衰老、改善血液循环等功效。

目前，DHA 已被纳入《已使用化妆品原料目录（2021 年版）》中，未见其外用不安全的报道。

DHA 为无色至淡黄色油状液体，纯品无臭无味，熔点 -44°C。DHA 与无水乙醇、氯仿、乙醚能任意混溶，在水中几乎不溶。DHA 对光、氧、热等因素不稳定，易发生氧化分解、聚合等反应。

二十二碳六烯酸的生物学功能包括：健脑作用，DHA 是人脑的主要组成成分之一，占人脑脂质的 10% 左右，占与学习记忆有关的海马的 25%，能促进婴幼儿脑组织发育，增强学习记忆功能，预防老年人脑组织萎缩和老化；保护视力，在人体各组织细胞中，DHA 含量最高的是眼睛的视网膜细胞，DHA 在体内参与视神经的代谢，能保护视网膜，提高视网膜对光的敏感度，改善视力，还能使视网膜与大脑保持良好的联系，防止视力减退；与 EPA 一样，DHA 也具有调血脂、抗炎等作用。

DHA 是易被皮肤吸收的营养物质，还可提高乳状液的稳定性和黏度。DHA 可渗透到真皮层，显著扩张毛细血管和增加血通量，且有助渗作用。DHA 配伍性好，可与其他活性物质，如透明质酸、氨基酸、胎盘提取液、维生素等组合，用于保湿、调理型护肤用品，能提高皮肤抵御病菌的能力，用于洗发水可营养头发并刺激毛发生长。

三、类脂

类脂指的是与油脂在结构或性质上相似的化合物，如磷脂、萜类挥发油以及胆汁酸，胆固醇等甾体化合物。

1. 磷脂

磷脂的 INCI 名称为 Phospholipids，磷脂是分子中含有磷酸基的类脂，广泛分布于动植物体内，是生物膜的重要组成部分。磷脂的共同结构特征是既含有亲水基，又含有疏水基，水解产物都有醇、脂肪酸、磷酸及含氮有机化合物。磷脂为无臭或略带气味的流动液态黏稠状物质，属于非极性化合物，故可溶于一些非极性溶剂和植物油中，而在水中的溶解度很小，也不溶于丙酮等极性溶剂。磷脂，作为两亲性分子是一类性能优良的乳化剂。在化妆品中，它具有吸附、形成胶团、乳化、生成脂质体、分散、润湿、渗透、保湿、软化，润肤、护肤美发、促进皮肤吸收、营养皮肤和头发、防止皮肤老化、加速皮肤伤口愈合等功能。磷脂有不同的来源，如大豆、蛋黄，并有不同的衍生物，现有 11 种磷脂和其衍生物被收录于《已使用化妆品原料目录（2021 年版）》中，卵磷脂是其中的代表品种。

2. 卵磷脂

卵磷脂的 INCI 名称为 Lecithin，CAS 号为 8002-43-5。卵磷脂也称为磷脂酰胆碱，属于甘油磷脂，由甘油基、脂肪酸基团、磷酸基和胆碱构成。卵磷脂是各种细胞膜（如质膜、核膜、线粒体膜、内质网膜等）结构的主要成分。它是一同系物的混合物，其结构随来源的不同在脂肪酸的构成上有所区别，因此有时需要将其来源标明，如大豆卵磷脂、蛋黄卵磷脂等。卵磷脂具有油水两亲性和抗氧化活性，在食品、医药和化妆品等行业有广泛应用。

目前，卵磷脂及其多个衍生物，如氢化卵磷脂、羟基化卵磷脂等已被纳入《已使用化妆品原料目录（2021 年版）》中，未见外用不安全的报道。卵磷脂为蜡状物或黏稠液体，遇水不溶但能膨胀，在氯化钠溶液中呈胶体悬浮液。它可溶于氯仿、乙醚、石油醚，难溶于丙酮。

卵磷脂的生物学功能如下。

（1）构成细胞膜，维持新陈代谢 磷脂双分子层组成的细胞膜结构，具有特异的通透性，在人体的新陈代谢中发挥着重要的作用。

（2）提高大脑活力，增强记忆力　人体大脑中乙酰胆碱的含量较高，它在大脑的学习和记忆过程中发挥着重要作用。乙酰胆碱的前提物质胆碱，主要是从卵磷脂中获取的。研究发现，卵磷脂可以促进婴幼儿大脑神经系统与脑容积的增长，增长智力。此外，脑功能衰退的老年人，服用卵磷脂可以有效地防止脑老化。

（3）调节血脂，降低胆固醇　卵磷脂是两性分子，具有良好的油水亲和性，可以帮助溶解血液中及血管壁上脂溶性物质，增加人体血液的流动性，调节血脂，进而有效地预防心血管疾病、脂肪肝及肝硬化。

（4）滋润皮肤，抑制脱发　研究发现，卵磷脂具有维护皮肤稳态的作用。此外，卵磷脂中含有的肌醇，是毛发的主要营养物，可以抑制脱发。

卵磷脂的乳化作用强，能稳定乳状液，适用于配制凝胶型产品。卵磷脂易为人的皮肤和毛发吸收并能促进其他营养物质的渗透，常与亚麻酸、透明质酸、维生素类用于调理型化妆品。

氢化卵磷脂（Hydrogenated Lecithin），CAS 号为 92128-87-5，是卵磷脂在催化剂的作用下加氢形成的一种稳定的新型乳化剂。它是一种白色自由流动性粉末、无异味，完好地保留了卵磷脂的活性成分。氢化卵磷脂具有较强的亲水性和保湿性，对皮肤和黏膜有很强的亲和力，用于化妆品的配方中可起到保湿、乳化、分散及抗氧化等作用。氢化卵磷脂作为表面活性剂，还可以调理皮肤，使之达到一个很好的油水平衡效果，更好地吸收营养。在香波、液体洗涤剂中，氢化卵磷脂可以起到珠光剂的作用，利用氢化卵磷脂还可以开发护肤膏、护手霜、唇膏、防晒油等高级化妆产品。

3. 甾体化合物

甾体化合物属简单类脂，广泛存在于动植物的组织中，是一类重要的天然产物。胆固醇、胆汁醇及各类甾体激素均属此类。甾体化合物的基本结构是环戊烷骈多氢菲的母核及三个侧链，亦称为甾体母核。

胆固醇的 INCI 名称为 Cholesterol，CAS 号为 57-88-5。胆固醇存在于动物体的各种组织和体液中，如胆汁、蛋黄、脑、神经组织和血液，主要从动物油脂中提取。胆固醇在维持细胞膜功能、合成甾体激素等方面发挥着重要作用。

胆固醇是细胞膜上的重要结构成分，也是机体合成甾体激素和胆汁酸的原料。由于其两亲性，可用做脂质体的材料，还可以用作乳化剂以及软膏基质等。目前，胆固醇及其多个衍生物已被纳入《已使用化妆品原料目录（2021 年版）》中，未见其外用不安全的报道。

胆固醇为白色或淡黄色有珠光的片状晶体，微溶于醇（20 ℃，1.29g/100g

醇），100g 热乙醇中可溶 28g，几乎不溶于水（约 0.2mg/100g 水），可溶于石油醚、油脂。

胆固醇的生物学功能如下。

（1）形成胆酸　肝脏以胆固醇为原料合成胆酸，然后以胆汁形式储存于胆囊内。胆汁是人体乳化食物中脂肪促进其吸收的必要成分。

（2）构成细胞膜　胆固醇是构成细胞膜的重要组成成分，占质膜脂类的 20% 以上，胆固醇是维持细胞膜流动性必需的成分。

（3）合成甾体激素　人体的肾上腺皮质和性腺释放的各种激素，如皮质醇、醛固酮、睾丸素、雌二醇以及维生素 D 都属于类固醇激素，其前体物质就是胆固醇。

人皮肤的分泌物中含有一定数量的胆固醇及其衍生物，有柔滑和保湿作用，因此，足够的胆固醇是必不可少的。胆固醇对皮肤无刺激，也无光敏性，润肤型化妆品中一般含有 1.4% 胆固醇，并可增强其他活性剂功能。在唇膏、眉笔中使用胆固醇有利于色素的附着；胆固醇可用于染发剂，可增强着色牢度，并有营养头发、刺激生发、保护头发的作用。胆固醇有表面活性，有稳定泡沫作用，可用作乳状液的稳定剂，也是制备液晶型乳状液的常用原料；胆固醇还是一种抗炎剂，具有助渗作用。

第九章 核酸类化妆品活性物质

第一节 核酸类物质概述

包括人体全身皮肤的基底细胞在内的所有细胞的新陈代谢过程都是受该细胞的DNA 所携带的基因密码控制的，由此可见细胞里 DNA 的重要性。皮肤通过摄取各种营养成分，达到美容的效果。随着科学技术的发展，尤其是细胞生物学和生物化学的发展，已经证实多种核酸类美容成分的功效，目前，来自生物体的核酸类护肤成分纷纷上市，市场上的核酸成分热度不减。以多聚脱氧核糖核苷酸为代表的核酸类成分有助于表皮细胞基因的营养及其损伤的修复。紫外线、环境污染等因素使皮肤细胞在表皮慢慢老化，造成核酸的含量迅速降低，各种基因受损且无法修复，最终导致皮肤细胞的正常功能逐渐失去。如果及时补充足够的核酸，可以增强细胞的新陈代谢，对受损基因进行修复，使细胞长期处于生命力旺盛的状态。

在化妆品中，核酸类物质主要被用于保湿、美白、抗衰老等产品。核酸类物质具有抗紫外线、抗衰老、保湿等特性，能促进细胞新陈代谢、维持皮肤的正常生理功能；核酸能够刺激角化细胞，再生和更新皮肤细胞，对坏损肌肤有修补、愈伤的作用。此外，相对分子量较小的脱氧核糖核酸可以扩张面部的微血管，使脸色红润，改善皮肤功能；除了这些作用外，核酸还具有抗氧化、耐紫外线光、防辐射、耐辐射等特殊功效，因此被广泛用于润肤、美白、修护、舒缓等功效化妆品中。

综上所述，核酸类物质在化妆品中扮演着重要的角色，具有诸多功效，满足人们对于皮肤的多种诉求。

第二节 核酸盐类在化妆品中的应用

多聚脱氧核糖核苷酸的英文名称为 Polydeoxyribonucleotid，别名 PDRN。多聚脱氧核糖核苷酸是从海洋鱼类生殖细胞中提取的核酸类成分。目前，多聚脱氧核糖核苷酸未被纳入《已使用化妆品原料目录（2021 年版）》，未见其外用不安全的报道。

在 2001 年意大利锡耶纳大学的一项研究中，研究人员发现接受多聚脱氧核糖核苷酸的皮肤移植患者的伤口愈合速度明显快于接受安慰剂的患者。作为抗衰老组织再生皮肤治疗方法，2008 年经批准后，多聚脱氧核糖核苷酸首次在意大利用作组织修复功效。近年来，由于多聚脱氧核糖核苷酸在美容方面的神奇效用，多聚脱氧核糖核苷酸美塑已成为韩国皮肤门诊、整形外科最热门的技术之一。多聚脱氧核糖核苷酸具有抗炎、促进细胞因子生成、刺激胶原蛋白再生等活性，故多聚脱氧核糖核苷酸又称组织再生激活剂，广泛应用于医药、医美、医疗器械、功效性化妆品等领域。

1. 化学结构及性状

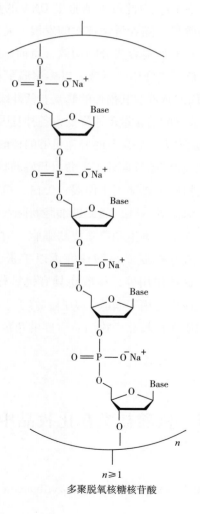

$n \geqslant 1$

多聚脱氧核糖核苷酸

多聚脱氧核糖核苷酸为白色或类白色粉末、纤维聚合物、颗粒，增色效应应不低于 30%。

2. 理化性质

DNA 双螺旋结构已被学术界公认，并作为多聚脱氧核糖核苷酸发挥生物学活性的基础。维持多聚脱氧核糖核苷酸必要的双螺旋结构既是制备过程中的关键技术难点，也是评价多聚脱氧核糖核苷酸质量的重要指标。具有双螺旋的结构特征是多聚脱氧核糖核苷酸发挥修复功效的前提条件，同时也是衡量多聚脱氧核糖核苷酸产品优劣的关键质量标准。DNA 分子具有吸收 250～280nm 紫外光的特性，其吸收峰值在 260nm。DNA 分子中碱基间电子的相互作用是紫外吸收的结构基础，但双螺旋结构有序堆积的碱基又"束缚"了这种作用。DNA 分子由双链变成单链，则紫外吸收变强，故而产生增色效应。测得多聚脱氧核糖核苷酸增色效应的大小是验证其分子保持原有双螺旋结构形式多少的重要依据，增色效应越高证明多聚脱氧核糖核苷酸具有更多的天然双螺旋结构形式，活性更强。反之，增色效应低，说明产品含有天然双螺旋结构部分含量低，活性会减低，甚至没有活性，也不能被称为多聚脱氧核糖核苷酸。

3. 生物学功能

（1）促进胶原蛋白合成　多聚脱氧核糖核苷酸与腺苷 A2A 受体结合，从而促进胶原蛋白合成。人真皮成纤维细胞（HDF）经过多聚脱氧核糖核苷酸处理后，导致了更高的胶原蛋白表达率，呈剂量依赖性增加。同时，多聚脱氧核糖核苷酸还抑制基质金属蛋白酶-1 和弹性蛋白酶的表达，这两个因素在皮肤老化和皱纹中起着关键作用。弹性蛋白酶是一种分解弹性纤维的蛋白酶，弹性蛋白酶的过度表达导致皮肤失去弹性。因此，多聚脱氧核糖核苷酸通过抑制弹性酶和基质金属蛋白酶-1 可以减缓老化皮肤失去弹性的过程，也有利于皮肤弹性的维持。

（2）抑制皮肤炎症　多聚脱氧核糖核苷酸通过激活腺苷 A2A 受体发挥抗炎特性。研究表明，多聚脱氧核糖核苷酸改善了脂多糖刺激的小鼠巨噬细胞系 RAW 264.7 和白细胞介素-1β 刺激的人软骨肉瘤细胞系的炎症反应。在另一项研究中，多聚脱氧核糖核苷酸促进白细胞介素-10，一种抗炎细胞因子的产生，并抑制一氧化氮的产生和促炎细胞因子，白细胞介素-12 和肿瘤坏死因子-α 的释放，进一步证实了多聚脱氧核糖核苷酸的抗炎活性。

（3）改善血管微循环　多聚脱氧核糖核苷酸具有极强的组织修复特性。血管内皮生长因子是血管生成的主要调节因子，多聚脱氧核糖核苷酸通过激活腺苷 A2A 受体刺激血管内皮生长因子血管内皮生长因子的产生，显著增加血管内皮生长因子的表达来改善皮肤修复过程。一项研究调查了多聚脱氧核糖核苷酸治疗对烧伤后小鼠的影响，结果显示烧伤创面血管内皮生长因子介导再上皮化增强，恢复更快。多聚脱氧核糖核苷酸治疗导致血流量和血管内皮生长因子表达增加，这些发现表明多聚脱氧核糖核苷酸具有血管生成特性，通过改善血管微循环加速组织修复和伤口愈合。

4. 化妆品中应用

多聚脱氧核糖核苷酸已广泛应用于美妆领域，含有多聚脱氧核糖核苷酸精华液对皱纹、色斑有较显著的效果，皮肤泛红得到明显改善。此外，消费者还明显感受到产品保湿、美白、滋养、舒缓等效果。含有多聚脱氧核糖核苷酸精华液刺激性很低，对皱纹、色斑和皮肤泛红等有显著的效果，消费者满意度高。

第三节　合成寡核苷酸类在化妆品中的应用

核酸适配体-2 的 INCI 名称为 S-DNA Aptamer-2，核酸适配体-2 来自配体指数富集的配体系统进化技术对维生素 C 的定向筛选，可特异性结合维生素 C，并保持其高活性。核酸适配体-2 商品名为 Aptamin C™，由韩国 Nexmos 公司开发。目前，核酸适配体-2 暂未被纳入《已使用化妆品原料目录（2021 年版）》，未见其外用不安全的报道。

图尔克于 1990 年提出了配体指数富集的配体系统进化技术（SELEX）的概念。SELEX 有以下几个过程：将体外单链寡核苷酸库、与靶物质（包括金属离子、小分子、大分子、细胞、组织以及混合靶标等）混合、共同孵育，然后洗脱未与靶物质结合的核酸，随后用 PCR 分离并扩增可与靶物质结合的序列，再进行下一轮筛选，不断循环重复该过程，直到目标序列得到指数级富集，最后克隆并测序以识别单个核酸目标序列。通过 SELEX 技术，可以筛选出任何靶分子的高亲和力配体，而这样的核酸分子被称为核酸适配体。核酸适配体-2 商品名为 Aptamin C）是当前热门的核酸适配体类化妆品成分，该产品的靶物质正是维生素 C，这种创新性的 DNA 适配体通过与维生素 C 的还原形式结合，延缓其氧化，最大限度地提高维生素 C 的抗氧化功效。

1. 生物学功能

（1）抑制维生素 C 氧化　核酸适配体-2 对维生素 C 有很高的结合亲和力，并通过 OPDA 法比较了核酸适配体-2 浓度（125，250，500 和 1000nmol/L）对维生素 C 的氧化程度。结果表明，当核酸适配体-2 浓度较高时，维生素 C 转化为脱氢抗坏血酸的速度较慢，证明核酸适配体-2 是维生素 C 氧化的剂量依赖性抑制剂。同时，研究还确定了核酸适配体-2 是否可以长期防止维生素 C 的氧化，用核酸适配体-2 对维生素 C 进行共处理，未处理的维生素 C 暴露于光下，室温静置 8 周。结果显示，当未处理的维生素 C 单独存在时，2 周内还原程度降到一半以下，4 周后几乎全部被氧化。在核酸适配体-2 存在的情况下，维生素 C 减少到 8 周时的一半左右。这表明，核酸适配体-2 可以长期防止维生素 C 的氧化。

（2）抑制胶原蛋白酶的活性　在胶原蛋白酶活性分析中，核酸适配体-2 对基质金属蛋白酶-1 的产生呈剂量依赖性显著降低，在（0.01+0.5）μg/mL，（0.1+5）μg/mL 和（0.5+25）μg/mL 浓度下分别降低 7.06%，9.29% 和 31.81%。在胶原蛋白合成分析中，前 I 型胶原蛋白羧基末端肽（PIP）呈剂量依赖性显著增加，（0.01+0.5）μg/mL 时增加 25.00%，（0.1+5）μg/mL 时增加 41.99%，（0.5+25）μg/mL 时增加 71.18%。上述结果表明，核酸适配体-2 具有抑制胶原蛋白酶从而防止皮肤胶原蛋白流失的作用。

2. 化妆品中应用

临床研究发现，核酸适配体-2 和维生素 C 的复合物具有显著地改善皱纹、美白和增加水分的效果。在临床试验中，用这种复合物治疗的受试者在皮肤刺激和瘙痒方面表现出显著的改善，核酸适配体-2 复合物在试验中未出现不良反应。

第四节　核苷酸相关小分子类在化妆品中的应用

一、卤虫提取物（Artemia extract）

卤虫提取物的 INCI 名称为 Artemia Extract，卤虫提取物是提取自仙女虾的核酸类原料，其核心成分为四磷酸二鸟苷（GP4G）。目前，卤虫提取物已被纳入《已使用化妆品原料目录（2021 年版）》，未见其外用不安全的报道。

1. 化学结构及性状

四磷酸二鸟苷

在恐龙还没有诞生的时代，地球上就生活着一种奇特的生物——仙女虾。当外部环境发生变化不适宜生存时，仙女虾会迅速进入"休眠"状态，此时其体内产生高浓度的四磷酸二鸟苷，当外部环境适宜生存时，四磷酸二鸟苷会释放出大量的能量，将仙女虾复苏并使其充满活力。凭借这个神奇的物质，仙女虾得以躲过了恐龙和成千上万动物品种进化或灭绝的恶劣环境时期，生存到了现在。四磷酸二鸟苷是一种对称的核苷酸衍生物，在卤虫休眠卵中大量存在。研究发现，卤虫卵与水接触后，四磷酸二鸟苷在酶的作用下水解，水合 30min 后细胞内 ATP 升高。四磷酸二鸟苷通过低速率水解缓慢释放能量，使卤虫休眠卵能够在持续缺氧和水解应激等逆境下存活多年。

2. 生物学功能

（1）提升细胞代谢水平　通过 HPLC 法，检测四磷酸二鸟苷处理的 Hela 细胞内核苷酸浓度，发现四磷酸二鸟苷处理会使细胞内所有二/单磷酸核苷的浓度增加，尤其是 GDP 的水平。这种新的平衡可能对细胞代谢产生直接或间接影响并通过改变细胞内核苷酸浓度的平衡状态激活真皮组织。

（2）提升细胞活力　为了揭示四磷酸二鸟苷对细胞的作用，该研究通过核苷酸吸收波长区域的变化，建立了细胞内核苷酸浓度与四磷酸二鸟苷浓度之间的联系。四磷酸二鸟苷进入 Hela 细胞后进入饱和期。在 5mg/kg 时，四磷酸二鸟苷使细胞活力和细胞集落数分别提高了 28% 和 13%，证明四磷酸二鸟苷能刺激 Hela 细胞。原代成纤维细胞也得到相似结果，且效果更明显。

（3）促进胶原蛋白合成　HE 染色结果显示，四磷酸二鸟苷配方处理组活化成纤维细胞数量明显高于对照组，推测活化成纤维细胞的增加促进了胶原蛋白的合成和沉积。天狼猩红染色显示，四磷酸二鸟苷配方能够激活真皮中的成纤维细胞，促进胶原纤维从头合成。

3. 化妆品中应用

四磷酸二鸟苷配方对皮肤有许多生物效应，包括抗皮肤老化，毛发生长、血管生成、成纤维细胞活化、胶原蛋白及多功能蛋白聚糖的合成和沉积。在细胞培养中，四磷酸二鸟苷在提高细胞活力的同时促进了细胞内三磷酸核苷、二磷酸核苷及单磷酸核苷的积累。该四磷酸二鸟苷配方可能增强表皮的结构适应性，在化妆品领域具有较大的应用潜力。

二、 β-烟酰胺单核苷酸（NMN）

β-烟酰胺单核苷酸的 INCI 名称为 Nicotinamide Mononucleotide，化学名称为 [（2R，3S，4R，5R）-5-（3-Carbamoylpyridin-1-ium-1-yl）-3,4-Dihydroxytetrahydrofuran-2-yl] Methyl Hydrogen Phosphate，是一种由核糖和烟酰胺衍生的核苷酸。β-烟酰胺单核苷酸的 CAS 号为 1094-61-7。2022 年初，β-烟酰胺单核苷酸作为化妆品新原料备案已获国家药品监督管理局通过。

1. 化学结构及性状

β-烟酰胺单核苷酸

β-烟酰胺单核苷酸是当今抗衰老的明星分子，2013 年哈佛大学和华盛顿大学的实验室先后独立证实通过摄取天然的 NAD^+ 前体物质——NMN，可以有效提高细胞内的 NAD^+ 含量。不仅如此，服用 β-烟酰胺单核苷酸的老年动物体内的 ATP 也恢复到了年轻动物的水平。随后，哈佛大学、麻省理工学院、华盛顿大学等全球顶级科研院所的研究和发表于《自然》《科学》《细胞》等国际顶级学术期刊的近百篇论文均确认了 β-烟酰胺单核苷酸显著逆转衰老、延长寿命的巨大潜力，包括使与人类相近的哺乳动物寿命延长 30% 以上。近两年来，国际权威科学期刊从激活干细胞、维持端粒长度等多个角度证实 β-烟酰胺单核苷酸的效用，进一步确立了其抗衰老界明星的地位。

2. 生物学功能

（1）抗皮肤老化　β-烟酰胺单核苷酸通过影响机体内 NAD$^+$水平来达到抗衰老作用。通过小鼠试验发现，受 UVB 照射的小鼠皮肤，其皮肤结构及外观都会发生明显变化，如皮肤表皮变厚、外观干燥、粗糙、皱纹等。通过腹腔注射 300mg/kg 的 β-烟酰胺单核苷酸后，与对照组相比 β-烟酰胺单核苷酸能抵御 UVB 诱导的光损伤，保持皮肤正常完整的结构，如胶原纤维的数量、表皮和真皮的厚度、减少肥大细胞的产生。

（2）抗氧化作用　活性氧会对皮肤造成伤害，除了直接损伤脂类、氨基酸和 DNA 等分子外，活性氧还可能干扰基因表达的过程，使各种细胞结构，如细胞膜、核或线粒体 DNA 可能会发生结构改变，触发或恶化皮肤病。在体外抗氧化实验中发现，30mg/mL β-烟酰胺单核苷酸具有一定的清除 OH 自由基、ABTS 自由基及 DPPH 自由基能力，其对 OH 自由基、DPPH 自由基清除率以及总抗氧化能力与 0.2mg/mL 抗坏血酸无显著性差异。

（3）抗炎舒缓作用　研究表明，长时间暴露于炎症因子会直接引起皮肤的衰老，慢性低度炎症被称为"沉默杀手"，会导致一系列难以预见的内部皮肤组织损伤。β-烟酰胺单核苷酸可改善小鼠皮肤模型氧化应激和炎症症状，可减少小鼠皮肤中炎症因子含量，如肿瘤坏死因子 α、炎症因子白细胞介素-1β、白细胞介素-4、白细胞介素-6 和白细胞介素-10（IL-10）。NMN 可通过改善细胞氧化状态、抑制促炎 NF-κB 信号通路的表达以及提高成纤维细胞中抗氧化调节因子 Nrf2 和抗炎调节因子 SIRT1 的水平来改善炎症，证明 β-烟酰胺单核苷酸具有一定的抑制炎症因子，舒缓皮肤的功效。

3. 化妆品中应用

目前 β-烟酰胺单核苷酸广泛应用于医药、食品、保健品以及化妆品中。

第十章　超分子和纳米材料类化妆品活性物质

第一节　多肽类超分子水凝胶及其在生物
医学和化妆品中的应用

一、多肽超分子自组装的原理

超分子肽系统领域属于系统化学肽纳米技术。肽和蛋白质纳米技术是利用生物分子折叠和组装的潜在力来创造具有设计功能的材料和结构，目的是简化或重新利用生物分子结构作为用于生物医学、环境和技术应用的纳米材料和器件。

多肽的自组装过程中，多肽分子在接近热力学平衡的条件下自发组装，然后通过一系列非共价相互作用自下而上自发地结合，形成有序的分子集合体。较弱的非共价相互作用通过协同作用，可确定热力学稳定性和最小能量状态，以控制多肽分子的自组装，进而促进稳定组装体的形成。另外，这种协同效应也可保证自组装体系的序列特异性。

1. 静电作用

多肽序列中的带电氨基酸，通过库仑力形成离子对。根据基团带电的异同，带电基团间的静电相互作用可分为吸引力和排斥力，其作用强度取决于所处溶剂的介电常数。在电解质溶液中静电相互作用会减弱，这是因为介质的高介电常数和多肽溶剂化后带相反电荷离子的屏蔽效应。含带电极性氨基酸（如组氨酸、谷氨酸、天冬氨酸、赖氨酸和精氨酸等）的多肽可通过静电相互作用发生自组装而构建不同的纳米结构。可通过改变溶液的酸碱度和盐离子浓度来调节或屏蔽多肽的带电强度，进而减少静电相互作用而使得其他的非共价相互作用发挥作用。

2. 疏水作用

多肽与溶剂分子之间的非共价相互作用主要分为以下三种形式。

（1）强取向力促使带电多肽形成水合层、含有氢键供体或氢键受体的多肽部分嵌入溶剂的氢键和疏水相互作用。疏水相互作用可促使溶剂在非极性分子周围形成排斥层，促进多肽间形成明显的吸引力。即溶剂通过将非极性分子挤压成聚集体来最小化排斥层形成的趋势，作用强度主要取决于溶剂形成氢键的强度。

（2）非定向的疏水相互作用可驱动含有亲水性的 C 端和疏水性的 N 端的两亲性肽的自组装。当两亲性肽暴露于极性溶剂时，疏水性末端倾向于向内部聚集形成核以最小化其与溶剂的接触面积，而其亲水性末端则朝向外部溶剂。此类非共价相互作用在含芳香氨基酸多肽的自组装中也发挥着重要作用。

（3）通过促进具有疏水效应的芳香基团相互靠近来提高其接触概率，使得苯环间有方向性的 π-π 相互作用增强，达到促进芳香多肽自组装的目的。因此，作为热力学过程中成核的主要驱动力，疏水相互作用在促进含大量芳香氨基酸的多肽自组装成核过程中扮演着重要角色。

3. 氢键作用

氢键是多肽自组装形成超分子过程中最常见和最重要的驱动力，其主要特点是定向性，作用力比偶极-偶极相互作用更强，距离更短。广泛存在于多肽二级结构（β-折叠、α-螺旋和无规卷曲等）中的氢键，有助于目标多肽序列的设计并促进其自组装形成更高级的纳米结构。由多种氨基酸组成的多肽分子，可通过肽骨架的酰胺基团和侧链的羟基、氨基及羧基等基团间形成氢键，以促进形成平行和反平行 β-折叠结构。而 α-螺旋由单个肽链组成，通过肽骨架酰胺基团间的分子内氢键使得氨基酸侧链位于每个螺旋的表面，提高了氨基酸侧链对溶剂的接触性；单个 α-螺旋还可缠绕在一起形成线圈结构。氢键的强度与相互作用部分的偶极矩相关，而吸引力的强弱主要取决于溶剂的介电常数。作为多肽自组装过程中最重要的驱动力，高方向性和高选择性的氢键可在多肽自组装成不同形态的一维、二维和三维纳米结构中发挥重要作用。

4. π-π 键的聚集

芳香氨基酸（苯丙氨酸、酪氨酸和色氨酸）组成的多肽可通过 π-π 聚集作用自组装成各种形态的纳米结构。π-π 聚集作用主要通过氨基酸分子结构中的芳香环间电子云相互吸引而形成和稳定，从而使含有芳香氨基酸的多肽自组装成特定的纳米结构。此外，疏水性强的苯环结构还可改善多肽在水溶液中的稳定性，以形成稳定性更高和力学性能更强的水凝胶。π-π 堆积相互作用通常与其他非共价相互作用共同存在于自组装体系中。

二、影响多肽超分子自组装的因素

影响多肽超分子材料形成的因素有多肽分子的结构和外部因素。通过改变内部分子结构（氨基酸种类、连接顺序、肽链长度以及侧链修饰等）和外部环境因素（溶剂极性、离子强度、pH、温度、光照、超声和酶等）可调控多肽的自组装过程及纳米结构，并拓宽多肽纳米材料的应用领域。

多肽自组装过程主要涉及两个方面，一是多肽化学结构，二是单体组装成局部稳定的聚集体，进而形成热力学上稳定的纳米结构。在此过程中，环境的变化可能导致不同纳米结构的产生。因此，通过调节外部环境，可诱导和调节多肽的自组装和驱动力，进而获得所需的多肽自组装纳米材料。

1. 多肽分子结构

作为自组装体系中的主体，多肽分子中氨基酸的种类、数量、排列顺序、手性以及侧链修饰均可对自组装过程和组装体结构产生重要影响。多肽自组装纳米结构的形态多样性源于其组成氨基酸之间相互作用的多样性。通过改变多肽序列中每个氨基酸的位置可以调节其组装行为，产生具有稳定纳米结构和各种功能的超分子材料。目前已获得的多肽可分为末端化学修饰肽和未化学修饰肽。通过在多肽 N 端和 C 端引入具有自组装特性或功能的基团（如脂肪酸链或环肽），可促进其自组装和生物应用。用于化学修饰的常见基团主要包括 9-芴基甲氧基羰基（9-Fluorenyl-methyloxycarbonyl，Fmoc）、叔丁氧基羰基（t-Butyloxy Carbonyl，Boc）、不同长度的脂肪酸链、萘基和精氨酸-甘氨酸-天冬氨酸（Arg-Gly-Asp，RGD）等。通过微调多肽序列中氨基酸种类和手性也可实现对其自组装过程的调控。多肽序列中的疏水性氨基酸和亲水性氨基酸的分布和数量决定了其自组装的最终结构，包括纳米纤维、纳米带、纳米棒和纳米管等。在设计特定功能的多肽纳米材料时，要考虑实现相应功能所需要的条件。

2. 溶剂的极性

溶剂可直接影响多肽自组装的纳米结构，并在构建超分子凝胶和调控材料特性方面发挥关键作用。溶剂通过改变其与多肽的疏水结构域间的相互作用，可控制多肽自组装结构的转化。极性和氢结合能力等溶剂特性可直接影响分子水平上多肽自组装的局部相互作用。研究表明，溶剂的极性可调控手性凝胶的纳米结构和性能；相邻苯基间的 π-π 聚集作用是凝胶形成的必要驱动力，可促进形成不同导电性的纳米结构。溶剂效应也可通过调节溶质溶解度与结晶度间的平衡和溶质-溶剂的相互作用改变溶质分子的堆积方式。另外，还可通过引入有机溶剂将原本不溶于水的多肽溶解以获得溶液，然后引入水溶剂以制备多肽水凝胶。这一方法也用于调控有机凝胶和水凝胶间的转化，有助于开发软物质材料。

3. 离子强度

离子强度的变化在由极性氨基酸组成的多肽自组装中起着至关重要的作用。通过在多肽自组装系统中引入不同类型的阳离子，发现离子强度和金属离子类型均可影响多肽的自组装机制。其中，含带电氨基酸的多肽（β-发卡肽、离子互补肽、超短肽和肽两亲性肽等）可通过盐离子来诱导其自组装。由于咪唑与几种配位金属离子的亲和力，组氨酸残基则主要参与金属离子的配位结合。因此，通过调节离子的浓度或引入其他的金属离子，可调控多肽的自组装过程和纳米结构。

4. pH

调节 pH 是控制和指导多肽自组装最常用的方法。研究表明，改变外部环境的 pH 是调节多肽自组装的重要手段。在研究 Fmoc-FF 超分子形成过程中发现，随着 pH 的增加，纳米纤维的螺旋度增加，多肽的二级结构也从 β-折叠转化为 α-螺旋，这是因为带电多肽间增强了的静电排斥作用；引入带电氨基酸的多肽对 pH 具有内在敏感性，从而产生了结构的变化。另有研究表明，调节 pH 可改变 Fmoc-FWK 肽单体间的静电相互作用，从而调控超分子纳米纤维的扭曲方向从左手螺旋转化为右手螺旋；Fmoc-FWK 肽单体可以在酸性溶液中自组装成均匀的左手螺旋结构，而在碱性溶液中则自组装成右手螺旋结构。多肽自组装的 pH 依赖性在化妆品、伤口愈合及肿瘤治疗中具有现实作用；通过调节 pH，多肽自组装体可从纳米带转化为扭曲纳米纤维，进而在再生医学中发挥作用。

5. 温度

多肽超分子凝胶的制备方法之一是通过加热将原本不溶的多肽溶于溶剂中，然后冷却至一定温度以获得相应的多肽凝胶。温度可触发多肽的自组装过程，也可调控其纳米结构。然而，大多数多肽自组装形成的物理凝胶是不稳定的系统，其形成是一个自发的、热动力学驱动的过程；在温度变化下，弱的非共价相互作用导致这类凝胶可转化为热力学上稳定的晶体结构。通过加热/冷却和低温处理等手段可调节体系温度以改变分子堆积方式，诱导纳米纤维转化为晶体结构。有研究表明，在热力学控制的热处理下，芳香短肽可自组装成稳定的超分子水凝胶；通过对多肽溶液进行反复加热和淬火可促进多肽单体自组装成纳米螺旋结构，进而产生水凝胶；而在对加热后的溶液进行热退火处理时则可观察到大晶片结构的产生，从而破坏了稳定凝胶的结构。

6. 光照

含有光敏基团的多肽的自组装行为可以通过光照触发或控制纳米结构。通过光照刺激，可诱导化学反应和结构变化，触发溶液和凝胶间的相变，进而调控所需纳米材料的结构和功能。当凝胶形成时，通常认为由此产生的分子构象有利于多肽分子间更紧密的堆积。

7. 超声处理

超声波可以有效促进多肽分子在溶剂中溶解或分散，并通过破坏、重新分布和重建小分子的堆积等过程来制备超分子凝胶。此外，超声处理产生的能量可短暂破坏多肽组装体系中的非共价相互作用，然后在热力学更有利的情况下指导多肽分子克服能垒发生排列重组，从而实现纳米结构的调控和转换。

三、多肽自组装超分子材料的性能

多肽分子通过多种非共价相互作用自组装形成功能各异的超分子材料，并在多个领域发挥重要的功能。

1. 生物相容性

天然组装获得的多肽自组装超分子材料具有良好的生物相容性，可在生物体内通过特定酶作用而降解。这使得多肽超分子材料在生物医学和化妆品美容领域具有广泛的应用。如基于多肽自组装形成的水凝胶，具有良好的生物相容性和高含水量等特性，通过不同活性多肽组成的超分子易于透过生物膜而发挥其抗老化、保湿作用，还可设计功能化的多肽水凝胶以促进细胞的迁移、增殖和分化。

2. 结构可调性

通过设计改变多肽的分子结构和在溶剂中的浓度，可调节其自下而上自组装形成超分子材料的纳米结构，进而达到其发挥需要的功能特性。组成多肽的氨基酸可提供大量的活性位点，以通过不同基团的化学修饰来调节其自组装行为，从而产生纳米结构的变化。如将具有特定功能的构建单元化学修饰到自组装肽序列上，可构建功能各异或性能增强的超分子材料。

3. 刺激响应性

通过改变外界的环境条件，可使多肽分子在自组装和解组装间转换，这在设计不同功效的化妆品中具有重要意义，还可使多肽超分子材料产生原位刺激响应性。多肽自组装成超分子材料的驱动力主要是非共价相互作用，动态特性促使其在受到外界环境刺激（物理、化学和生物刺激）时可表现出刺激响应性，进而可改变和调控其自组装结构和功能。

四、多肽超分子凝胶

多肽超分子凝是多肽分子通过非共价相互作用自下而上自组装形成的一类高溶剂含量的软物质材料。基于非共价相互作用的刺激响应性和多肽的生物相容性，多肽超分子凝胶已广泛用于多个领域。许多研究结果表明，机械性能对多肽超分子凝胶应用的方向至关重要。根据不同多肽的结构特点，多肽超分子凝胶可分为芳香肽凝胶、两亲性肽凝胶、离子互补肽凝胶以及环肽凝胶。

1. 芳香肽凝胶

芳香肽凝胶是指一类含有芳香氨基酸（苯丙氨酸、酪氨酸和色氨酸）或芳香基团化学修饰的多肽凝胶，其中，主要通过芳香基团的 $\pi-\pi$ 堆积相互作用驱动多肽自组装成凝胶。为改善多肽的自组装和成胶性能，可引入新的芳香基团，以增加 $\pi-\pi$ 堆积相互作用来促进多肽自组装。目前报道的主要芳香基团包括 Fmoc 和 Nap 基团等。Fmoc 基团修饰的自组装多肽由于其固有的生物相容性和疏水性而得到了广泛的研究。通过 Fmoc 增强分子间芳香堆积相互作用以协助自组装，使得 Fmoc 修饰的氨基酸和短肽自组装动力学更快，并具有显著的物理化学性能，在细胞培养、化学合成模板、光学器件、药物递送、生物催化和肿瘤治疗等领域均具有巨大的应用潜力。目前研究最广泛的是 Fmoc-FF，其中 FF 是来自 AD 相关的 Aβ 蛋白的核心序列。自发现自组装成类固性水凝胶以来，Fmoc-FF 的自组装和相关应用已成为各种生物软物质领域的研究热点。研究证明，在自组装过程中，Fmoc-FF 分子通过横向 $\pi-\pi$ 相互作用形成圆柱形纳米纤维，通过溶剂成分（溶剂类型和极性、有机溶剂和水的比例、缓冲溶液）、分子结构、溶液条件（离子类型和价位、离子强度和 pH）和外部条件（温度、同质化方法）等手段可对多肽自组装凝胶性能进行调控。此外，与其他化合物的共组装，为调控 Fmoc-FF 的自组装行为和水凝胶性能提供了一种简单的手段，所构建的成分依赖性水凝胶的弹性模量可在 502Pa（Fmoc-FF+Fmoc-D）到 21.2kPa（仅 Fmoc-FF）范围内变化。

2. 两亲性肽凝胶

由一两个氨基酸组成的亲水性头部，可促进多肽分子自组装成各种纳米结构。根据这一规则，研究人员选择了不同的疏水性或亲水性氨基酸来设计各种两亲性

肽。通过 8 个亲水性赖氨酸和 9 个疏水性缬氨酸结合获得了一种两亲性肽
（MAX1），可自组装成水凝胶；进一步研究发现，MAX1 在低温水中溶解，而在高
温水中可形成 β-发夹（β-hairpin）结构，进而自组装成纤维，并通过非共价相互
作用生成水凝胶。此外，有研究表明水凝胶的机械性能对三维神经元细胞的生长和
神经元再生很重要；纳米纤维对细胞的黏附、生长和增殖有直接影响，两亲性多肽
的水凝胶有助于烧伤伤口的愈合。

3. 离子互补肽凝胶

离子互补肽主要由周期性重复交替的带电氨基酸和亲疏水性氨基酸组合而成。
疏水性氨基酸主要包含缬氨酸、丙氨酸、亮氨酸、异亮氨酸和苯丙氨酸，而亲水性
氨基酸主要包含带正电荷的精氨酸、赖氨酸、组氨酸和带负电荷的谷氨酸及天冬氨
酸。根据亲水表面的电荷分布，离子互补肽一般可分为四类：模态 I （－＋－＋
＋＋＋）、模态 II （－－＋＋－－＋＋）、模态 III （－－＋＋＋）和模态 IV （－－－＋＋＋＋＋），通过
强疏水相互作用和静电相互作用，离子互补肽采取 β-折叠二级结构可自组装成稳
定的纳米纤维；其中，丰富的离子效应在氨基酸和多肽衍生胶凝剂的凝胶化中发挥
重要作用。研究者构建的一系列离子互补肽自组装成的水凝胶，在多个领域发挥作
用。带有周期性重复正负电荷的离子互补肽还可通过类似盘堆积的模式，在离子相
互作用下行成典型的 β-折叠结构，最终自组装成纳米纤维网络组成的水凝胶。具
有不同精氨酸含量的抗菌水凝胶，增加精氨酸的含量和重量百分比可以增强该离子
互补肽水凝胶的抗菌能力。

4. 环肽凝胶

与线性肽相比，环肽具有较强的化学和酶稳定性，还可表现出不同的自组装行
为和纳米结构。Ghadiri 等首次合成了第一类自组装环肽 cyclo-（L-Gln-D-Ala-L-
Glu-D-Ala）2，其主要由堆积的环肽单体组成，具有扁平构象结构，可通过相邻
环肽中酰胺基团间的氢键组装成稳定纳米管。研究者使用交替的 D-和 L-氨基酸构
建了环肽凝胶，并揭示了驱动环肽形成有机凝胶和水凝胶的关键参数，为开发更多
环肽胶凝剂提供了思路。研究者还构建了一种流动性较好的环肽预成胶剂，可实现
低阻力注射，并在心脏疾病相关酶作用下快速自组装成黏弹性水凝胶；由于该环肽
具有良好的血液相容性和低细胞毒性，使其可用于心肌梗死的微创导管注射治疗，
这为通过导管输送自组装肽至心脏提供了可能。

五、多肽超分子纳米结构的常用分析方法

由于多肽自组装过程的复杂性和动态变化的特点，需要使用多种技术对其进行分析研究。常用研究方法主要包括成像技术、光谱分析、X-射线（X-ray）技术、电学以及机械性能分析等。这一系列研究方法有助于理解多肽在不同体系中的组装行为，有利于拓宽多肽自组装的应用领域。

（一）成像技术

多肽自组装纳米结构成像技术和工具，包括原子力显微镜（Atomic force microscope，AFM）、透射电子显微镜（Transmission electron microscope，TEM）、扫描电子显微镜（scanning electron microscope，SEM）等，以提供多肽纳米结构的形态和尺寸的信息。

1. TEM

TEM，简称透射电镜，其成像原理是在真空环境下，具有能量的电子束与超薄样品中的原子碰撞后方向发生改变，产生的立体角散射可形成衬度不同的影像，最终在成像器件上显示出来以获得样品的形貌特征，还可以通过入射电子波长与原子势的量子力学相互作用提供样品内部结构的详细信息。较高的放大倍数和高于光学显微镜的分辨率（0.1nm），使得 TEM 可在材料科学和生物学上具有广泛的应用。

2. SEM

当样品太厚而无法通过电子显微镜（EM）成像时，SEM 可提供替代手段获得结构形貌特征，其成像原理主要是利用高能电子束扫描样品，通过二者之间的相互作用来激发各种物理信息，并对其进行收集、放大和再成像，以获得样品的微观形貌。SEM 是研究材料表面特征最广泛使用的手段，具有较大的扫描范围，放大倍数可在几倍到几十万倍间随意切换。在成像过程中还可通过调节样品台的旋转角度收集样品的多方位结构信息。因此，SEM 具有较好的立体成像效果。这一系列的优点促使 SEM 在各种材料结构表征中发挥重要作用。

3. AFM

AFM 是通过检测待测样品表面和一个微型力敏感元件之间极微弱的原子间相互作用力来研究物质表面结构及性质的分析仪器。将样品置于压电扫描管上，然后

移动样品于悬臂上探针的下方；当探针在样品表面进行扫描时，可以测量探针与样品表面间的力，从而形成 AFM 图像。AFM 除了可以获得样品的表面形貌结构、高度和宽度及表面粗糙度等特性外，还可以在力光谱模式下获得样品表面和探针间相互作用力的信息；采用 AFM 的峰值力定量纳米力学（Peak Force Quantitative Nano-mechanical，PF-QNM）模式可分析样品的机械性能；通过导电 AFM 可获得样品的电学性质；也可以根据需要选择具有特定性能的 AFM 探针对样品进行单分子操纵。

（二）光谱分析

光谱分析方法通过检测分子跃迁（核自旋、分子振动或电子态等）可获得多肽自组装纳米结构的化学和物理特性（键的性质、振动模式、共价和非共价相互作用等）。根据辐射源的不同，可分为荧光光谱、圆二色谱（Circular Dichroism，CD）和傅里叶变换红外光谱（Fourier Transform Infrared Spectroscopy，FTIR）等。

1. 硫黄素 T 荧光

硫黄素 T（ThT）是由苯并噻唑的二甲氨基苯衍生物组成的阳离子荧光染料，其荧光发射信号强烈依赖于多肽（蛋白）分子的 β-折叠结构，因此可作为蛋白积聚体标记，然后在检测多肽自组装形成的二级结构中发挥作用。其作用原理主要是：在 440nm 左右的激发波长下，硫黄素 T 与含有 β-折叠结构的样品结合后，在 485nm 附近发射出增强的荧光信号，其发射强度的高低依赖于所形成的淀粉样纤维的数量。除了可通过硫黄素 T 荧光发射光谱比较多肽自组装时 β-折叠二级结构含量外，还可以通过具有高通量、操作简便和快速高效等优异特性的酶标仪，实现对多肽自组装动力学过程的实时监测。

2. CD 谱

CD 谱是一种用于推断手性生物分子构型和构象的旋光光谱，可根据包括多肽在内的手性生物分子左手性和右手性相互作用的差异，产生不同的 CD 信号，然后在近紫外到远紫外区域的 180~320nm 内，提供多肽二级结构的相关信息。目前，CD 谱是测定多肽或蛋白质二级结构最广泛使用的方法，可在较接近生理状态的稀溶液环境中快速、简单并较准确地研究多肽或蛋白质的构象。通常，肽键吸收在 180~260nm 波长内产生的远紫外特征峰可提供多肽或蛋白质的二级结构，而近紫外（320~250nm）波长内的 CD 特征峰主要源于光学活性氨基酸（色氨酸、酪氨酸、苯丙氨酸和半胱氨酸等）。

3. FTIR 光谱

FTIR 是一种用于生物学、材料科学、化学工程领域的分析手段。FTIR 光谱仪具有信噪比高、光谱范围广、快速高效和重现性好等特点，可在多肽和蛋白质二级结构的研究中发挥作用。

FTIR 光谱技术通过检测中红外区域不同波束范围内的酰胺 A 带（3200~3300cm^{-1}）、酰胺 I 带（1600~1700cm^{-1}）、酰胺 II 带（1480~1580cm^{-1}）、酰胺 III 带（1200~1300cm^{-1}）的分子振动，可获得多肽的自组装结构和非共价相互作用的信息。其中，多肽和蛋白质的酰胺 I 带在红外光谱中的吸收，可提供丰富的二级结构信息。因此，红外光谱中的酰胺 I 带可用于检测和分析多肽或蛋白质的二级结构，如 α-螺旋、β-折叠、β-转角和无规卷曲结构等。FTIR 光谱还可用于了解分子如何堆积及分子间相互作用方式，如氢键和 π-π 堆积相互作用等。为定量分析多肽的二级结构，可通过分峰拟合的手段来处理红外光谱中的酰胺 I 带，以获得不同二级结构的含量，且可通过分析酰胺 III 带以佐证二级结构的含量变化。

（三） X-ray 技术

作为一种高能电磁波，X-ray 通过与多肽自组装纳米结构相互作用（反射、衍射或散射），为确定其尺寸、形状和结构提供有价值的信息。其中，常用的 X-射线衍射（X-ray diffraction，XRD）图谱通过聚焦于多肽构建单元间的非共价相互作用来确定其堆积参数和分子组装，产生与氢键、π-π 堆积和 β-折叠二级结构相关的衍射峰，并通过 Bragg 定律分析肽分子间的间距。此外，XRD 测量还可用于揭示多肽自组装纳米晶体的组成和晶胞参数。小角 X-射线散射（Small- angle X-ray scattering，SAXS）则提供了一种快速检测多肽自组装纳米结构的方法，可在生理条件下分析无序的组装体。研究者通过在液体条件下对精氨酸封端的两亲性多肽自组装结构进行 SAXS 分析，揭示了其双层纳米片结构。X-ray 也会对多肽自组装纳米结构产生影响，需要在其表征分析时，仔细优化辐射时间和实验条件，以消除其对结构参数测量的影响。

（四）电学和力学性能分析

多肽自组装纳米结构的电学性质（电导率、电阻、电荷移动性），可通过与电极连接的探针测量的电流（Current，I）-电势（Voltage，V）曲线来确定；如对I-V曲线进行线性拟合，可了解多肽自组装纳米结构的电阻特性。为高效检测多肽自组装纳米结构的电学性质，研究者开发了一系列检测装置和方法，包括导电探针原子力显微镜（Conductive probe atom force microscopy，CP-AFM）、静电力显微镜（Electrostatic force microscopy，EFM）和阻抗谱（Impedance spectroscopy，IS）等。其中，CP-AFM具有独立光学反馈机制和可精准定点测量等优点，通常测量单个多肽纳米结构的I-V曲线，可确定多肽自组装纳米管的电荷转移特性。EFM通过探针尖端与样品表面间的静电相互作用产生共振频移，可用于分析多肽自组装纳米结构间的电化学差异。IS可分析多肽功能化表面的电化学特性和纳米结构与其他组分的相互作用，以检测纳米管薄层结构的电阻率。

　　多肽自组装纳米结构的机械性能是目前设计多肽凝胶的重要性能要求。通过AFM探针对样品进行黏附、拉伸、压缩或弯曲测试，可以分析其纳米力学性质。为研究多肽凝胶的宏观力学性能，还可通过振荡流变学或微流变学技术来确定其黏弹性行为，以突出由外部或内部刺激诱导的多肽纳米结构变化，进而在宏观上观察到凝胶-溶液（Gel-Solution，Gel-Sol）的转变过程。

　　在研究多肽自组装纳米结构时，通常上述的系列表征手段可相互佐证，以获得更可靠且更准确的信息。但在使用上述表征手段时，应注意测量的条件和适用场景，以期达到事半功倍的效果。

六、多肽超分子材料在生物医疗和化妆品中的应用

　　由于其具有独特的结构、良好的生物相容性、易化学修饰和刺激响应性等，多肽超分子材料在药物递送和肿瘤治疗、生物催化、抗菌材料、淀粉样蛋白积聚抑制、细胞培养、组织工程和化妆品活性物透皮促进等方面的应用取得了许多成果。

1. 药物递送和肿瘤治疗

　　多肽自组装纳米材料为解决肿瘤的靶向治疗方面提供了新的方法，不仅可以通过疏水相互作用与化学药物结合提高药物封载量，而且其在将药物靶向递送到病灶后可在体内被降解，从而降低生物毒性。研究者通过将药物与多肽超分子组装体结合，构建了具有高传递效率和高药物封装量的药物载体，进而可改善化学药物的治疗效果。多肽药物递送系统不仅具有传统纳米医学的优势，还具有优异的生物相容性、可降解性、刺激响应性、强特异性和高灵敏度等特性，进而在药物递送和肿瘤治疗中得到了深入研究。

多肽自组装生物材料除了在肿瘤治疗中用作药物递送的载体外，多肽本身也可以用作抗癌药物在癌症免疫治疗领域发挥作用。

2. 抗菌材料

细菌感染已成为全球主要的公共卫生挑战之一，而广泛使用的抗生素诱导的多重耐药性也给全球医疗保健带来了严重的干扰和巨大的经济负担。为解决耐药性这一问题，开发一系列新的替代抗菌材料，包括阳离子聚合物、金属纳米颗粒和抗菌肽，用于治疗细菌感染已迫在眉睫。特别是，亟需开发高效广谱并保持高生物相容性和生物安全性的抗菌剂。

具有优异抗菌活性的银纳米颗粒（Ag Nanoparticles，AgNPs）修饰的多肽金属水凝胶展现出可局部输送和持续释放、低剂量和低毒性、高生物利用率、延长药物作用效果和可调机械强度等优点，可以通过直接破坏细胞膜使得细胞质流出而杀死细菌，这为开发基于简单生物分子自组装多功能平台以实现广泛的生物应用提供了思路。此外，本身具有广谱抗菌性、优异杀菌性和低抗生素耐药性风险的抗菌肽，作为传统抗菌剂的替代品也引起了研究者们的广泛关注和研究。通过构建可用于抗菌材料的自组装肽最小模型，发现由二苯丙氨酸组装成的纳米结构与细菌膜相互作用，导致膜渗透和去极化，诱导应激反应调节因子上调并破坏细菌形态，从而抑制细菌生长并造成细菌死亡。此外，针对超级细菌的抗菌肽也取得了重要进展，通过对已识别的抗菌肽进行氨基酸替换和环化处理，以研究其抗菌活性和细胞毒性；以此获得了具有强抗菌活性、高稳定性和低毒性且不易产生耐药性的环肽 ZY4，有望为应对耐药性细菌感染提供有效的解决方案，也为构建理想抗菌肽提供了方法。

3. 淀粉样蛋白积聚抑制剂

人体内淀粉样蛋白的产生、构象转化和积聚与多种神经退行性疾病相关，包括阿尔茨海默病（Alzheimer's Disease，AD）和帕金森病（Parkinson's Disease，PD）等，其关键途径是通过将可溶性的蛋白质转化为富含 β-折叠的低聚物结构，并进一步形成纤维，从而诱导淀粉样蛋白相关的人类疾病。因此，干扰这一积聚过程将有助于促使淀粉样纤维解聚过程的发生，从而为预防和治愈这些疾病提供方向。具有自缔合性、筛选特性或抑制特性的多肽，可特异性破坏全长蛋白的纤维，从而抑制淀粉样纤维的形成。淀粉样蛋白（Amyloid-β，Aβ）纤维有一定的取向，具有手性特性，因此手性抑制是构建选择性靶向抑制剂的关键。目前，研究者已通过对多肽结构的合理设计获得了高特异性肽抑制剂，包括 AD 相关的全 D 型氨基酸抑制剂和与淀粉样纤维相关的非天然 L-型氨基酸抑制剂，可破坏全长 Aβ 蛋白及 Tau 蛋白纤维的形成。有人通过将具有 β-结构破坏特性的脯氨酸和二苯丙氨酸结合，获得了一系列不同手性的三肽，用于功能性分子聚合物的构建；结果表明异手性立体异构体通过与二苯丙氨酸结合，有效抑制了淀粉样纤维的形成，并表现出高抗蛋白酶降解性和良好的生物相容性，这表明异手性短肽有望用于开发淀粉样蛋白抑制剂。

4. 细胞培养和组织工程

人造仿生水凝胶是一种组织工程和三维细胞培养有前途的替代材料，可用于重建体内生理环境。仿生水凝胶不仅可复制 ECM 的结构，还可复制机械性能和生化功能等其他基本特征。与化学交联水凝胶不同，非共价相互作用形成的超分子水凝胶具有可生物降解和外界环境响应性等优点。其中，氨基酸和多肽水凝胶具有良好的生物相容性、可操纵的生物活性、出色的凝胶能力和多功能合成途径等优点，是支持三维细胞生长最有希望的材料，并有望在再生医学中发挥作用。通过构建自组装离子肽 FEFEFKFK 水凝胶，可用于体内和体外软骨细胞的封装，有望用于软骨修复。

除离子肽水凝胶外，pH 响应性肽水凝胶也可在细胞培养中发挥作用。将溶解有 Fmoc 修饰的芳香二肽的强酸性和强碱性溶液调节至中性时，可观察到水凝胶的形成，混合短肽溶液和细胞悬浮液可将细胞原位封装在水凝胶内，RGD 序列结合水凝胶可促进皮肤成纤维细胞的生长。与非功能性凝胶相比，将 Fmoc-RGD 引入仿生胶原蛋白凝胶获得的复合支架，可增强人类角膜频闪成纤维细胞（human Corneal Stroboscopic Fibroblasts，hCSF）的黏附和增殖。此外，通过掺入 Fmoc-RGD 自组装纳米纤维，胶原蛋白基质凝胶的收缩可显著限制成纤维细胞的收缩作用。Fmoc-FF 和 Fmoc-RGD 共组装构建了一种生物活性水凝胶，可以支持人类皮肤成纤维细胞的三维培养；然后，封装的皮肤成纤维细胞发生可控沉积。当去除 Fmoc-RGD 或用 Fmoc-RGE 取代时，不再检测到成纤维细胞的正常功能，包括扩散、增殖、ECM 分泌和组织，这表明 RGD 序列对体外皮肤再生很重要。此外，还可通过调节溶剂获得用于 3D 细胞培养的多肽水凝胶。

复方多肽超分子水凝胶用于化妆品具有紧致和抗老化作用。将不同活性的脂肽，包括棕榈酰三肽-1（Pal-Gly-His-Lys-OH）、棕榈酰三肽-5（Pal-Lys-Val-Lys-OH）、棕榈酰五肽-4（Pal-Lys-Thr-Thr-Lys-Ser-OH）、棕榈酰四肽-7（Pal-Gly-Gln-Pro-Arg-OH）等双亲型分子与多肽三肽-1（Gly-His-Lys-OH）、乙酰基六肽-1（Acetyl-norLeu-Ala-His-DPhe-Arg-Trp）、六肽-9（Gly-Pro-Gln-Gly-Pro-Gln）、十肽-4（Cys-Asp-Leu-Arg-ArgLeu-Glu-Met-Tyr-Cys-OH）和环肽芋螺多肽组成复方多肽，利用超分子技术将它们形成稳定的超分子水凝胶结构，具有易于透皮吸收和长效的抗皱作用，如图 10-1 和图 10-2 所示。

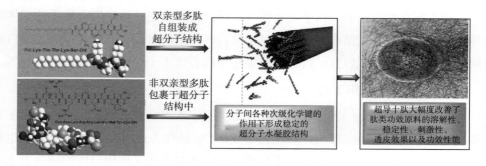

图 10-1　多肽形成超分子过程

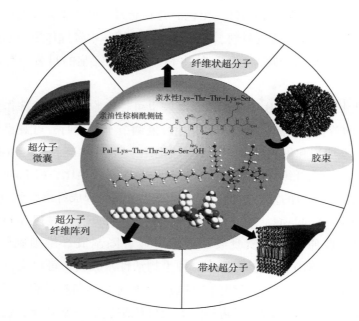

图 10-2　多肽超分子、纳米结构示意图

第二节　DNA 超分子的制备及其在生物医学和化妆品中的应用

以 DNA 为结构单元的生物医用水凝胶的设计和制备越来越受到重视。基于 DNA 的超分子水凝胶不仅具有水凝胶的骨架功能，还保留了其生物学功能，包括其优异的选择特异性、结构可设计性、精确的分子识别能力、突出的生物相容性等

等。它在生物医学领域显示出重要的应用前景，如药物和活性物质的递送、生物传感和组织工程。充分利用 DNA 分子的特性，通过各种交联方法制备各种性能优异的纯 DNA 基水凝胶，或与其他功能材料结合，制备各种基于 DNA 的多功能杂化水凝胶也被广泛研究，扩展了其应用的广度和深度。

DNA 是大多数生物正常生长和发育所必需的大分子，是编码、储存和传递遗传信息的主要载体。DNA 一般含有两条脱氧核糖核苷酸单链，每条单链都是由含有腺嘌呤（A）、鸟嘌呤（G）、胞嘧啶（C）和胸腺嘧啶（T）四种碱基的单体组成，所以 DNA 在生物医学领域也可以作为阴离子嵌段共聚物。根据链上碱基的特定配对原理，两条单链可以形成稳定的通过氢键连接的双螺旋结构。这些碱基的高度选择性识别和序列编码的可设计性赋予了 DNA 强大的组装能力。此外，DNA 突出的生物相容性和生物降解性、长效性以及易于修饰引起了生物医学领域的广泛关注，各种结构精确、功能丰富的 DNA 组装材料，尤其是基于 DNA 的水凝胶不断涌现，其应用领域也逐渐从生命科学扩展到生物医学和美容领域。

大量研究表明，基于 DNA 的水凝胶不仅保留了 DNA 的生物功能，还具有水凝胶的骨架功能。除了水凝胶的一般特性外，它还具有良好的选择特异性、结构可设计性和精确的分子识别能力。因此，基于 DNA 的水凝胶在药物和活性物质的递送、生物传感、组织工程、蛋白质工程和细胞成像等领域显示出优异的发展和临床应用前景。随着研究的不断深入，通过利用 DNA 分子的特性，在 DNA 中引入其他功能分子或元素，或与其他功能材料结合，研究人员开发了各种交联方法来制备纯 DNA 水凝胶或 DNA 杂化超分子水凝胶。

一、纯 DNA 水凝胶制备的原理

纯 DNA 水凝胶是一种完全由脱氧核糖核苷酸链组成的水凝胶，促使它们形成的作用力通常是氢键、范德华力或链间酶促反应。由于精确的结构可控性、特定的响应性和优异的生物降解性，纯 DNA 水凝胶在构建用于药物递送、生物传感和其他生物医学应用的敏感智能材料中发挥了相当大的作用。

1. 氢键结合

DNA 包含腺嘌呤、胸腺嘧啶、鸟嘌呤和胞嘧啶四种碱基，这四种碱基具有高度的互补配对特异性。因此，通过氢键将相邻 DNA 上的互补碱基序列交联成为纯 DNA 水凝胶的主要形成方式。这类水凝胶通常具有稳定和可控的结构，表现出许多良好的性质，如自修复和动态响应，并在实践中得到广泛应用。

2. 范德华力

由于单链脱氧核糖核苷酸具有特殊的柔性，DNA 分子容易形成特定的空间立体结构，长链 DNA 分子很容易发生物理纠缠，形成宏观水凝胶。这类纯 DNA 水凝胶通常表现出很好的机械性能，并且在外界环境的刺激下具有可逆性，适用于多肽等药物或活性物质的递送。

3. 酶促反应

传统的基于氢键构建 DNA 水凝胶的策略通常需要足够长的黏性末端来稳定水凝胶，这在实际应用中受到限制。研究表明，连接酶还可以将 DNA 片段与互补的黏性末端连接起来，甚至修复具有 3′-羟基和 5′-磷酸末端的双链 DNA（dsDNA）中的缺陷。因此，通过连接酶的共价交联形成基于 DNA 的水凝胶具有实际应用前景。

二、 DNA 杂化超分子水凝胶制备的原理

随着 DNA 水凝胶研究的深入，各种新型功能材料或元件被广泛引入到 DNA 水凝胶中，极大地丰富和拓展了 DNA 水凝胶的功能和应用。根据交联和形成方法的不同，这些基于 DNA 的杂化超分子水凝胶可以分为两大类：物理交联水凝胶和化学交联水凝胶。物理交联水凝胶主要是通过 DNA 结构单元和其他活性成分之间的物理相互作用形成的，如静电相互作用、配位相互作用、π-π 堆积效应等。这些交联反应相对简单和快速，并且形成的水凝胶通常表现出优异的响应性。而化学交联水凝胶，由于其内部共价键连接，具有相对稳定的结构和较强的强度，从而扩大了 DNA 杂化超分子水凝胶在生物医学领域的应用范围。常见的化学键或化学反应包括双键聚合、胺-环氧化反应等。

1. 静电作用

因为 DNA 链的碱基有许多磷酸基团，所以 DNA 通常呈负电性。因此，通过强静电相互作用使 DNA 与带正电荷的分子交联形成杂化水凝胶是非常容易的。通过界面扩散将 ssDNA 或 dsDNA 与阳离子 CTAB 或带正电荷的多肽等混合制备静电交联的基于 DNA 的水凝胶，其不需要额外的交联剂和溶剂。

2. 配位作用

由原子或离子与配体分子的配位相互作用形成的配位化合物广泛应用于生命科学、工业生产和其他领域。在水凝胶领域，通过金属离子的配位交联制备聚合物-

金属杂化水凝胶也引起了广泛关注。许多金属离子易于与 DNA 链上的碱基或磷酸基团配位，从而使相邻的 DNA 链交联形成杂化水凝胶。这种水凝胶特别适用于生物医学领域，如离子传感检测、敏感药物控制释放等。

3. π-π 堆积效应

π-π 堆积是芳香物质的一种特殊空间排列，由此产生的 π-π 堆积效应是一种类似氢键的弱相互作用，广泛存在于 DNA 双螺旋结构中。因此，基于 DNA 的杂化水凝胶也可以通过 DNA 和芳香族化合物［如氧化石墨烯（GO）衍生物］之间的 π-π 堆积相互作用来交联。由于 dsDNA 和石墨烯之间的 π-π 堆积作用很弱，用常规方法很难从 dsDNA 形成稳定的水凝胶。因此，发展了一种制备 GO/dsDNA 复合水凝胶的简单自组装方法。将低浓度的 GO 和 dsDNA 直接混合在含有钠离子的特殊缓冲溶液中，在不加热的情况下形成了 3D 水凝胶。原理是缓冲液中的阳离子可以结合 dsDNA 中的磷酸根离子，以及 GO 中的羧酸根离子，从而减少 dsDNA 和 GO 之间的静电排斥。因此，石墨烯和 dsDNA 之间的 π-π 堆积可以得到稳定的水凝胶。

4. 双键聚合

通过双键聚合形成的基于 DNA 杂化超分子水凝胶的化学交联反应通常不直接发生在 DNA 嵌段上。相反，DNA 嵌段通常首先与可聚合单体共价连接，然后通过这些单体的聚合获得基于 DNA 的水凝胶。用此方法制备了一类基于 DNA 的便携式光学水凝胶寡核苷酸生物传感器。

5. 胺-环氧化反应

乙二醇二缩水甘油醚（EGDE）结构上含有两个环氧基团，可以沉淀与氨基、羟基、巯基等亲核基团的点击反应。它广泛用于多糖、蛋白质和其他生物分子。利用这一原理，通过在碱性条件下直接混合 EGDE 和 DNA 制备了基于 DNA 的水凝胶，使用 EGDE 作为交联剂，四甲基二乙胺（TEMED）作为催化剂，鲑鱼 dsDNA 作为骨架材料。结果显示所得 DNA 基水凝胶的弹性模量随着 EGDE 含量的增加而增加。

除 EGDE 外，其他具有两个环氧基团的物质，如聚乙二醇二缩水甘油醚（PEGDE）也可用作交联剂。DNA 链首先通过 PEGDE 共价交联并在低温下形成基于 DNA 的冷冻凝胶。

6. 脂类作用

以脂质体为交联剂，利用疏水相互作用构建了一种新型刺激响应性 DNA 水凝胶控释系统。水凝胶的凝胶-溶胶转化特性也可以通过温度、限制性内切酶和其他因素来调节。这种水凝胶还具有自愈合和可注射的特性，在药物控制释放领域显示出良好的应用前景。另有研究报道，利用 DNA 结合蛋白与 DNA 的特异性结合，设计了一种具有小分子配体响应性的新型 DNA 基复合水凝胶。该研究对合成具有刺激敏感性的生物杂化材料如药物、代谢物或毒素具有重要的启发意义。

7. 多重作用

在基于 DNA 的水凝胶中引入多重交联作用，可以更好地调节所形成水凝胶的机械强度、响应性和其他性质。通过利用氢键和静电相互作用来改善凝胶的机械性能设计了一种双重交联的可注射 DNA 水凝胶，DNA 链首先通过互补碱基对之间的氢键交联。然后引入具有各向异性电荷分布的 2D 硅酸盐纳米盘，通过与 DNA 链的静电相互作用产生额外的网络交联点，从而增强基于 DNA 的水凝胶的机械弹性。随着硅纳米片含量的增加，水凝胶的弹性和屈服应力增加。所得纳米复合水凝胶可用作持续递送有前景的化学引诱剂基质细胞衍生因子-1α（SDF-1α）的载体，而不会损害其生物活性。

此外，研究人员通过氢键、静电相互作用和共价相互作用的三重组合，设计和开发了一种 DNA 启发的水凝胶机械感受器，具有类似皮肤的感知和机械行为。所得皮肤样水凝胶表现出高柔软性、快速自恢复性、良好的生物相容性和循环稳定性。

三、 DNA-多肽超分子自组装

在自然界中，多肽、蛋白质、脂质和 DNA 等分子控制着生物活性信号的自组装、结构特性和纳米组装体。在合成材料中复制这些特性对于将它们与生物体的生命系统相结合至关重要，其应用包括：活性化合物或治疗性药物的输送、目标传感和成像、组织工程以及生物体活动机制和活动力的基础研究。近年来，在构建自组装材料中使用越来越多的两种分子是 DNA 和合成肽。DNA 具有高度可预测的沃森-克里克碱基配对规则，为复杂纳米结构的合成提供了几乎无限的编程能力：①多个配体的序列特异性固定，以及通过链置换反应的两个组分的可逆连接；②多肽通常复制全长蛋白质的生物效应，但具有更短且更易于通过固相合成进行合成的优势，这使得能够掺入非克隆合成氨基酸。肽还具有丰富的自组装行为，可以生成纳米结构作为组织工程的细胞外基质（ECM）模拟支架；③共价 DNA-肽杂交分子使得一系列材料能够将 DNA 纳米技术的可编程性和关键功能特性与肽的生物活性、结构和化学多样性相结合。利用分子间弱相互作用或者静电相互作用，调控多肽与DNA 分子的共组装，用于构筑仿生物细胞纳米颗粒等功能材料，在生物医药具有很好的应用特性。

（一）　DNA-肽杂化超分子的形成

目前，两种新兴的 DNA-肽纳米材料显示了创造生物功能材料的特殊前景。首先使用 DNA 作为可编程支架来控制多个肽的纳米级间距，以便与单体肽相比增强靶结合［图 10-3（1）和图 10-3（2）］。其次，合成的 DNA-肽生物材料应用于调节细胞外环境，主要是可逆地控制生物材料支架［图 10-3（3）和图 10-3（4）］。所述的肽 DNA 缀合物都是通过修饰的寡核苷酸和合成肽的化学偶联而合成的，直接或通过使用双功能交联剂［图 10-3（5）］。

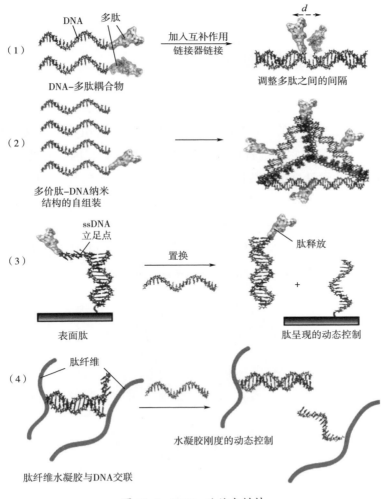

图 10-3　DNA-肽纳米材料

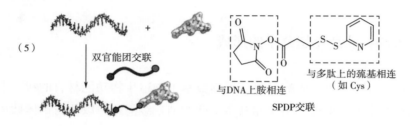

图 10-3　DNA-肽纳米材料（续）

（1）DNA-肽缀合物可用于使用互补链接头调节肽之间的距离。（2）由 DNA-肽缀合物和未修饰的链自组装 DNA 纳米结构（例如四面体笼）。（3）立足点介导的链置换，以从生物材料表面去除生物活性肽。（4）DNA-肽水凝胶的可逆交联，以调节机械性能和分级组装。（5）使用双功能交联剂（如胺和巯基反应性接头 SPDP）合成 DNA 肽缀合物。

（二）　DNA 支架上的多价活性肽

尽管短肽可能比全长表达的蛋白质更稳定、更易扩展，但它们的活性通常不如其来源分子。增强其效力的一种策略是产生相同肽的多价组装体，或者协同定位两种不同的肽。DNA 是将它们连接成这种组件的自然选择，因为它的可编程序列和单分散长度允许化学计量定义数量的不同分子通过带有互补序列的 DNA-肽杂交体整合。这一性质与其他自组装系统（如肽纳米纤维）形成对比，后者依赖于较低特异性的超分子力，并且通常产生高度对称的重复表位组装体，而不是离散的单体组装体。有研究将 DNA 与两个低亲和力的肽连接成一个更高亲和力的偶联体，他们将其称为"synbody"（合成抗体），如图 10-4 所示。

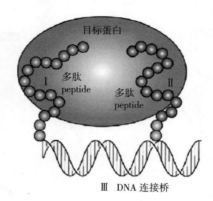

图 10-4　合成抗体

药物递送是生物活性配体在 DNA 支架上显示的重要作用之一。通过使用自组装 DNA 四面体作为支架来展示靶向肽，以递送结合到该结构的 siRNA，从而证明了这一特性（图 10-5）。DNA 支架是快速筛选各种生物活性配体组合的理想选择。

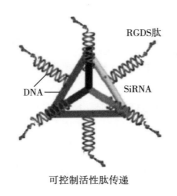

可控制活性肽传递

图 10-5　DNA 纳米结构上的多价肽展示

（三）多 DNA-肽纳米级形态的动态控制

细胞外基质（ECM）是一个复杂的环境，提供对指导细胞行为至关重要的机械和化学信号。天然细胞外基质是一个高度动态的环境，配体呈现和机械特性的时间变化在细胞行为中起着重要作用。在设计的生物材料中概括这种复杂性是具有挑战性的，特别是在多个周期内对多种特性进行独立和可逆的控制。研究开发了一系列基于自组装 DNA-肽的水凝胶。DNA-肽水凝胶是构建这种材料的绝佳候选材料，因为它们可以将 DNA 的可编程杂交特性与肽的生物活性效应或独特结构特性相结合。

两种肽配体——层粘连蛋白模拟肽 IKVAV 和一种概括 FGF-2 活性的肽被正交调节，导致在表面培养的神经干细胞的迁移和增殖。序列特异性触发链就像控制旋钮，可以独立可调地打开和关闭，从而使每个信号都能平稳呈现。

DNA 的结构可编程性及其动态和序列特异性特性是对肽的生物活性和结构多样性的有力补充。用多种肽修饰的 DNA 支架能够重现全长蛋白质的功能，提供一些功能肽紧密结合的界面或催化活性位点。DNA 支架将有效地再现大部分蛋白质序列并允许天然蛋白质不可能的新结构存在。DNA 也可用于控制肽的构象，通过将后者束缚在支架上的多个点上以增强它们的活性进一步模仿天然蛋白质。当需要独立控制大量信号并控制硬度或纳米级形态时，DNA-肽杂交体也将在生物材料中发挥越来越大的作用。DNA 对配体呈递的动态控制见图 10-6。

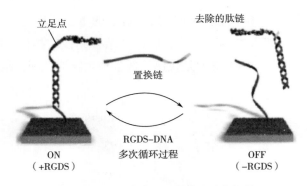

图 10-6　DNA 对配体呈递的动态控制

（四）　DNA 超分子水凝胶在生物医学和化妆品中的应用

基于 DNA 的水凝胶具有独特的性能，这些水凝胶由不同的组装 DNA 超分子或纳米结构构建而成，或通过多种交联方法与新型功能材料或元件结合。所得的纯 DNA 水凝胶或杂化水凝胶具有优异的选择特异性、良好的结构可设计性、精确的分子识别能力和可调响应性的优点。它们的物理化学性质也可以通过对其结构单元的适当设计来轻松定制。因此，基于 DNA 的水凝胶在生物医学和功效型化妆品领域引起了极大的关注，特别是在活性物质的透皮转运、靶向药物的递送、生物传感和组织工程等。

1. 药物递送

治疗分子的靶向递送和控制释放一直是现代技术研究中的重要问题。它们吸引了对载体、生物相容性、生物降解性以及在不同疾病背景下的转运和释放模式的广泛研究。作为一种卓越的骨架材料，基于 DNA 的水凝胶因其良好的生物相容性、低毒性、靶向性和其他特性而克服了靶向治疗系统的一系列潜在问题。基于 DNA 的水凝胶可用于许多慢性疾病如癌症的靶向治疗的优异药物载体。

2. 生物传感

生物传感器是医学检查和分析的重要工具。在实践过程中，人们希望传感工具成本低、检测灵敏度高、便携易操作。众所周知，许多基于 DNA 的水凝胶可以对外部环境中的刺激因素（如 pH、离子和生物分子）快速响应，因此它们也被广泛用于生物传感器领域。基于 DNA 水凝胶的传感能力可以通过改变溶胀体积、机械性能、交联密度或释放物质的读出信号。

3. 组织工程学

组织工程和细胞培养在试管内在组织修复和再生医学中尤为重要。近年来，水凝胶在该领域受到广泛关注。由于优异的物理和化学性质，如良好的生物相容性、柔软性和可变形性，水凝胶可以为细胞培养和增殖提供良好的基质在试管内作为3D 骨架材料。因此，作为一种新型生物材料，基于 DNA 水凝胶结合了 DNA 的生物特性和水凝胶的骨架功能，具有可设计的响应性、可生物降解性和渗透性的优势，在组织工程和细胞培养方面也具有巨大的潜力。

四、多聚脱氧核糖核苷酸-多肽复合超分子的设计及其在化妆品中的应用

多聚脱氧核糖核苷酸由相对分子质量为 $(5\sim150)\times10^5$ 的 DNA 片段组成，主要提取自鲑鱼鳟鱼或大马哈鱼的精细胞。许多研究已经证明了多聚脱氧核糖核苷酸具有抗炎、抗凋亡、抗骨质疏松、抗黑素生成、抗异常性疼痛、抗骨坏死、骨再生、预防组织损伤、抗溃疡和伤口愈合等功效。此外，多聚脱氧核糖核苷酸还具有促进血管生成细胞活动，胶原蛋白合成，柔软组织再生，可用于治疗色素沉着，因而广泛应用于化妆品。具有不同活性的多肽也已经广泛应用于化妆品中，但存在活性作用时间短、易于被酶解以及透皮吸收差等缺点，将多肽与多聚脱氧核糖核苷酸通过自组装形成超分子水凝胶或纳米材料，既可以克服多肽在化妆品应用的不足，又和多聚脱氧核糖核苷酸具有协同促进作用，因而受到广泛的研究和应用。DNA 分子具有可编程性、高特异性、功能多样等优点，多肽分子是一类重要的生物小分子，能够通过分子自组装形成具有不同结构的纳米材料，因此，将二者结合，可以获得具有多级自组装行为的 DNA-多肽复合分子，能够实现两类重要生物分子功能的集成优化，合成具有不同结构与功能的超分子自组装材料。此外，通过酶催化、DNA 杂化、DNA 链置换反应等，还可实现对多 DNA-肽复合分子自组装行为的动态调控，进而模拟生命系统中复杂动态的自组装结构，强化相关材料在生物医学和化妆品等领域的应用。

第三节　透明质酸超分子水凝胶及其在生物医学和化妆品中的应用

透明质酸（Hyaluronic acid，HA）是一种线性多糖，由重复二糖 β-1,4-D-葡

糖醛酸-β-1,3-N-乙酰氨基葡萄糖的交替单元组成。透明质酸是一种非硫酸化的糖胺聚糖，存在于全身，从眼睛的玻璃体到软骨组织的细胞外基质。透明质酸是一种高度水合的聚阴离子大分子，其相对分子质量从血清中的1×10^5到玻璃体中的8×10^6。透明质酸是细胞外基质的重要组成部分，其结构和生物学特性调节其在细胞信号传导、伤口修复、形态发生和基质组织中的活性。此外，透明质酸在体内被透明质酸酶迅速转化，组织半衰期从几小时到几天不等。多年来，透明质酸及其衍生物一直在化妆品和医疗产品中广泛应用。

经过化学修饰后，透明质酸可以转化为多种物理形式，如黏弹性溶液、柔软或坚硬的水凝胶、电纺纤维、无纺网、大孔和纤维状海绵、柔性薄片和纳米颗粒流体，用于临床前和临床环境。这些形式中的许多是通过加成/缩合化学或通过自由基聚合由侧反应基团的化学交联得到的。用于细胞治疗和再生医学的临床产品需要与细胞封装和组织注射相容的交联化学。此外，可注射的临床生物材料必须满足市场、监管和财务方面的限制，以提供可以获得批准、部署到临床并由医生使用的可负担得起的产品。许多透明质酸衍生的水凝胶符合这些标准，并且可以递送细胞和治疗剂用于组织修复和再生。

透明质酸可以通过多种方法进行修饰，以改变所得材料的特性，包括疏水性和生物活性。对透明质酸进行化学修饰靶向三个官能团是葡糖醛酸羧酸、伯羟基和仲羟基以及N-乙酰基（脱酰胺后）。最突出的是，羧酸盐已经通过碳二亚胺介导的反应、酯化和酰胺化进行了修饰；羟基已经通过醚化、二乙烯砜交联、酯化和双环氧化物交联进行了改性，如图10-7所示。

这些透明质酸衍生物分为两个主要类别："单体透明质酸"和"活体透明质酸"。"单体透明质酸"衍生物是透明质酸的"末端修饰"形式，在细胞或组织存在时不能形成新的化学键，必须加工和制造成不同的形式。相反，在细胞、组织和治疗剂存在的情况下，"活体透明质酸"衍生物可以形成新的共价键。在大多数情况下，三维细胞培养中的临床和临床前应用需要"活体透明质酸"在体内细胞输送。需要注意的是确保交联化学的生物相容性，以及确定试剂和副产物在短期和长期内都是良性的。

一、硫醇改性透明质酸

为了创建模块化、临床通用且易于制造的合成细胞外基质（Synthetic extracellular matrices，sECMs）用于药物评估、再生医学和美容产品，利用含有二硫键的

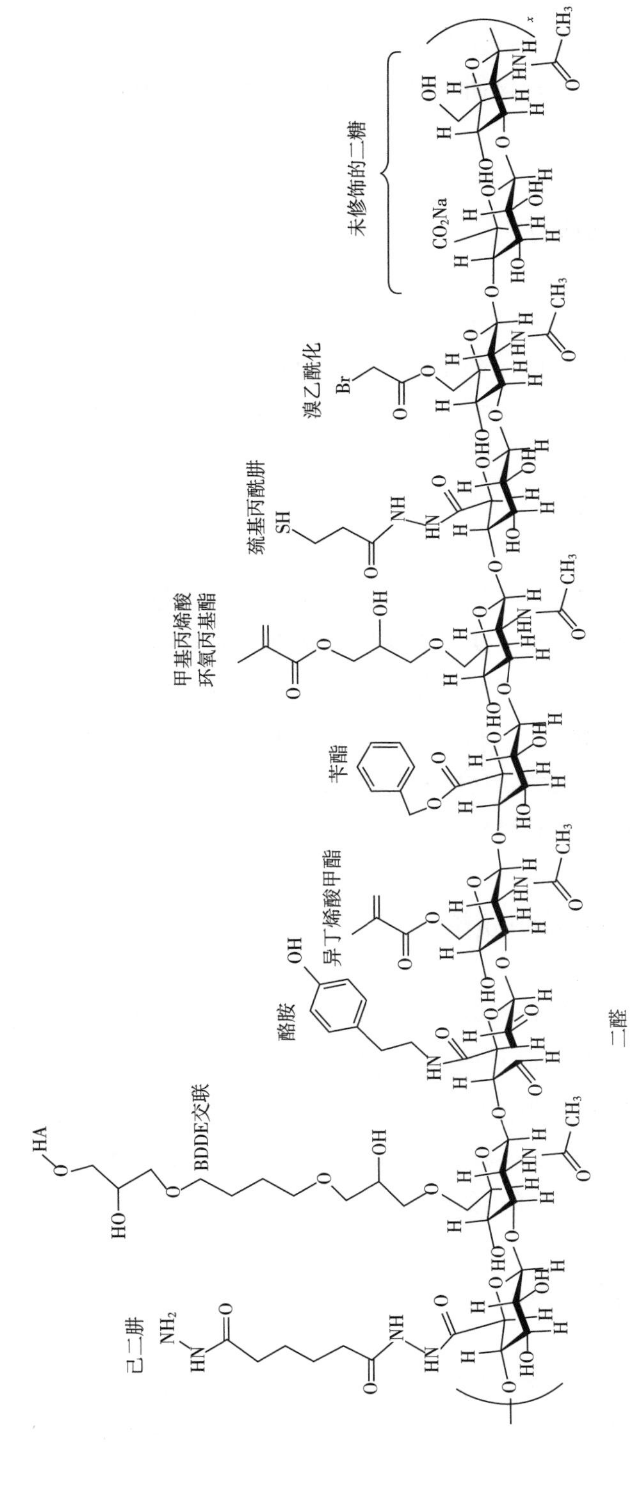

图10-7　透明质酸的化学修饰结构

酰肼试剂对糖胺聚糖（GAGs）和多肽的羧基进行修饰，开发了一种硫醇引入化学技术。硫醇改性的大分子单体自发但缓慢地在空气中交联成水凝胶；这种凝胶可以干燥成薄膜或冻干成多孔海绵。如果用双官能团亲电试剂交联可以获得可注射的生物相容性水凝胶。

二、二酰肼改性透明质酸

最初的酰肼改性使用了己二酸二酰肼（ADH），后来用其他单酰肼和多酰肼，创造活性透明质酸衍生物。随后经常使用 HA-ADH，因为它能够与酮和醛形成腙键，以及与酰化剂形成酰肼，从而允许交联、添加疏水基团和连接药物或多肽。

三、醛改性透明质酸

由透明质酸微凝胶和在相关频率范围内具有可调黏弹性的交联水凝胶组成的双重交联产品已被用于声带愈合。这些活性的材料的特征在于用高碘酸盐氧化的二乙烯砜交联的透明质酸颗粒，其产生表面醛官能团。HA-ADH 溶液的加入有效地形成了双重交联网络（double-crosslinked network，DXN），将较硬的 HA-DVS 颗粒包裹在柔顺且稳定的弹性凝胶中。这些 DXN 在较高频率下变得更硬，并且 DXN 具有适合软组织修复的结构层次和机械性能。

四、卤代乙酸酯改性透明质酸

使用过量的溴乙酸酐在水溶液中合成取代度为 18% 的透明质酸溴乙酸盐（HA bromoacetate，HABA）。该反应几乎只发生在反应性更强的 6-羟基上 N-乙酰氨基葡萄糖残基。使用 HABA 作为多价亲电试剂与巯基修饰的透明质酸的反应产生生物相容的无交联剂透明质酸水凝胶。细胞在缺乏明胶的水凝胶上无法增殖，但在含明胶的水凝胶上显示出与 ECM 相似的附着和生存能力。

五、酪胺修饰的透明质酸

一种利用酶的活性原地催化水凝胶交联的形成，其中酪胺与小百分比的透明质酸羧酸盐的偶联产生了透明质酸-酪酰胺。向添加了辣根过氧化物酶（HRP）的透明质酸-酪酰胺溶液中添加过氧化氢来诱导交联。产生的过氧化物酶反应形成酚盐自由基，酚盐自由基异构化和二聚化形成 C—C 键合的荧光二酪胺加合物作为牢固的水凝胶交联。

六、 Huisgen 环加成反应（点击化学）

叠氮化物与炔烃生成三唑的 Huisgen 环加成反应用于生产透明质酸水凝胶并在交联过程中包裹酵母细胞。使用碳二亚胺化学将透明质酸羧酸酯改性为炔丙基酰胺或 11-叠氮基-三甘醇酰胺。使用大分子炔烃和叠氮化物前体结合的二氟环辛烯点击化学，实现了在点击的 PEG-肽水凝胶中直接封装细胞。这一新结果为制备可点击、生物相容、功能更复杂的透明质酸水凝胶提供了一种潜在的替代方法。

七、透明质酸水凝胶的应用

1. 分子递送

合成细胞外基质水凝胶最常见的用途是对生长因子释放的时空控制。生长因子价格昂贵，从给药部位扩散出去，并且在体内和体外都很快被蛋白质水解降解。此外，通常需要一系列生长因子来重现预期的生物学结果。为此，通过巯基化透明质酸与巯基修饰肝素的共交联开发了合成细胞外基质，产生了固定化肝素，充当硫酸乙酰肝素蛋白聚糖的模拟物。在这种合成细胞外基质中，细胞生长和新血管形成的速率增加，碱性成纤维细胞生长因子（bFGF）释放的半衰期在试管内超过一个月。通过改变硫醇化 GAG 的组成，并通过添加硫醇化明胶，实现了多种生长因子的不同释放速率。VEGF、bFGF、血管生成素-1 和角质细胞生长因子（KGF）均可增加微血管密度和成熟度，并且在许多情况下，当加入 Extracel-HP 时表现出协同效应，Extracel-HP 是一种将共价修饰的肝素结合到透明质酸-明胶合成细胞外基质中的产品。

2. 细胞扩增和恢复

通常希望在封装和扩增后回收细胞用于分析或后续培养。使用基于巯基化透明质酸的合成细胞外基质，我们通过在聚乙二醇二丙烯酸酯（PEGDA）交联剂中引入二硫键，能够快速回收三维扩增的细胞。3-D 封装的一种替代方法是在 3-D 顶部形态的微粒中使用合成细胞外基质。用巯基化合成细胞外基质组分的溶液灌注多孔微载体珠，然后通过二硫键形成交联。在设计为模拟体内低流体剪切应力环境的旋转壁容器（RWV）中的生物反应器进行三维细胞增殖后，人肠上皮细胞（Int 407）在合成细胞外基质珠上形成多层细胞聚集体。其可用于研究宿主-病原体相互作用、评估新的治疗剂以及产生用于生物打印和细胞治疗的簇。

3. 基质弹性的影响

使用由交联巯基化透明质酸和纤连蛋白结构域组成的生理相关细胞外基质模拟物，成人真皮成纤维细胞改变了其机械反应以匹配基质硬度。即较硬基底上的细胞具有更高的模量和更拉伸和更有组织的肌动蛋白细胞骨架，这转化为施加在基底上的更大牵引力。用相同的透明质酸-纤连蛋白水凝胶检测了人真皮成纤维细胞的迁移。观察到牵引应力是水凝胶基质模量的敏感指标，由水凝胶内的交联密度确定。此外，细胞迁移引起的牵拉应力导致细胞核变形。

4. 软骨组织工程

在可光聚合的透明质酸水凝胶中已经广泛研究了软骨再生的细胞包封，用于治疗受损的软骨组织，这主要是由于这种方法对于可注射的构建体和填充不规则缺损的益处。已经将耳软骨细胞直接包封在相对分子质量为 $(5 \sim 110) \times 10^5$ 和大分子单体浓度（2wt% ~ 20wt%）变化范围内的甲基丙烯透明质酸（MeHA）水凝胶中，以研究凝胶性质对新软骨形成的影响。

5. 干细胞行为的控制

透明质酸水凝胶已被广泛用于控制截留的干细胞的分化，光交联透明质酸水凝胶在三维干细胞封装中的应用也很突出。使用甲基丙烯透明质酸系统在光聚合透明质酸水凝胶中研究了人骨髓间干细胞（MSC）向软骨细胞的分化，特别是因为透明质酸是软骨的天然成分，人骨髓间干细胞可能通过表面受体与透明质酸相互作用。人骨髓间干细胞是多能祖细胞，其可塑性和自我更新能力在组织工程中的应用引起了极大的兴趣。然而，这种对干细胞分化的影响是特定于干细胞类型的。透明质酸水凝胶也被研究为控制人类胚胎干细胞自我更新和分化的三维环境。众所周知，透明质酸水平在胚胎发生期间非常高，只有当这些水平降低时才能观察到分化。当封装在三维透明质酸水凝胶中时，人胚胎干细胞的数量增加，保持其未分化状态，并保持其完全分化能力。

透明质酸大分子单体合成和材料加工的多功能性已经转变为具有一系列可用于诸如组织工程、药物递送医疗美容等应用的材料。此外，与其他聚合物相比，基于透明质酸的水凝胶可以赋予细胞生物活性，这通过细胞行为的变化（包括干细胞分化）来证明。一个明确的领域是基于透明质酸的材料在转化应用中的潜在效用，特别是由于这些材料的加工能力、生物相容性和功效。

第四节 纳米材料在化妆品中的应用

纳米技术学（Nano Technology）是一门涉及使用单个原子、分子来制造物质的科学技术，主要研究结构尺寸在 1~100nm 内材料的性质和应用。这一领域是现代先进科学技术的产物，融合了动态科学（如动态力学）、现代科学（包括混沌物理、智能量子、量子力学、介观物理和分子生物学）以及现代技术（例如计算机技术、微电子和扫描隧道显微镜技术、核分析技术）。纳米技术学不仅推动了基础科学的发展，还催生了众多新的科学技术领域，如纳米物理学、纳米生物学、纳米化学、纳米电子学、纳米加工技术和纳米计量学等。其应用非常广泛，涵盖材料科学、微电子学、生物医学、能源、环境科学以及安全与国防等多个领域。

纳米技术已成为 21 世纪的关键技术之一。在材料科学领域，纳米技术可以制造更轻、更坚硬、更耐用、更灵活、更透明的材料，并能在纳米层面控制材料的性质，以制造出具有特定功能的材料；在微电子学方面，纳米技术有助于制造更小、更快的计算机芯片和电子器件，降低能源消耗，提高器件的性能和可靠性；在生物医学领域，纳米颗粒可以作为活性物载体，增加活性物吸收率、建立新的活性物控释系统、改善活性物的输送、替代病毒载体、催化活性物化学反应及将辅助设计活性物等研究引入了微型领域、微观领域，为寻找和开发医药材料、合成理想活性物提供了强有力的技术保证。

纳米技术在化妆品领域的应用也非常广泛，其促进了皮肤渗透并增强了活性物质深入皮肤层的传递。纳米技术在抗衰老、抗皱配方中发挥了重要作用。通过纳米胶囊、脂质体、纳米粒子和纳米球等抗衰老纳米制剂，可以深入皮肤深层，刺激胶原蛋白生物合成、维持角蛋白结构，从而紧致和提拉皮肤，同时改善皮肤状态。在美白产品中，金纳米粒子可以降低黑色素合成水平并影响酪氨酸酶活性，达到美白效果。在防晒产品中，防晒纳米粒子的效果优于其他普通的有机和无机防晒剂，能够更有效地保护皮肤免受紫外线伤害。此外，纳米粒子在皮肤清洁方面也发挥了十分重要的作用，可以作为皮肤清洁剂的有效载体，如银纳米粒子具有消毒和防腐功能。纳米技术还可以改善护肤品的质感和触感，使其更易于铺展和吸收，不会给皮肤带来沉重的负担或黏腻感。然而，纳米护肤品也面临一些挑战和争议。一些人担心纳米粒子可能会带来潜在的健康风险，尽管目前没有明确的证据表明纳米级护肤品对人体有害。此外，纳米技术的运用还涉及生产过程中的环保、可持续等问题，需要综合考虑和管理。

综上所述，纳米技术在化妆品领域的应用为皮肤护理提供了更多的可能性，但在推广和应用过程中也需要注意其可能带来的潜在问题，确保产品的安全性和有效性。化妆品行业是最早采用纳米材料的行业之一，早在30多年前就已经将纳米材料应用于化妆品中。欧盟对化妆品中纳米材料的正式定义为："一种不溶性或生物降解的，人为制造合成的外尺寸或内部结构在1~100nm的原料。"迄今为止，纳米材料在化妆品中得到了越来越广泛的应用（图10-8）。

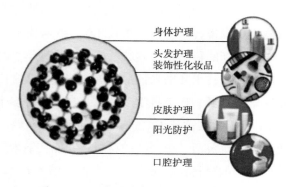

图10-8　纳米材料在各种化妆品中的应用

1. 纳米二氧化钛和纳米氧化锌

纳米二氧化钛和纳米氧化锌都是无机纳米粒子，无毒、亲水、生物相容且高度稳定。其中，纳米二氧化钛和纳米氧化锌是用于防晒剂的最广泛使用的无机纳米粒子之一，二者对 UVA 和 UVB 有良好的阻隔能力，可以达到较高的防晒系数；同时，它们具有抗氧化性和抗菌性，能够增加肌肤的防御力，减少皮肤炎症发生的可能性，并由于其透明性而具有更好的美容效果。纳米二氧化钛和纳米氧化锌应用于化妆品中是安全的，因为没有证据表明其可以吸收渗透到表皮中，也就没有毒性问题。

2. 纳米二氧化硅

纳米二氧化硅是一种多孔结构的物质，这种结构使得其可以增加化妆品的稳定性和光滑度，还可以吸附皮肤表面的油脂和汗水，使肌肤感到清爽、舒适。纳米二氧化硅在化妆品中发挥着重要作用，例如，在唇膏中，可以增加黏度，提高整体稳定性，使色素分布均匀，防止脱色；在彩妆和眼部护理产品中，纳米二氧化硅是高效的抗结块剂和自由流动剂，能提高储存稳定性和粉状产品分散性。

关于纳米二氧化硅的安全性仍存在争议，评估其毒性时应考虑纳米尺寸和表面改性等因素。因此，关于纳米二氧化硅在化妆品中的使用和暴露风险仍然没有定论，需要进一步的长时间暴露测试。

3. 炭黑（纳米）

炭黑（CI 77266）是一种常被用作眼妆、护肤产品和睫毛膏化妆品成分，具有优良的抗辐射能力，可以确保彩妆的色彩稳定度，提高产品的实用性和可靠性。2016年7月，欧盟明确了炭黑（纳米）可以作为着色剂用于化妆品中，最高浓度为10%（W/W），当没有吸入暴露风险时，欧盟认为炭黑（纳米）应用于化妆品是安全的。

4. 三联苯三嗪（纳米）和亚甲基双-苯并三唑四甲基丁基酚（纳米）

三联苯三嗪是一种非常有效且光稳定的滤光剂，是欧洲授权的紫外线滤镜，成为防晒霜配方的独特成分。三联苯三嗪（纳米）是一种广谱 UV 滤光剂，适用于防晒产品和抗衰老面部护理产品。亚甲基双-苯并三唑四甲基丁基酚（纳米，MBBT），是欧盟授权的紫外线过滤器，用于皮肤化妆品的浓度高达10%（W/W）。根据欧盟消费者安全科学委员会（Scientific Commitee on Consumer Safety，SCCS）的意见，如果将 MBBT 涂在健康、完整的皮肤上，不会对人体构成威胁。但是，SCCS 一直关注着该成分可能存在的刺激作用和对某些组织潜在的生物蓄积性。

5. 羟基磷灰石（纳米）

羟基磷灰石（纳米）可用于口腔护理中，治疗牙齿过敏和牙釉质再矿化，该成分安全性高，发展前景广阔，由于其再矿化和脱敏特性，羟基磷灰石（纳米）可以替代氟化物牙膏。

6. 银纳米颗粒

银纳米颗粒在化妆品中的应用主要体现在其独特的抗菌和促进伤口愈合的作用上。银纳米颗粒具有强大的抗菌效果，可以有效地抑制细菌生长，提高化妆品的卫生安全性。

在化妆品中加入银纳米颗粒，可以显著减少细菌在皮肤上的滋生，降低因细菌引起的皮肤感染风险。对于敏感肌肤或者容易长粉刺的人来说，是一个很好的选择；银纳米颗粒还可以促进皮肤伤口愈合和修复。当皮肤受到损伤时，银纳米颗粒能够刺激皮肤细胞的再生，加速伤口的愈合过程。因此，含有银纳米颗粒的化妆品可以用于改善肌肤质量，修复受损皮肤，使皮肤更加光滑细腻。

值得注意的是，虽然银纳米颗粒具有许多优点，但并不是所有的皮肤都适合使用含有银纳米颗粒的化妆品。对于部分人来说，银纳米颗粒可能会引起过敏反应。因此，在使用含有银纳米颗粒的化妆品前，建议先进行皮肤测试，确保不会引起不适或过敏反应。

银纳米颗粒在化妆品中的应用仍处于研究和探索阶段，其长期效果和安全性还需要进一步的研究和验证。银纳米颗粒在化妆品中的应用具有广阔的前景和潜力，但也需要谨慎对待，确保其安全性和有效性。

7. 金纳米颗粒

金纳米颗粒具有强效催化作用，能够促进化妆品中其他成分的吸收和渗透，从而提高化妆品的使用效果；具有美白护肤的显著效果，它能够帮助改善肤色，减少色斑，使皮肤更加光滑细腻；还具有良好的安全性和稳定性。金纳米颗粒的粒径小、易分散到水中，且性能稳定，因此它不会对人体造成刺激或过敏反应。因此，金纳米颗粒作为一种理想的化妆品添加剂，能够满足消费者对安全和健康的需求。此外，金纳米颗粒在化妆品中的应用还体现在防晒防护方面。大气和太阳光中存在对人体有害的紫外线，而金纳米颗粒能够吸收紫外线，将其转换为无害的热量，从而保护皮肤免受紫外线的伤害。

金纳米颗粒在化妆品中的应用不仅提高了产品的效能和安全性，还为用户带来了更好的使用体验。

第五节　纳米载体在化妆品中的应用

纳米载体一般是由天然高分子或人工合成高分子组成的、纳米级范畴的运输系统。纳米载体在多个领域有广泛的应用。在活性物传递方面，纳米载体可以将活性物包裹在其内部，实现活性物在体内的靶向输送和可控释放，从而提高活性物疗效并减少副作用；在基因治疗领域，纳米载体可以将治疗基因输送到目标细胞中，实现基因的有效表达和疾病的治疗；此外，纳米载体还可以用于成像诊断，如使用金属纳米粒子作为 MRI 对比剂，提高成像的灵敏度和分辨率。在疫苗输送方面，纳米载体也可以作为疫苗的有效递送工具，增强免疫效果。

在化妆品领域，纳米载体也有广泛的应用。新型纳米载体，如脂质体、纳米乳剂、固体脂质纳米粒等，已经取代传统递送系统，用于皮肤、头发、指甲和唇部护理等产品。这些纳米载体能够增强皮肤渗透性、实现可控和持续的活性物质释放，并具有更高的稳定性和位点特异性靶向能力，从而有效改善皮肤状况，如皱纹、光老化、色素沉着过度等问题。

一、化妆品用纳米载体

（一）纳米脂质体

纳米脂质体是由一个或多个同心磷脂双层包围的中央隔间组成的微小囊泡，可以将亲水性物质包裹在内部水室中，亲脂物质包裹在脂质双层中，两亲分子包裹在脂质/水界面上，为了保护活性成分不被代谢降解，脂质体包裹活性成分并以可控的方式让其释放。纳米脂质体是可生物降解且具有生物相容性。纳米脂质体适合于疏水和亲水性化合物。它们的尺寸从 20nm 到几微米不等，有多层或单层结构。纳米脂质体用作活性成分的保护性载体，用于增加皮肤渗透性和皮肤保湿。

在化妆品领域，纳米脂质体主要被用于解决一些功能性成分透皮吸收的问题。例如，许多中草药、维生素、动植物油等虽然具有很好的美容功效，但难以透过皮肤屏障发挥其功效作用，而纳米脂质体能够携带这些成分自然穿透人体皮肤屏障，运输至真皮细胞层间形成营养储囊，从而使其功效性得以充分发挥。纳米脂质体还可以用于包裹一些具有特殊功效的成分，如辅酶 Q10，辅酶 Q10 在人体各组织脏器组成细胞内广泛存在，尤其以心脑部位含量最高，具有抗氧化、抗衰老等多种功效，通过纳米脂质体的包裹，可以将其更有效地输送至皮肤深层，提高其功效。

（二）固体脂质纳米粒

固体脂质纳米粒（solid lipid nanoparticles，SLNs）是新一代亚微粒给药系统，是纳米范围内基于脂质的固体载体系统。这种固体脂质纳米粒的尺寸是 50～1000nm，其结构是由单层的外壳组成，内核是油性的或脂质的，磷脂疏水链嵌在脂肪基质中。亲脂性、亲水性和低水溶性的活性成分可以被加入到固体脂质纳米粒中，固体脂质纳米粒由生理和生物相容的脂质组成。具有活性物富集核心的固体脂质纳米粒可持续释放，而具有活性物富集外壳的固体脂质纳米粒则呈现爆发性释放，从而使活性成分的控释和缓释成为可能。

固体脂质纳米粒在化妆品中很受欢迎，可作为活性成分的载体，由于其体积小，可确保与角质层紧密接触，从而增加了活性成分通过皮肤的渗透力；同时，还可以帮助增加皮肤上的水分，并且非常适合皮肤保湿；固体脂质纳米粒还具有抗紫外线的特性，与分子防晒剂结合可以提高光保护效果，充当物理防晒剂；如以固体脂质纳米颗粒为载体制备 3,4,5-三甲氧基苯甲酰几丁质和维生素 E 防晒剂，以增强紫外线防护。固体脂质纳米粒有闭塞性，可以用来增加皮肤水合作用，香水配方中采用固体脂质纳米粒作为载体，可以延迟香水的释放时间较长。因此，以固体脂质纳米粒作为载体应用于化妆品会大幅度提高化妆品的功效性能和稳定性。

（三）纳米结构脂质载体

纳米结构脂质载体（Nanostructured Lipid Carriers，NLCs）是在固体脂质纳米粒基础上发展而来的第二代脂质纳米粒，纳米结构脂质载体是由固体脂类与空间不相容的液体脂类混合而成，通过调节固体脂质与液体脂质的比例，使纳米结构脂质载体在体温下保持较长时间的固体骨架结构，有利于实现活性物的控释，此种特殊结构为调节活性物释放提供更大的灵活性。纳米结构脂质载体的发展克服了固体脂质纳米粒一些相关的缺点。纳米结构脂质载体结构的扭曲有助于创造更多的空间，可以携带更多的活性成分即具有更高的载药能力；纳米结构脂质载体解决了在存储过程中降低颗粒浓度和活性成分排出等限制；纳米结构脂质载体是由可降解的生物脂质制成，其毒性也非常低；纳米结构脂质载体具有可调节的活性物传递模式，即双相活性物释放模式，在这种情况下，活性物首先以一种爆发性释放，然后以恒定的速率持续释放。加上纳米结构脂质载体改善皮肤渗透性、生物相容性和稳定性等优点，纳米结构脂质载体是有效的载体输送剂。

2005 年 10 月，德国瑞普勒博士有限公司（Dr. Rimpler GmbH）推出了第一批含有脂质纳米颗粒的化妆品，即纳米修复 Q10 霜和纳米修复 Q10® 血清，可增加皮肤渗透。目前市场上有 30 多种化妆品中含有纳米结构脂质载体，纳米结构脂质载体在化妆品中的应用会有更远大的前景。

（四）纳米乳液

纳米乳液（Nano Emulsions，NE）是一种液体的动力学或热力学稳定的分散体，由不互溶的两相（油和水）通过添加合适的乳化剂并采用某种手段形成的均一体系。纳米乳液的液滴粒径一般在 20~300nm，且粒径分布较为狭窄，分为水包油型、油包水型和双连续纳米乳剂（胶体分散体）。小尺寸的液滴可以提供理想的光学、稳定性、流变学和成分传递性能，优于传统乳剂。

纳米乳液具有亲脂性核心，被磷脂的单分子层包围，使其更适合于传递亲脂性化合物。纳米乳液通常为透明或半透明，具有黏度低、高动力学稳定性的特点，大分子纳米乳液基本上不存在沉降、聚结、乳化和絮凝等问题。

在化妆品配方中，纳米乳剂可快速渗透并有效转移活性成分，并水合至皮肤。因此，纳米乳液被广泛用于各种化妆品中，如除臭剂、防晒霜、洗发水、洗剂、指甲油、护发素和发胶。

（五）纳米微球

纳米微球（Nanospheres）是具有核–壳结构的球形颗粒，其直径为 $10\sim200nm$。在纳米微球中的活性物被截留并溶解、附着或包裹在聚合物基质中，活性物受到化学和酶促降解的保护，活性物被均匀地分散在聚合物的基质体系中。纳米微球的性质可以是结晶的也可以是无定形的。该系统具有巨大的潜力，并且能够将吸收不良的生物活性物质和可溶性差的活性物质转化为有利的可递送活性物。纳米微球的核心可以被各种酶、基因和活性物所包围。

纳米微球可分为生物可降解纳米微球和非生物可降解纳米微球。生物可降解纳米微球包括明胶纳米微球、改性淀粉纳米微球和白蛋白纳米微球，非生物可降解纳米微球包括唯一被批准的聚合物聚乳酸。

在化妆品中，纳米微球被广泛应用中，将活性成分传递到皮肤深层，将活性成分更精确和有效地传递到相应的皮肤区域。纳米微球在防止光化老化方面发挥了重要的作用。纳米微球在化妆品领域的使用越来越多，特别是在皮肤护理产品，如抗皱面霜、保湿面霜和抗痤疮面霜等。

（六）树枝状聚合物

树枝状聚合物（Dendrimers），术语为"树枝状大分子"，源自"Dendron"和"Meros"两个希腊词，其中"Dendron"表示树和枝，"Meros"表示部分。树枝状大分子拥有一个由对称单元组成的核心组成的球形结构，属于单分子球形胶束状的纳米结构，树枝状大分子的生成取决于分支的总数，从核心分子出发，不断地向外重复支化生长而得到的结构类似于树状的大分子，即核心经过分支长到一定长度后以分成两个分枝，如此重复进行，直到长得如此稠密以致长成像球形一样的树丛。这种结构是树枝状聚合物具有多功能性的主要原因。树枝状大分子可以帮助活性成分通过皮肤传递，是帮助活性成分输送的理想载体。

树状大分子广泛应用于以纳米技术为基础的化妆品中，如洗发水、面霜、乳液、防晒霜、发胶、指甲护理剂、除臭剂等。

（七）纳米立方液晶

纳米立方液晶（Cubosomes）是一种先进的纳米颗粒，它是离散的、亚微米的、自组装的液晶表面活性剂颗粒，具有独特的性能。纳米立方液晶是由水脂和表面活性剂体系以一定比例与水和微观结构混合形成的自组装结构。纳米立方液晶是两种连续的立方液相，包含由表面活性剂控制的双层膜分隔的两个独立的水区域，并包裹成一个三维的、周期性的、最小的表面，形成强填充结构。纳米立方液晶由蜂窝状（穴状）结构组成，呈圆点状，结构略呈球形。它们的直径从 10nm 到 500nm，有能力封装亲水性、疏水性和两亲性物质。对于化妆品来说，纳米立方液晶极具吸引力，因此许多化妆品巨头都在研究纳米立方液晶。纳米立方液晶的美容应用已经申请了各种专利。

（八）其他

1. 聚合物囊泡

聚合物囊泡（Polymersomes）是由嵌段共聚物两亲体自组装而成，包裹着中央水腔的人工囊泡。它们具有亲水的内核和亲脂双分子层，既可用于亲脂活性物也可用于亲水活性物，疏水核提供了亲蛋白的环境。聚合物囊泡在生物学上稳定，作用广泛。它们的活性物包封和释放能力可以很容易地通过应用各种可降解或刺激反应的嵌段共聚物来调节。它们的直径从 50nm 到 5μm 不等。

聚合物囊泡可以包埋和保护敏感分子，即活性物、蛋白质、多肽、酶、DNA 和 RNA 片段。这些聚合物的组成和相对分子质量可以不同，允许制备具有不同性质、不同刺激响应性、不同膜厚度和渗透性的多聚体。聚合物囊泡膜的柔韧性使它们能够靶向和控制活性物释放。由于存在厚而刚性的双层，它们比脂质体具有更高的稳定性。目前正在研究聚合物囊泡在化妆品行业中的用途，已申请了各种专利，如使用聚合物囊泡来改善皮肤弹性的专利和用于增强皮肤细胞活化能的专利。

2. 纳米胶囊

纳米胶囊是被油相或水相包围的聚合纳米胶囊。纳米胶囊用于化妆品以保护成分、减少化学气味并解决制剂组分之间的不相容问题。高分子纳米胶囊悬浮液可以作为最终产品直接应用于皮肤，也可以作为一种成分掺入半固体制剂。根据原料的聚合物和表面活性剂来调节成分的皮肤渗透度。通过纳米沉淀制备直径约 115nm 的稳定的聚乳酸纳米胶囊，并通过将香料分子截留在聚合物纳米载体中来实现香料的持续释放。这种生物相容性纳米胶囊中的分子包封可以在未来的除臭剂产品中发挥重要作用。

二、纳米载体在抗氧化化妆品的实际应用

皮肤是人体的外部屏障，它暴露于各种外源性氧化应激源中，包括紫外线辐射和污染物。作为对这些氧化攻击的反应，皮肤中会产生活性氧和其他自由基。

由于内源性抗氧化物质的存在，皮肤被保护免受自由基影响，包括各种亲脂性物质（如维生素 E、泛醌和类胡萝卜素）和亲水性物质（如维生素 C、尿酸和谷胱甘肽），内源性抗氧化物质负责平衡促氧化剂和抗氧化剂。活性氧作为第一道防御，超氧化物歧化酶等抗氧化酶可降低其活性。当生物分子被氧化时，过氧化氢酶、谷胱甘肽过氧化物酶以及内源性和外源性小分子，如谷胱甘肽、维生素 C 和维生素 E 被生物保护系统修复或替换，生物分子以不可逆的方式逐渐被氧化。随着时间的推移，这些生物分子的积累改变了生物功能，最终导致衰老和与年龄相关的问题。

当暴露于紫外线辐射时，助氧化剂和抗氧化剂之间会失衡，导致氧化应激和皮肤光老化。随着时间的推移，紫外线对皮肤的持续作用会耗尽皮肤中存在的抗氧化剂。角质层中存在的抗氧化剂容易受到紫外线的照射，单次红斑皮下的剂量可将其浓度降低至一半。一些研究还表明，可见光和近红外光（VIS/NIR）会诱导皮肤中自由基的产生。因此，在整个太阳光谱范围内起作用的防晒霜应包含适用于 UVB、UVA、可见光和红外光。局部使用抗氧化剂被认为是减少活性氧引起的皮肤损伤的一种有效方式，因为它可以改善皮肤的抗氧化剂状态。

槲皮素、辅酶 Q10 和维生素 C 等是最常用的局部抗氧化剂。用局部抗氧化剂可以增强皮肤抗氧化能力，从而减少活性氧引起的皮肤损害。良好的局部抗氧化剂成分应满足两个条件：一是应渗透穿过角质层；二是到达较深的皮肤层而不会明显渗入全身循环。

不同多酚和其他抗氧化剂的特性使其成为解决皮肤问题的极佳选择，在某些情况下，它们的水溶性差使得其应用困难。由于它们对皮肤的有益作用，在化妆品和皮肤病学制剂中使用了这些抗氧化剂，如维生素 C 在异质系统中的化学稳定性很差，并且可能发生歧化反应。解决以上缺点的一种策略是使用不同的纳米载体将这些抗氧化剂制成纳米颗粒。

纳米载体已成为一种有前途的活性物递送系统，与传统的被动递送相比，具有多种优势，如增加表面积、提高溶解度、改善稳定性、控制释放活性成分、减少皮肤刺激性、防止降解，增加活性物载量和改善渗透性活性成分进入皮肤。

市场上已经出现的许多脂质纳米载体产品都是应用于化妆品。纳米结构脂质载体属于第二代脂质纳米颗粒，具有稳定的渗漏性和高载药量。脂基纳米系统包括固体脂质纳米粒、纳米结构脂质载体和纳米乳液，可在限定范围内使用。固体脂质纳米粒的脂质组成在环境温度下为固体，纳米结构脂质载体是固体和液体脂质的混合物。已有不少基于固体脂质纳米粒和纳米结构脂质载体的系统与各种活性化合物（如维生素 E、维生素 A 和视黄酸）而制成的纳米载体的研究。

1. 白藜芦醇的纳米载体

白藜芦醇负载的固体脂质纳米粒已被开发应用于化妆品中，与白藜芦醇原液相比，固体脂质纳米粒包封的白藜芦醇具有更大的细胞内递送性、溶解性和稳定性。固体脂质纳米粒能保护白藜芦醇不被光降解，增强其在皮肤中的吸收，提高其抗脂过氧化活性。

脂质体和类脂质体可增加活性物质在角质层和表皮的滞留时间，减少活性物质的全身吸收。与脂质体相比，类脂质体具有较高的化学稳定性和较低的成本。与脂质体相比，装载白藜芦醇的类脂质体在皮肤深层传递白藜芦醇的能力更高，那么它们作为白藜芦醇的载体会更好。30mg/mL 的甘油单油酸酯和 30mg/mL 的胆固醇组成的类脂质体（PEC-类脂质体比例为 30∶30）使白藜芦醇在角质层中积累的量最高。

白藜芦醇与姜黄素同时包裹在脂质核纳米胶囊与单独包封一种多酚相比，共递送时白藜芦醇向更深层皮肤的递送增加。证明姜黄素与角质层脂质双层的相互作用促进了亲脂性白藜芦醇穿过皮肤屏障进入表皮和真皮。此外，由于协同抗氧化剂作用，抗氧化剂组合增强的抑制自由基的能力增强。

2. 维生素 C 的纳米载体

由于维生素 C 的生物活性，其作为非酶溶性抗氧化剂应用于化妆品。维生素 C 通过清除和减少反应性氧化分子和自由基，保护生物分子免受氧化降解。维生素 C

很不稳定，易被氧化，氧化速率随着紫外线水平的增加而增加。为了避免这种氧化，将维生素 C 制成了包括各种酯在内的多种维生素 C 的衍生物，如抗坏血酸棕榈酸酯（AP）、视黄酸抗坏血酸酯、L-抗坏血酸 2-磷酸酯等。抗坏血酸棕榈酸酯与维生素 C 相比具有更好的稳定性和更好的皮肤渗透性，更适合添加到化妆品中用作抗氧化剂。通过将抗坏血酸棕榈酸酯封装到微乳液、双层囊泡、聚合物纳米颗粒和固体脂质纳米颗粒。

为了增加抗坏血酸棕榈酸酯的稳定性，可以将其制成具有抗氧化特性的纳米载体，将天然抗氧化剂姜黄素附着到聚乙烯醇［PV（OH）］上，聚乙烯醇是一种无毒，具有生物相容且可生物降解的亲水性聚合物。将姜黄素接枝的聚乙烯醇聚合物［CUR-PV（OH）］制成纳米载体，并将抗坏血酸棕榈酸酯封装到 CUR-PV（OH）纳米载体中，封装抗坏血酸棕榈酸酯与游离抗坏血酸棕榈酸酯相比具有更好的稳定性。这样不仅提高了维生素 C 渗透作用和抗氧化能力，还增加了维生素 C 稳定性、减少了维生素 C 刺激性。

3. 槲皮素的纳米载体

槲皮素被认为是具有最强抗氧化活性的黄酮类化合物，具有多种抗氧化机制。槲皮素还可以减少紫外线辐射引起的皮肤损伤。但是槲皮素对皮肤的穿透性较差，对皮肤的保护活性也不足，这就限制了该化合物作用效果。人们尝试开发槲皮素的微乳、脂质纳米粒和二氧化硅纳米粒等形式，设计不同的配方以增强其在皮肤中的渗透作用。例如，含有纳米二氧化硅的乳液是一种能显著增强槲皮素在体内穿透入角质层的载体。

4. 辅酶 Q10 的纳米载体

辅酶 Q10（CoQ10）是人类内源性合成的唯一亲脂性细胞抗氧化剂。它是线粒体呼吸链中的辅助因子，在氧化磷酸化和 ATP 合成过程中将自由电子从复合物 Ⅰ 和 Ⅱ 转移至复合物 Ⅲ 是必不可少的。辅酶 Q10 在皮肤中起着抗氧化剂的作用，表皮中的含量比真皮中的含量高 10 倍。由于其具有减少体内光老化的能力、防止氧化损伤和促进成纤维细胞增殖，广泛应用于化妆品当中。

辅酶 Q10 到达皮肤深层的难度决定了它在不同载体中的含量。纳米结构脂质载体已成功用于辅酶 Q10 的皮肤递送，超小脂质纳米颗粒可促进辅酶 Q10 的渗透。

另有研究表明，纳米结构脂质载体可引起一些细微的细胞毒性，在正常和氧化条件下，能够改变人皮肤成纤维细胞的氧化还原状态，但未观察到遗传毒性。使用辅酶 Q10 可以减少这些影响，因为辅酶 Q10 是一种高活性抗氧化剂，能维持线粒体功能。在制备用于化妆品的纳米结构脂质载体时可以考虑使用辅酶 Q10，以防止所用载体系统对细胞产生不良影响。

5. 其他抗氧化剂中的纳米载体

姜黄素是一种多酚类化合物，是一种高效的抗氧化剂，可以有效清除自由基，消除超氧阴离子、单线态氧和羟基自由基并抑制脂质过氧化。但是暴露于阳光下，游离姜黄素会迅速降解，从而降低其抗氧化能力。为了避免这种影响，可以将其封装到可生物降解、安全、易得的聚合物纳米球中，防止其光降解以保持其抗氧化能力。

生育酚被认为是皮肤中最活跃的抗氧化剂，具有脂溶性和膜结合的特征。随着时间的推移，紫外线对皮肤的持续照射会消耗皮肤中的抗氧化剂，生育酚从角质层的深层到最外层逐渐减少。为了保护皮肤免受氧化应激的影响，应局部补充生育酚以补充皮肤上层的抗氧化剂。

合成生育酚是一种高黏度的、对皮肤有刺激性且具有光敏性的液体。该性质使得难以将生育酚掺入化妆品产品中。因此，市售的大多数抗衰老化妆品中都加入了醋酸生育酚酯（一种前药酯）。随着纳米载体技术的发展，将生育酚配制成纳米载体，生产无刺激、稳定且具有美容吸引力的水性化妆品成为可能。

α 硫辛酸（ALA）是一种独特的既是水溶性又是脂溶性的强力抗氧化剂，被称为"万能抗氧化剂"，存在于所有原核和真核细胞的线粒体中。α 硫辛酸被称为网络抗氧化剂，它具有再生/循环自身以及其他抗氧化剂（如维生素 C 和维生素 E）的能力，可以持续破坏自由基。现有数据显示，在光老化的情况下，含有 5% α 硫辛酸的配方能大大减少面部皱纹。配制这种化合物可采用立方脂质体，它们是双连续立方液晶相的离散态、亚微米、纳米级结构的颗粒，能够掺入大量活性物质。有研究表明，以立方微粒分散体形式配制的 α 硫辛酸在减少面部纹路方面效果优异，在眶周区域和上唇区的细纹几乎可以完全消除，并且在大多数志愿者中皮肤颜色、光滑度和紧致度都得到了改善。

三、化妆品中使用的纳米颗粒的毒性

含有纳米材料的化妆品的生产和应用越来越广泛，接触纳米材料的人群数量也在不断增加。纳米颗粒具有定位明确、降低毒性、可控释、易于穿透细胞和组织、保护活性物免受酶和化学降解等优点。尽管它们有巨大的潜在益处，但对环境和生物的短期及长期健康影响知之甚少。由于健康危害、产品功能和环境问题，纳米材料的应用可能存在限制。目前，人们非常关注纳米材料可能引起皮肤穿透的风险。

纳米化妆品带来巨大优势的情况下，也存在一些缺点：纳米颗粒可以产生大量的氧自由基而引起氧化应激、炎症、DNA、蛋白质和膜的损伤等；碳纳米管、碳基富勒烯、氧化钛、铜纳米颗粒和银纳米颗粒，这些可能对人体组织和细胞有毒。防晒霜中的二氧化钛已被证明会损害细胞内的 DNA、RNA 和脂肪。管理机构对纳米化妆品的批准和管理没有严格的审查。纳米化妆品也可能对环境有害。纳米化妆品的审批不需要进行临床试验，因此引发了人们对使用后毒性的担忧等负面影响。

纳米颗粒的暴露评估遵循与非纳米颗粒成分相似的程序，但特别关注纳米方面。在欧洲，SCCS 不确定的是，胶体银（纳米）、苯乙烯/丙烯酸酯共聚物（纳米）和苯乙烯/丙烯酸钠共聚物（纳米）、二氧化硅、水合二氧化硅和表面改性的二氧化硅与烷基甲硅烷基化物（Nanoform）一起使用，是否可以识别出潜在风险，申请人提交的数据缺乏相关证据。

纳米颗粒的暴露途径是非常重要的关注点，主要途径是皮肤接触，角质层为表皮的第一层。关于纳米颗粒穿过角质层进入更深层的可能性仍然存在一些不确定性，可能会引起毒理学问题。虽然与穿透皮肤的已知分子相比，非常小的纳米颗粒的相对分子质量仍然要大得多，但在化妆品配方中使用的每一纳米粒子都应该进行进一步的测试。应特别注意可能含有纳米颗粒的喷雾剂或气雾剂的安全性评估，因为有可能通过吸入接触纳米颗粒。SCCS 指南说明（SCCS/1602/18）中包含了暴露场景所需的非详尽参数列表。对于纳米粒子，除了以重量为基础的纳米浓度外，还应根据粒子数浓度和表面积给出浓度。另外，应考虑暴露期间纳米颗粒的聚集和/或降解/溶解状态的变化。除了皮肤接触，牙膏、漱口水和口红中也有可能存在纳米颗粒。

纳米颗粒的毒性取决于多种因素，如表面性能、涂层、结构、尺寸和聚集能力，这些因素在制造过程中可以改变和操纵。溶解性较差的纳米颗粒已被证明会导致癌症。与质量浓度相同的大颗粒相比，纳米颗粒的表面积可能会产生健康危害。毒性还取决于被皮肤吸收的纳米颗粒的化学成分。粒径与毒性之间存在一定的关系：纳米颗粒粒径越小，其表面积与体积比越大，因而具有较高的化学和生物反应活性。

纳米颗粒对人体造成的健康危害取决于它们接触的程度以及它们接触人体的途径。吸入、摄入和皮肤途径是人类接触纳米粒子的可能途径。

1. 吸入

根据美国国家职业健康与安全研究所（National Institute of Occupational Health and Safety）的研究，接触空气中的纳米颗粒最常见的途径是吸入。消费者购买香水、喷雾剂时可能吸入纳米颗粒进入呼吸道，工人在生产过程中可能接触到纳米颗粒。动物试验表明，吸入的纳米颗粒绝大多数进入肺动脉，一些可能通过鼻神经进入大脑，并通过血液进入其他器官。二氧化硅吸入毒性研究表明，粒径为 1~5nm 的二氧化硅比等效剂量粒径为 10nm 的二氧化硅产生更多的毒性反应。

关于碳纳米管的研究表明，长期暴露于肺部会引起组织间炎症和上皮样肉芽肿性病变。某些碳基富勒烯可能会氧化细胞，或在吸入时有害。肺部给药的二氧化钛超细颗粒比二氧化钛细颗粒的结果表明，超细颗粒导致更多的肺损伤。当暴露于气管内途径时，在肝脏和巨噬细胞中发现了粒径为 2nm，40nm 和 100nm 的金纳米颗粒。已经证实，即使在低剂量下暴露于粒径为 20nm 的二氧化钛也会完全破坏 DNA，而 500nm 二氧化钛的 DNA 链断裂能力很小。

2. 摄入

纳米材料可能会被人体无意或有意地从手转移到嘴里。纳米颗粒可以从涂在嘴唇上的化妆品中摄入，如口红、唇膏和唇彩等。

根据研究，摄入纳米颗粒会迅速从体内逸出，但有时可能会吸收一些能迁移到器官的物质。在猪皮层上进行的研究表明，某些纳米颗粒可以在暴露后 24h 内渗透到皮肤层中。当小鼠口服摄入 20nm 和 120nm 不同剂量的氧化锌纳米颗粒时，脾脏、心脏、肝脏、骨骼和胰腺成为目标器官。铜纳米颗粒存在于各种市售的化妆品中。当暴露于铜纳米颗粒时，小鼠表现出毒理作用，可以损伤内部器官。

银纳米颗粒广泛用于伤口敷料和抗菌制剂中，以及肥皂、面霜和牙膏等化妆品中。银纳米颗粒具有较强的抗菌活性，对细菌致死的银浓度与对成纤维细胞和角质形成细胞致死的银浓度相同。对大鼠进行的各种研究表明，银纳米颗粒暴露于大鼠神经元细胞后会导致大鼠神经元细胞尺寸减小和形状不规则；即使在低浓度的银纳米颗粒下，小鼠种系干细胞也会大大降低线粒体的功能和细胞活力。当小鼠通过吞咽暴露于 13.5nm 的金纳米颗粒时，观察到红细胞、脾脏指数以及体重显著下降。

3. 真皮路径

细胞内、细胞外和滤泡内是渗透皮肤的三种途径。小于 10nm 的颗粒比大于 30nm 的颗粒更容易穿透皮肤。纳米颗粒的穿透可能会受到皮肤屏障改变的影响，如擦伤、伤口和皮炎等。当纳米颗粒的粒径小于 10nm 时，皮肤就会出现长时间的红斑、焦痂和水肿等现象。富勒烯目前被用于润肤霜和面霜等化妆品中，但与之相关的毒性尚不明确。罗伯特 F（Robert F）通过研究发现，含有富勒烯的面霜会对鱼的大脑造成损害，对人类的肝细胞可能有毒性作用。

一些研究表明，富勒烯肽具有穿透完整皮肤的能力，在机械压力的作用下很容易穿透真皮。皮内的量子点可以穿透局部淋巴结和淋巴管。已有研究证实，工程纳米粒子如单壁或多壁碳纳米管、表面涂层量子点和纳米级二氧化钛能够改变基因或蛋白质表达，对表皮角质形成细胞和成纤维细胞具有致命作用。

目前，关于防晒霜中二氧化钛和氧化锌纳米颗粒对健康、安全和环境的影响问题还很少。活性氧产量的增加是由于表面积更大、化学反应性更强且体积更小。自由基和活性氧的产生是纳米粒子毒性的主要机制。二氧化钛和氧化锌在暴露于紫外线时会产生活性氧和自由基，这些自由基具有发炎和氧化应激的潜力，会严重破坏细胞的膜、蛋白质、RNA、DNA 和脂肪。对二氧化钛纳米颗粒毒性的研究表明，纳米颗粒皮下给予怀孕的小鼠时，它们被转移到后代，雄性后代的精子减少，大脑受到损害。钴铬纳米颗粒具有穿越皮肤屏障并损害人类成纤维细胞的风险。

第十一章　脂质体类化妆品活性物质

第一节　脂质体类概述

一、概述

脂质体是由磷脂和胆固醇等在分散介质中自发形成的微小闭合囊泡，与人体细胞有很强的亲和性，可以作为新型活性物载体，具有组织相容性、细胞亲和性、靶向性、缓释控释性等特性。早期的研究主要集中在活性物的载体方面，特别是一些外用活性物和特殊抗癌活性物制剂的研究。近来随着活性物研究领域的深入发展，逐渐将脂质体包覆/载体技术真正用于化妆品领域。

由于受制备技术等的限制，脂质体的粒径通常在几十纳米至几百纳米，对常用表面活性剂的稳定性很差，易被表面活性剂溶合而丧失载体的功能，因而在实际应用中受到一定的限制。目前，用于化妆品的脂质体的粒径一般在 100~300nm。由于组成脂质体的卵磷脂亦存在于人体的皮肤组织中，因此借助其微小的粒径及与皮肤细胞的亲和性，脂质体得以通过被皮肤细胞吸附、吞噬、融合以及交换等方式将其所携带的活性物质传给皮肤细胞，比普通渗透方法的给药效率更高。由于脂质体的双层膜并非刚性膜，而是一种动态的膜，即随着膜的不断开合，卵磷脂的分子间一方面不断互相交换位置或重排，核内包覆的活性物亦与脂质体外的物质如表面活性剂等发生不断的分子交换，使脂质体失去稳态而最终解体或被表面活性剂溶合。

二、脂质体的构成与作用机理

脂质体是球形囊泡，由一个或多个同心脂质双层膜组成，该双层膜经常被水生环境包围。在最近的 30 年中，脂质体的应用已从活性物递送扩展到化妆品领域，它是当今最广为人知的化妆品递送系统。由于其独特的结构,其作用机理为:①脂质体携带被包封的皮肤活性物质穿透皮肤角质层,进入表皮和真皮,形成"储库";②包封在脂质体内的皮肤活性成分和水分能缓慢释放出来,极大提高了活性物质的作用效果。类似于脂质体的一些载体系统如纳米球、纳米颗粒或纳米乳液等,是粒径较小的单层脂质体或称纳米级的超微乳液。对载体系统而言,它们都有在化妆品体系中稳定性差,特别是不耐表面活性剂的缺点。这类产品有两大特色,一是成功地将"脂质体"这种生物新技术应用于化妆品;二是脂质体包封的活性成分,除市场上一般的抗衰老、保湿以及促柔软功能外,还应用生物工程方法从海洋生物体中获取养护皮肤的特效天然成分,这也是奠定该类产品地位的基础。

三、脂质体的分类

1. 普通脂质体

普通脂质体是由一般脂质组成的脂质体,包括单层脂质体和多层脂质体。单层脂质体是由单层双分子脂质膜形成的封闭囊泡。在单层脂质体中,根据其大小又可分为小单层脂质体和大单层脂质体。多层脂质体是由多层双分子脂质膜与水交替形成的封闭囊泡。普通脂质体在人体内大部分经过网状内皮系统吸收,将脂质体被动靶向运送到目的地。

2. 长效脂质体

长效脂质体分为隐形脂质体和空间稳定脂质体,是由神经节苷脂、唾液酸衍生物等在其表面进行修饰后所形成的脂质体。长效脂质体经聚乙二醇修饰后可以在脂质体表面形成构象层和水化膜,与普通脂质体相比,增加了亲水性和空间位阻,使脂质体的稳定性增加,降低了网状内皮系统的识别和摄取,延长了脂质体制剂在体内的循环时间,可发挥长效的治疗作用。

3. 热敏脂质体

热敏脂质体是由相变温度(T_c)稍高于体温的脂质组成的脂质体,其活性物的释放具有温度敏感性,局部加热可促使其快速释放,可减少活性物质的剂量。

4. pH 敏感脂质体

pH 敏感脂质体是使用对 pH 敏感的脂质作为膜材组成的脂质体。当 pH<6.0时,脂质体释放内容物。磷脂酰乙醇胺-β-油酰基-γ-棕榈酰(POPE)、胆固醇半

琥珀酸酯（CHOH）、磷脂酯乙醇胺（PE）等可作为 pH 敏感脂质体的膜材。

四、脂质体的理化性质

1. 相变温度

当升高温度时，脂质双分子层中的酰基侧链从有序状态变为无序状态，这种变化引起脂膜的物理性质发生一系列变化，可由"胶晶"态转为"液晶"态，会导致膜的横切面增加，双分子层厚度减小，膜的流动性增加，这种转变时的温度称为相变温度。因此，在脂质体制备时，应选择具有适宜链长和饱和度的磷脂。一般磷脂的脂肪酸链越长，相变温度越高；链越短，则相变温度越低。所以，选择短链脂肪酸的磷脂更有利于形成体积小的脂质体，并能够增强双分子层的流动性。

2. 脂质体的荷电性

含碱基脂质的脂质体带正荷电，含酸性脂质的脂质体带负荷电，不含离子的脂质体显电中性。脂质体的荷电性也会影响脂质体的稳定性。而我们皮肤角质层在生理条件下带有负电荷性，可能会对载体中正电荷的成分产生吸引作用。因而携带正电荷的脂质体比携带负电荷的脂质体的活性物经皮渗透效率更高，可能是因为电荷间静电吸引作用促进了吸收渗透。相反，如果脂质体带负荷电，也可能会因为静电排斥作用，减少活性物的渗出，提高了脂质体的稳定性。

3. 膜的流动性

脂质体的流动性是脂质体的一个重要物理性质，膜的流动性大，脂质体的稳定性就小、活性物释放快。胆固醇对膜的流动性起着重要的调节作用。在温度较高、磷脂分子运动较强时，胆固醇可以降低膜的流动性；反之，胆固醇又可提高膜的流动性，使其保持在相对稳定的状态。

4. 膜的通透性

脂质体的通透性是指给定物质在一定条件下通过脂质体膜的速率，直接影响了活性物的包埋和释放。对于不同物质，其通透性也有很大不同。pH 和温度均会引起脂质体膜的通透性的变化。当脂质体的磷脂发生相变时，脂质体膜的通透性增加。

五、脂质体的质量评价

1. 包封率与活性物载量

包封率是指包封在脂质双分子层中的活性物含量占总投量的百分比，是评价脂质体的重要指标，能反映出脂质体中活性物包封程度的高低，通常要求脂质体的活性物包封率在 80% 以上。常用的包封率测定方法有离心法、超滤离心法、葡聚糖凝胶柱法、微柱离心法、透析与反透析法、鱼精蛋白凝聚法等。活性物载量是指脂质体中所包封活性物质量的百分率。活性物载量的大小影响活性物的应用剂量，活性物载量越大，越容易满足需要。

2. 形态与粒径

脂质体的微观形态一般为球状，合格的脂质体需形态规整、分散均匀。脂质体的粒径大小及分布决定了其与体内细胞作用的部分以及吸收和分布，可通过透射电镜观察悬液或扫描电镜观察冻干粉。脂质体的形态与粒径均可影响包封率及稳定性。

3. 泄漏率

脂质体中活性物的泄漏率表示脂质体在储存期间包封率的变化情况，是评价脂质体稳定性的重要指标。若因脂质体不稳定造成包载活性物的泄漏，会使活性物代谢过程和效果发生改变。

4. 磷脂的氧化程度

磷脂在分子结构上多数都含有不饱和的脂肪酰链，容易出现氧化降解反应，称为磷脂的过氧化。脂肪酸链不饱和度越高，越容易氧化。当过氧化反应发生时，会影响脂质体膜结构的改变，造成脂质体功能的改变，渗透性升高。能引起磷脂氧化的因素有很多，如温度、辐射、氧气、金属离子、光源、包装材料等。通过添加多种抗氧化剂可以减少磷脂的氧化程度。

六、脂质体的制备方法

1. 主动载药法

（1）pH 梯度法　通过控制脂质体膜内外的酸碱 pH 浓度，形成一定的 pH 梯度差，弱酸或弱碱性活性物则顺着 pH 梯度，以分子形式跨越磷脂膜而使以离子形式被包封在内水相中。通常 pH 梯度越大，载入脂质体内的活性物越多，包封率也越高。

（2）硫酸铵梯度法　原理是其通过游离氨扩散到脂质体外，间接形成 pH 梯度，使活性物积聚到脂质体内。

（3）醋酸钙梯度法　通过醋酸钙的跨膜运动产生的醋酸钙浓度梯度（内部的浓度高于外部），使大量质子从脂质体内部转运到外部产生的 pH 梯度。

2. 被动载药法

（1）薄膜分散法　是常用的一种脂质体制备方法，将磷脂等膜材料和脂溶性物质溶解到一定量的有机溶剂（如氯仿）中，进行旋转减压蒸发，以除去有机溶剂，在瓶壁内侧形成一层薄膜，最后加入水相介质（如 PBS）充分振摇，进行洗膜操作，经水化后脱落，所得到的即是脂质体。该方法的缺点是形成的脂质体粒径大且不均匀，需要将得到的脂质体通过如超声、过膜挤压等方法使其粒径减小。

（2）逆向蒸发法　是脂质体装载亲水性化合物的最佳方式。对于亲水性化合物，囊泡内水相是唯一可以装载活性物的区域。因此，在该方法中，可以在脂质体形成过程中包裹大量亲水性活性物，从而达到高载药量的效果。逆向蒸发法的制法是通过将亲水性活性物溶解在水中并将磷脂溶解在与水不混溶的溶剂（如氯仿）中来制备的 W/O 乳剂，然后利用减压蒸发缓慢除去有机溶剂，形成凝胶。随着有机溶剂的进一步蒸发，产生脂质体分散体，活性物就可大量保留在囊泡内的水相中。通过此方法制得的脂质体与薄膜分散法相比，载药量和包封率均有提升，但所需有机溶剂多，易造成有机溶剂的残留。

（3）溶剂注入法　多采用乙醇注入法和乙醚注入法，此类方法是将类脂等脂质溶于有机溶剂中（油相），然后将油相匀速注入水相中（含水溶性活性物），搅拌挥发尽有机溶剂，再超声得到脂质体。乙醇注入法简便易操作，且包封率高，但制备速度缓慢，粒径大小不均一，不适合大量制备。

3. 主动载药法与被动载药法的区别

被动载药法与主动载药法各有优势，对于脂溶性且与磷脂膜亲和力高的活性物，被动载药法较为适用。而对于两亲性活性物，其油水分配系数受介质的 pH 和离子强度的影响较大，包封条件的较小变化就有可能使包封率有较大的变化。此时，可采用主动载药法，主动载药法包封率高，稳定性高，但需要透析除盐等步骤，且操作时间长。

七、脂质体的特性与应用

1. 脂质体的特性

脂质体作为目前研究和应用比较广泛的一类活性物载体，具有以下功能特性。

（1）靶向性 脂质体具有淋巴系统以及肝、脾网状内皮系统的被动靶向性，病变导致毛细血管通透性增加，使脂质体在实体瘤生长部位和炎症部位等聚集，达到被动靶向。经特定修饰后的脂质体，能够将活性物输送到特定的器官、组织、细胞或亚细胞，实现主动靶向递药。

（2）细胞亲和性和组织相容性 脂质体具有与细胞膜相似的生物膜结构，具有良好的细胞亲和性和组织相容性，可以通过与细胞发生吸附、脂质交换、内吞/吞噬、融合、泄漏、酶消化等发挥作用，增加所包载的活性物透过细胞膜的效率，增强疗效。

（3）缓释性 活性物包载于脂质体中，可使活性物进入人体后缓慢释放，延缓活性物的肾排泄和代谢，延长活性物的作用时间。

（4）降低活性物毒性 活性物包封于脂质体中，可通过被动靶向递药、主动靶向递药以及缓释作用，增加活性物在病灶部位聚集，降低进入正常组织器官和细胞的活性物量，从而降低对人体的毒副作用。

（5）增强活性物的稳定性 脂质体的双层膜结构可有效保护负载的活性物，显著增强活性物的稳定性。

2. 脂质体的形成与应用

在脂质体的制造中使用了各种各样的两亲性分子，这些分子可能具有不带电的正极、负极或两个相反的极性头，脂质体的膜本质上是由天然或合成的磷脂形成的，在这些磷脂中加入胆固醇能够增加它们的稳定性。脂质体的性质取决于所使用的结构磷脂的特性。脂质体中使用的磷脂是卵磷脂，卵磷脂主要从天然资源中提取，如鸡蛋、大豆。卵磷脂是甘油磷脂的混合物，磷脂酰胆碱最常见。另一种常用于脂质体膜的化合物是胆固醇。纳米脂质体美容化妆品技术是国际美容化妆品界追求的目标，是世界化妆品未来重要发展方向。目前此领域法国、德国和美国处于领先地位，多为高端奢侈产品，价格十分昂贵。

含有较高美容价值的功能性活性物或营养成分有很多，如中草药提取物、化学/生化活性物、维生素类和动植物油类等，具有良好的美容功效（如抗氧化、美白滋养、祛斑等），这些功效成分绝大多数为难溶性物质，使用时难以透过皮肤屏障发挥其功效作用。制备纳米脂质体可采用生物相容性好、安全性高的卵磷脂为载体材料，利用现代纳米脂质体技术将这些难溶性功效物质制成粒度小于 50nm 的纳米脂质体微囊，能够携带活性物自然穿透人体皮肤屏障，运输功效物质至真皮细胞层间形成营养储囊，从而使其功效性充分发挥。

八、脂质体在化妆品领域的商业化发展

第一个进入商业市场的脂质体化妆品是 1986 年由克里斯汀·迪奥公司推出的抗衰老面霜，随后许多其他产品也相继推出。化妆品中的脂质体产品不仅限于皮肤护理和头发护理，1989 年就研制出了脂质体配方。第一个含有脂质体的化妆品是 1988 年生产的粉末状产品，随后睫毛膏和粉底相继出现。在皮肤护理领域，ROC 护肤品牌于 1987 年和 1990 年推出了 2 种产品，分别是第一款包含脂质体的乳液和第一款男性脂质体面霜。

如今人们的美容需求已趋向理性化、目的化，进入了"科学美容"阶段。科学美容强调的是功效性、安全性、天然性。该产品正好满足了人们理性的美容要求，顺应了"科学美容"的时代潮流，不仅对青春女性，而且对中老年人群留驻即将逝去的青春活力具有特别的意义。脂质体化妆品的开发在世界各国刚刚兴起，国际化妆品专家预言："脂质体化妆品将独领 21 世纪的秀姿。"

第二节　脂质体类化妆品的类别

一、脂质体的组成与制剂概况

脂质体源自两个希腊词的术语："Lipos"表示脂肪，"Soma"表示身体。脂质体在免疫学应用、疫苗佐剂、眼部疾病、脑靶向和感染性疾病以及癌症治疗等方面用作活性物传递载体。它们还可以用于生物活性剂和化妆品的局部递送，改善作用部位皮肤中的活性物沉积，减少全身吸收，从而最大程度地减少副作用，增加患者的依从性并提高生物利用度。

脂质体的大小约为 200nm 至几微米。纳米脂质体是脂质体的纳米级版本，囊

状磷脂凝胶和最近引入的"tocosomes"是这些胶体活性物递送系统的衍生物。脂质体和纳米脂质体技术在皮肤治疗中的应用是基于脂质体/纳米脂质体的双层结构与天然生物膜的双层结构的相似性，取决于脂质体和纳米脂质体的脂质组成，可以改变细胞膜的流动性并将活性成分递送至作用部位。各种形式的脂质体制剂，如溶液剂、乳膏剂、凝胶剂和软膏剂，都可以在角质层输送化合物。开发脂质体抗衰老和抗氧化乳霜以及局部用乳霜采用"持续释放技术"制成，具有长效作用，渗透到皮肤中并有助于减少明显的衰老迹象。产品使用脂质体来封装保护活性成分并将其输送到皮肤的正确位置，可以提供持久的效果。这类乳霜可有效减少皮肤脱水，恢复其正常平衡，浅浅的表情纹和皱纹。

二、脂质体在皮肤健康美容方面的作用

脂质体由含有多不饱和脂肪酸（PUFA）的天然海洋脂质组成，这些脂质在体外表现出抗炎特性，并具有关于炎性皮肤疾病的多种益处，并被皮肤表皮酶代谢成抗炎和抗增殖代谢物。Nutracosmetics 是一类新兴的健康和美容产品，由于其有益的特性，如防晒、抗衰老、保湿、抗氧化剂、抗脂肪团和抗菌作用，结合草药和脂质体/纳米脂质体，维持和增强了活性成分的功效。

脂质体和纳米脂质体因其具有低或完全不具有细胞毒性以及良好的生物相容性和生物降解性等特性，在基因与活性物传递、食品与营养和化妆品等领域广泛应用。在外用方面，脂质体/纳米脂质体可显著提高护肤品的生物利用度和功效。由于这些特性，美国食品与药物管理局等国际监管机构认为脂质体/纳米脂质体是安全的。因此，将来会有越来越多的含有脂质体和纳米脂质体技术的化妆品和护肤品进入市场。

三、化妆品脂质体的类型

根据组成和用途，化妆品脂质体可分为不同类型。化妆品脂质体的类型见表 11-1。

表 11-1   化妆品脂质体的类型

脂质体名称	尺寸及组成	结构特点	用途
Transfrosomes	30~200nm，由磷脂、胆固醇和一些表面活性剂（如胆酸钠、胆酸盐）制成	具有高度可变形性和反应性，可以借助细胞内或跨细胞途径，借助表面上的2个细长弹性层，轻松穿透皮肤并穿过皮肤的角质层	用于直接透皮活性物递送
Niosomes	小囊泡，由烷基或二烷基聚甘油醚类的非离子表面活性剂组成	可以提高产品效力并增加其渗透性，增加吸收不良成分的生物利用度，并增强活性物的稳定性	化妆品和皮肤护理
Novasomes	0.1~1.0μm，多种脂质体或由聚氧乙烯脂肪酸单酯、胆固醇和游离脂肪酸按74∶22∶4比例合成的非磷脂低层膜脂泡	具有黏附于皮肤或毛干的能力，能持续释放，并提高化妆品的功效和质地	化妆品制剂
Marinosomes	含有高比率的二十碳五烯酸和二十二碳六烯酸（ω-3多不饱和脂肪酸）的海洋植物提取物	通过皮肤表皮酶的代谢，它们变成了消炎和抗增殖的代谢物，有助于治愈许多皮肤炎症问题	化妆品制剂
Ultrasomes	从黄体微球菌中提取的内切酶捕获而形成	有助于检测紫外线对皮肤的伤害，并提高治疗速度；对免疫系统有保护作用，消除紫外线辐射对DNA的破坏作用，抑制一些细胞因子的表达，以及降低皮肤癌的风险	化妆品制剂
Photosomes	通过释放从海洋植物刺藻中提取的光解酶来发挥作用	可以防止光线破坏细胞的DNA，从而防止免疫系统受到抑制，降低致癌风险	防晒霜

续表

脂质体名称	尺寸及组成	结构特点	用途
Ethosomes	多层囊泡，由磷脂、磷脂酰胆碱、水和 20% ~ 50% 乙醇组成	促使化妆品成分能深入皮肤层或进入体循环；能穿透角质层，以有效地输送化妆品到皮肤的数量和深度	非侵入性载体
Yeast based liposomes	来自酵母菌细胞	为皮肤提供维生素 C，帮助修复、舒缓和为皮肤提供氧气	载体脂质体
Phytosome	通过混合磷脂和植物提取物（如类黄酮，糖苷和萜类化合物）开发的脂质体	改善植物成分在皮肤中的吸收，具有高脂质特性和增强皮肤渗透性的特点	化妆品制剂
Sphingosome	由神经酰胺组成的脂质体	使受损或脱水的皮肤恢复正常，因为神经酰胺或其他类似分子可以弥补皮肤的水分不足，恢复皮肤的屏障功能	化妆品制剂
Nanosome	低纳米级的高度纯磷脂酰胆碱形成的非常小的脂质体	抗衰老血清，提升肌肤性能，使肌肤更健康年轻	化妆品制剂
Glycerosome	除磷脂外还含有甘油的修饰脂质体	能够将药妆活性成分传递到皮肤，具有高性能、愈合性和美化性能。具有改善皮肤防御活性的作用	抗氧化护肤霜
Oleosome	天然脂质体，是油、维生素和色素的储存体	存在于多种含油植物种子或果实中，个人护理的有效输送系统	化妆品成分
Catezome	新型的非磷脂囊泡，具有阳离子表面电荷，由两亲性分子季胺的脂肪酸盐制备而成	具有亲水性或疏水性药妆有效载荷的脂质体，具有在头发和皮肤上保存的能力	递送系统

续表

脂质体名称	尺寸及组成	结构特点	用途
Invasome	脂质体囊泡，由少量乙醇加萜烯或萜烯混合物组成	有较高的皮肤渗透性能	有效载体

第三节　脂质体类在化妆品中的应用

脂质体在化妆品中已经得到广泛应用，脂质体的基本结构是磷脂双层，存在多种类型的脂质体，在皮肤护理领域也有多种衍生的脂质体。不同配方、不同工艺制备的脂质体的成层性、均匀性、粒径等均不同，既影响了其包封率、稳定性等理化性质，也影响其与皮肤的相互作用，并决定了渗入皮肤的量及程度。在化妆品配方中应对脂质体进行选择。

一、化妆品脂质体的结构类型

1. 皮肤护理中脂质体传统形式

根据脂质体的形态和大小，可以分为四类。

（1）小单室脂质体　含有单一的双分子层囊泡，平均粒径在 20~200nm；由于丁达尔现象，平均粒径小于 100nm 时，在光线的照射下，呈现蓝色透明或半透明状。根据经验，平均粒径低于 200nm 时，在液体状态下容易保持稳定，但也要看粒径的分布情况；在液体状态下，这类脂质体的稳定性高。该类脂质体的制备一般需要微射流等均质技术。

（2）大单室脂质体　含有单一的双分子层囊泡，平均粒径在 200~1000nm。由于可能存在的融合性，平均粒径大于 200nm 的大单室脂质体的稳定性降低。

（3）多室脂质体　含有多层双分子层囊泡，平均粒径在 1~5μm。如注入法、薄膜蒸发法、逆相蒸发法等制备的脂质体一般都是多室脂质体。由于穿透角质层的能力高而且可以同时携带疏水和亲水有效成分且易制备，这类脂质体在化妆品应用较多。

（4）多囊脂质体　存在多个水性腔室，各水性腔室之间以脂质双分子层相隔，中性脂质作为支持物分布在相邻水性腔室的交接点处，形成牢固的拓扑结构，构成非同心圆，构成粒径一般为 $5 \sim 50\mu m$。多囊脂质体包封率高，包封体积大，活性物渗漏少，适合包封水溶性小分子和生物活性大分子。多囊脂质体具有良好的缓释效应和储库效应。

2. 在皮肤护理领域衍生的脂质体形式

（1）醇质体　乙醇脂质体通常含有 $2\% \sim 5\%$ 的磷脂、$20\% \sim 50\%$ 的乙醇或其他醇类、水等维持完整的囊泡结构，醇类的存在能增加膜的流动性。

（2）柔性脂质体　由脂质体原有配方改进而来，不加或少加胆固醇，同时加入膜软化剂，如表面活性剂胆酸钠、吐温、司盘等，使类脂膜具有高度的变形能力。柔性脂质体能转运不同的功效分子，分子的大小、结构、相对分子质量或者极性影响因素较小。

（3）角质脂质体　人体角质层细胞间质的磷脂含量很低，主要由非极性脂质组成，主要成分有神经酸胺、胆固醇、脂肪酸和胆固醇硫酸醋等。模仿角质层的化学成分组成而制备以神经酸胺、游离脂肪酸等为主要结构成分的脂质体。由于和皮肤角质层类似因此可以协助角质层减少水分的流失，支持皮肤的脂质屏障，该类脂质体有良好的穿透性。

3. 在皮肤护理领域衍生的脂质体变换形式

（1）磷脂凝胶　在特定的情况下，大豆磷脂以极性有机溶剂形式，形成一种带状、多分子、相互缠绕的动力学稳定的网状结构。这种所谓的磷脂有机凝胶，具有高度黏滞性，光学上完全透明。许多活性物已经被制备成了磷脂有机凝胶形式，具有很好的透皮效果。

（2）磷脂活性物复合物　磷脂与活性物形成络合物或者复盐，可以改变原形活性物的理化性质；可与活性物中有毒副作用的基团结合，降低活性物毒副作用或者刺激作用；可以促进活性物吸收，增加生物利用度；磷脂活性物复合物可以增加活性物的亲脂性，增加活性物的透皮吸收，使活性物在表皮或真皮层缓慢释放。

（3）脂质体前体　是指以磷脂为主要成分的一种体系，本身可以不包裹目标成分，不一定是典型的脂质体结构，但可以包裹拟使用的成分，经水稀释后形成脂质体。

（4）两种或两种以上载体技术的复合形式　如环糊精脂质体、微球脂质体等。

二、皮肤护理中脂质体的作用特点与选择

在活性物研究领域，脂质体的主动靶向性或被动靶向性是首先考虑的因素，在

皮肤护理应用中，脂质体的透皮吸收和缓释作用则是重点。游离功效分子的药代动力学由其理化性质决定，通过脂质体的包裹，功效分子的药代动力学改变，功效分子的代谢主要由脂质体结构以及脂质体中的其他成分决定。

1. 皮肤护理中脂质体的特性

（1）**透皮性**　皮肤角质层是外源性物质经皮进入皮肤的主要屏障，角质细胞间隙主要由脂质分子组成，一般通过改善角质细胞或角质细胞间脂质的通透性，实现对功效分子的透皮吸收。脂质体特有的物理化学性质，将功效成分透过皮肤表皮、真皮释放活性成分被人体吸收。脂质体与皮肤角质层脂质具有高度的生物相容性，增加活性物在皮肤局部的积累。但由于疏水性物质的透皮性优于亲水性物质，因此脂质体包封活性物时，更多考虑亲水性物质。

（2）**缓释性**　在皮肤中，脂质体能够将活性成分持续缓慢地释放，效力持久。以脂质体为载体的活性物容易在表皮和真皮吸收，形成活性物储库，活性物可持续地释放，提高生物利用度。

（3）**修复性**　修复受损的人体细胞膜。由于细胞膜磷脂的不饱和程度降低，增加了细胞膜的刚性，影响了细胞膜的蛋白质活性，进而影响了细胞膜内外成分的交换。如果选用不饱和程度高的磷脂，则由于脂质交换增加细胞膜磷脂的不饱和程度而修复细胞。另外，在细胞增生过程中，脂质体的磷脂也为新生细胞膜的磷脂双层提供了磷脂。

（4）**保护性**　增加活性成分的稳定性。脂质体分子结构还可以保护一些功效分子，增加其稳定性。如抗坏血酸在水溶液中的稳定性很差，室温下一个月溶液就变黄。将抗坏血酸用小单室脂质体包裹，得到抗坏血酸脂质体溶液，室温下可以稳定保存三年以上，颜色只是淡黄色。

（5）**增效性**　活性成分被包裹后生物利用度提高。脂质体可以包封水性分子或疏水性分子，尤其可以数倍增加水性分子的皮肤吸收。

2. 脂质体种类的选择与应用依据

如何相对合理地利用这些结构有区别的脂质体，对于多数配方师来说，一是工艺是否可行，是否能自己制备或市场上是否有脂质体半成品可以选择；二是脂质体在终产品中是否稳定；三是透皮吸收的效果与产品设计的契合程度。

（1）**水溶性活性物**　包封于囊泡的内部，而脂溶性活性物则分散于囊泡的疏水基团的夹层中。大单室脂质体包封的活性物量比小单室脂质体多 10 倍。多室脂质体携载的疏水性物质比单室脂质体多，从亲水和疏水物质携带的均衡性看，多室或多囊脂质体可以携带更多的物质。

（2）柔性脂质体和醇质体　单室脂质体的膜的柔性增加，在穿越皮肤屏障的时候变形能力增加更加适合穿越角质细胞间隙，因此是携载大分子的理想载体。

（3）脂质体前体　为配方师提供了一种选择，可以根据配方设计，进行有效成分的包裹，工艺相对简单，不需要专门的设备和技艺。

（4）磷脂凝胶　是脂质体与乳剂之间的过渡，由于磷脂凝胶成分进入皮肤后，显示和脂质体类似的作用，因此推测至少部分磷脂凝胶在皮肤中重新组合，不排除有脂质体的自发形成。但磷脂凝胶的生产成本较高，目前推广还有困难。

三、护肤产品中脂质体的应用

护肤产品中水或水性凝胶是重要的一类产品，透明或半透明的外观是其特点之一，从粒径分析，加入的脂质体平均粒径不应大于100nm；由于凝胶是水性体系，包裹的功效分子以亲水性物质为主，在磷脂双层中可添加微量的疏水性物质。乙醇脂质体和柔性脂质体的变形能力更大，在某些条件下粒径的稳定性更高。高离子强度的物质如无机盐，尤其是高价离子能破坏双层分子膜配方中避免使用。

由于膏霜类化妆品一般含有较多的表面活性剂，因此不建议添加单室脂质体。根据需要可以使用多室或多囊脂质体。如果添加的疏水性物质较少，可以选择多室脂质体；如果需要添加较多的疏水性物质则建议添加多囊脂质体。由于高温会破坏双层膜结构，剧烈剪切可致脂质体重新形成，一般建议在50℃以下添加脂质体进行温和搅拌。

脂质体的种类繁多，在皮肤护理中根据需要选择合适的脂质体类型，会让脂质体更好地发挥作用。由于配方设计是综合性的工作，载体只是配方的一部分，在整体的设计下应合理应用脂质体或其他载体技术。

第四节　脂质体和纳米脂质体技术对护肤成分功效及生物利用度的作用

皮肤被认为是人体中最大、生长最快的器官，并且在提供对病原体和环境因素的保护中起着重要作用。皮肤易受多种状况的影响，外源性化学物质和天气等外部因素可能会从外部影响皮肤，而所吃的食物和活性物可能会导致人体皮肤疾病的发展，产生多种皮肤疾病症状，包括痤疮、皮炎、湿疹、牛皮癣、皮疹、蜂窝织炎和酒渣鼻。人们在积极地进行有效疗法的研究和开发皮肤护理产品，以及皮肤健康和美丽的产品。采用脂质体和纳米脂质体的封装系统则被认为是增强皮肤护理产品功效，改善其生物利用度并提供长期效果的有效策略。

一、脂质体和纳米脂质体的封装系统概述

1. 基于纳米技术的活性物输送系统

从局部意义上讲，"生物利用度"可以定义为活性化合物（如霜剂、洗剂等形式）或营养因子或化妆品达到其作用部位或可以达到的程度，进入血液等生物流体的剂量和速度。活性化合物的生物利用度在很大程度上取决于剂型的性质，部分取决于其设计和配方，而不是取决于活性化合物的理化性质，理化性质决定了吸收潜力。

自纳米技术出现以来，它已在医学（称为纳米医学和纳米疗法）、生物技术、制药、农业、食品、营养和化妆品等不同领域中得到了应用。据推测，纳米技术可以改善皮肤护理产品（包括化妆品配方）的生物利用度。

当前，纳米技术是药剂学和活性物递送系统的组成部分。在活性物科学和化妆品中，尺寸是重要的参数，因为它影响活性物的生物利用度、毒性、保质期和功效。纳米尺寸可以显著提高活性物性能。提供用于高效制药应用的智能系统、设备和材料。基于纳米技术的活性物输送系统可以改善治疗剂和活性化合物的生物分布和生物利用度。脂质体和纳米脂质体技术具有控释系统的潜在特性，可实现有效的活性物递送，同时减少与活性物的靶向递送、生物分布和生物利用度有关的问题，尤其在施用潜在毒性和细胞毒性剂时。

2. 透皮递送生物活性化合物

由于皮肤的可及性和较大表面积，长期以来一直被认为是施用生物活性剂最佳的途径，可皮肤局部或全身使用。活性物局部给药途径的优点包括避免了肠胃外治疗的风险和不便；避免与口服治疗有关的吸收和代谢变化；活性物给药的连续性，允许使用具有半生物学半衰期短的药理活性剂，并有可能在全身性给药中减少胃肠道刺激。皮肤具有不易渗透的特性，其成为病原体和有毒化学物质进入以及生理液排出的障碍。这种不渗透性是发育中的皮肤正常生理变化的结果，也导致活性化合物的生物利用度降低。

3. 透皮给药系统及其应用

外用活性物递送是指将活性化合物施加到皮肤以实现局部作用，在透皮活性物递送中，皮肤被用作活性物局部或全身作用的潜在途径。透皮给药系统具有许多优点，如作用时间更长、给药灵活、副作用减少、血浆水平均匀以及患者依从性高。然而，治疗剂的透皮递送具有一些缺点，包括可能引起局部刺激导致红斑和瘙痒，甚至引起是活性物在角质层中的低渗透性。为了克服该缺点，已经研究了许多活性物输送技术和载体系统，其中脂质体和纳米脂质体被认为是通过皮肤输送活性物最有希望的技术。

二、脂质体和纳米脂质体药妆功效

脂质体既可以作为化妆品功效原料的载体，也可以作为活性制剂。当皮肤因湿疹或缺水而受损时，空白脂质体可与皮肤脂质、蛋白质、碳水化合物高度相互作用，帮助皮肤恢复正常状态，使角质层正常发挥其防御功能，从而起到美容作用。

当它们用作活性成分的输送载体时，具有多种功能，除了成分本身的作用外，它们还可以增强渗透性、溶解性或稳定性，影响作用的持续时间以及将物质从环境中分离出来，以该成分为目标到达所需的作用部位、降低毒性、增强对药代动力学和药效学的控制，使产品具有成本效益。

1. 促进渗透作用

皮肤是覆盖整个身体表面的器官，在保护身体方面具有重要作用。人的皮肤由三层组成：表皮（皮肤的最外层）、真皮（包含结缔组织，汗腺和毛囊）和皮下组织（由脂肪和结缔组织组成）。表皮分为多层，由于其高轮廓的亲脂性和高的细胞凝聚力，角质层充当皮肤屏障是皮肤的主要功能。

为了易于渗透角质层，分子必须具有一定的理化性质，必须是低质量的，水和油溶性的，具有中等的分配系数，并且熔点低。只有少数物质符合这些理想特性，而其他物质几乎完全无法通过皮肤屏障，活性成分无法到达作用部位。由于脂质体体积小，其脂质组成与皮肤结构相似，与传统剂型相比，脂质体在很大程度上更容易渗透到角质层内部，利用脂质体作为活性成分的载体理论上是有效的，可以帮助穿透皮肤。

2. 摆脱溶解度束缚的作用

脂质体具有双相性，有助于保持亲水、两亲和亲脂分子在其结构中，根据物质的溶解特性确定其位置。一般来说，亲脂性和两亲性物质沉淀在脂质体的脂质双分子层中，亲水剂嵌入在水中心或外部水相中。这种定位最大限度地减少了储存过程中材料的损失。脂质体主要用于水性体系，可以利用该特性在水性制剂中携带疏水性物质。

通常存在有 4 种脂溶性维生素：维生素 A、维生素 D、维生素 K 和维生素 E，均对皮肤的健康和美丽起着重要的作用。缺乏脂溶性维生素会导致各种皮肤疾病。如维生素 E 是一种稳定的脂溶性化合物，具有皮肤保护特性，如抗皱、保湿和预防其他皮肤问题。

维生素 K_1 是一种具有亲脂性和光敏性的分子，最近被提出用于不同的化妆品中，包括抗氧化作用、抑制皮肤色素沉着、防止由衰老引起的血管事件、解决瘀伤以及激光照射引起的问题。

根据这些维生素不溶于水的性质，必须使用含脂肪成分的软膏来配制这些维生素的化妆品。与水基产品相比，油基产品因其不良或不自然的油腻感而具有较差的依从性。分散在水中的脂质体颗粒对皮肤有亲和作用，将脂溶性维生素封装在脂质体中可以克服其亲脂性而引起的问题。

3. 美白增强作用

固体脂质纳米粒和纳米结构脂质载体用于功效性化妆品具有独特的优点，即其纳米颗粒能够吸收紫外线，减缓对皮肤的损伤。与此同时，缓释、控释的递药特性能够减少功效成分对皮肤的刺激。科普克（Kopke）等通过制备改进的纳米结构脂质载体，在提高载药量的同时显著改善了防晒剂苯乙基间苯二酚的光敏性，能够更好发挥其皮肤抗氧化和美白的作用。

为了达到美白的效果，可选择使用低水溶性化合物，如亚油酸。脂质体的作用是促进亚油酸的皮肤美白效果。皮肤美白配方含有维生素 E 或维甲酸的脂质体，可降低抗坏血酸的氧化率。脂质体制剂可增强亚油酸的美白效果。美白皮肤的制剂包括含有维生素 E 视黄酸的脂质体，可降低抗坏血酸的氧化率。

4. 增加稳定性作用

许多物质在环境中容易氧化、降解或丧失性能。内源性的抗氧化系统保护皮肤免受自由基的破坏；皮肤暴露在紫外线辐射下会使促氧化剂的数量超过抗氧化剂的数量，从而导致皮肤的氧化应激和光老化。补充外用抗氧化剂是化妆品工业为消除自由基而采用的一种方法。由于光照和储存方式的影响，许多生物活性物质的性质容易发生变化。应对这种情况的一个方案是制备脂质体，将抗氧化物质包埋在脂质体中，使得封闭保护的成分不受任何破坏因素的影响。

维生素 C 是一种植物中富含的维生素，对人体有很多益处。它在胶原蛋白的代谢中起着至关重要的作用，并被进一步证实为一种抗炎剂。当遇到紫外线辐射或恶劣环境时，维生素 C 会迅速分解。与普通脂质体相比，维生素 C 纳米脂质体有较强的稳定性和抗氧化活性。

5. 延长作用效果

如今，化妆品在不断开发新的纳米颗粒系统，使得活性成分能够有效地控制释放到皮肤上。在许多分子中，脂质体是最好的选择。由于脂质体的结构和组成与角质层非常相似，因此经皮给药会导致脂质成分的沉积，脂质体的负荷可从脂质成分中缓慢释放出来，从而延长了成分的作用效果。局部使用在皮肤上的大多数脂质体会在角质层的上层中作为储库提供更多的长效作用。

脂质体微胶囊还可以包埋柑橘类柠檬烯等芳香剂，延长气味的保持时间。与含有缓凝剂的脂质体相比，脂质体缓慢释放被胶囊材料，产生缓凝作用，使其在商业水平上成为产品的适当替代品。由于柠檬烯具有良好的气味，被广泛应用于化妆品和食品配料中。

三、脂质体对生物利用度的作用

1. 脂质体的选择性

细胞通过特定的信号对其他细胞作出反应。通过改变膜的电荷或添加特定的蛋白质、抗体或免疫球蛋白，可以增加特定细胞对脂质体的亲和力。在释放活性物之前，脂质体会对特定的 pH 或温度产生反应。脂质体可以与特定的生物体相互作用。

黑色素是造成肤色变化的主要原因。黑色素细胞是皮肤深层的一种细胞，利用酪氨酸酶将酪氨酸转化为黑色素。然后将这些色素带到沉积皮肤较高层。黑色素产生越多，皮肤越黑。脂质体维生素 C 抑制酪氨酸酶的产生，减少色素沉着。维生素 C 还具有抗氧化活性，当与促氧化剂接触时会代谢，因此就看不到它的皮肤增白作用。通过将维生素 C 截留在脂质体双层中，可以防止氧化剂和抗氧化剂相遇。

2. 减少功效成分的毒副作用

细胞通过特异性信号传导与其他细胞发生反应。通过改变膜的电荷，或添加特定的蛋白质、抗体或免疫球蛋白，可以增加特定细胞对脂质体的亲和力，使脂质体与特定生物活性物相互作用。为了降低毒性，脂质体在某些情况下被避免使用定点回避疗法，以避开不同种类的区域。

当使用脂质体作为化妆品载体时，可以为组件设置一个外壳，其边框不允许封闭材料与外部物质之间直接连接。换言之，相互作用按照预定的顺序进行，对非目标细胞的影响最小。此外，当进行材料分离时，其对外部环境的吸引力将最小化。许多物质本身无毒性，但是，一旦它们与其他物质相互作用，就会产生毒性。

从另一个角度来看，脂质体为功效成分提供了高功效的靶向递送，因此降低了该成分的最低剂量以及大剂量中毒的风险。此外，活性成分从脂质体中的控释可防止其达到毒性水平。

3. 活性物动力学和药效学方面的改善

脂质体可以增加化妆品的药代动力学，例如导致治疗指数剂量更长，并增加靶向的特异性，同时降低毒性。脂质体可以延长循环时间，并保持更长时间的成分恒定水平。

当使用脂质体时，可以尝试使用小包装的少量材料。通过使物质及其载体小型化，提高表面体积比，从而提高生物利用度和药效，使产品发挥更高的作用。

第十二章　生物活性物质在各类功效化妆品中配方案例

第一节　去皱、抗老化类功效复方产品
——泰美太® 润之盈（RLTPep® RealJuvenile）复方原液

一、产品科学架构

泰美太®润之盈（RLTPep® RealJuvenile）复方原液采用乙酰基六肽-8、二肽二氨基丁酰苄基酰胺二乙酸盐和精氨酸/赖氨酸多肽作为改善皱纹类多肽，起淡化细纹的作用；采用棕榈酰三肽-1、棕榈酰四肽-7、乙酰基四肽-2 和六肽-9 作为信号类多肽，作用于表皮、表皮真皮连接区，刺激胶原蛋白生成，增强肌肤弹性。产品配料协同起效，均为天然人体内源性因子，配方过敏率较低，安全无刺激。

二、核心原料作用机制

泰美太®润之盈复方原液由三大类活性物质组成，分别为祛皱类多肽、促胶原蛋白生长类多肽和丰盈肌肤类物质。

祛皱类多肽：乙酰基六肽-8 通过阻止囊泡与细胞膜融合而抑制乙酰胆碱释放，达到祛皱的效果；二肽二氨基丁酰苄基酰胺二乙酸盐作为乙酰胆碱的拮抗剂，通过竞争乙酰胆碱与突触后膜受体的结合位点，使受体封闭，减轻面部皱纹；精氨酸/赖氨酸多肽通过阻断钠离子通道，提高细胞黏附能力，消除面部皱纹。泰美太®润之盈复方原液从三种不同祛皱靶点入手，协同增效，拥有更好的祛皱效果。

促胶原蛋白生长类多肽：棕榈酰三肽-1、棕榈酰四肽-7、乙酰基四肽-2 和六肽-9 作为信号类多肽，可以同时促进胶原蛋白和其他细胞外基质蛋白的合成，增加I

和Ⅲ型胶原蛋白的表达，增强皮肤紧实度，维持皮肤弹性，有效改善皮肤粗糙度。

泰美太®润之盈复方原液特别添加乙酰基六肽-7作为丰盈肌肤类物质，调控皮肤基底层基底细胞的分化，维持表皮的更新和代谢，有效填充皮肤沟壑、丰盈肌肤，全面改善肤质。

泰美太®润之盈复方原液聚焦皮肤老化过程中面部塌陷问题，从以上三个角度多个靶点重塑年轻肌肤，具有高生物相容性，与注射类医美相比更加安全，更适合多数消费者。

三、配方应用案例

含有泰美太®润之盈复方原液的抗老精华的配方示例如表12-1所示。

表 12-1　　　　　　　　　　抗老精华的配方示例

原料名称	含量/%
A 相	
去离子水	添加至 100
罗望子提取物	0.2
B 相	
1,3-丁二醇	5
1,2-己二醇	0.5
对羟基苯乙酮	0.5
C 相	
泰美太®润之盈复方原液	5
500mg/kg 卤虫提取物（GP4G）原液	2
可溶性胶原蛋白	0.2
羟丙基四氢吡喃三醇	0.5
抗坏血酸丙二醇透明质酸酯（VCHA）	0.3

四、配方制备工艺

（1）将 A 相去离子水升温至 90℃保温 30min 灭菌，再加入其他原料充分搅拌至完全溶化。

（2）温度降至 50℃时，将 B 相各原料提前混合制备成溶液，加入 A 相充分搅拌均匀。

（3）温度降至 45℃时，依次加入 C 相各原料，充分搅拌 30min 即可。

第二节　祛痘、祛斑、抗炎、抗菌类功效复方产品
——泰美太® 润痘消（RLTPep® AcneBuster）复方原液

一、产品科学架构

泰美太®润痘消（RLTPep® AcneBuster）复方原液，根据痤疮皮肤病理及护肤成分活性的研究结论，提出解决方案，以科学原理设计，针对痤疮的各个阶段。本产品基于广谱抗菌肽、舒缓肽以及预防痘坑痘印的多聚脱氧核糖核苷酸成分，平衡肌肤微生态，抗菌和消炎，修复痘印，可用于祛痘膏霜、乳液及护肤产品，对痤疮、脂溢性皮炎有较好治疗效果并预防痘坑痘印产生。

二、核心原料作用机制

泰美太®润痘消中的肉豆蔻酰六肽-23 具有广谱抗菌性，能有效调节痤疮丙酸杆菌的生长，预防皮肤问题，发挥控油祛痘功效。泰美太®润痘消中的棕榈酰三肽-8 有助于调节皮肤免疫反应，较少应激引起的刺激，具有抗炎、舒缓和镇定的功效，预防和舒缓皮肤产生炎症性损害，恢复皮肤至正常敏感度阈值。泰美太®润痘消中的多聚脱氧核糖核苷酸修复皮肤屏障的同时抗炎、改善肌底内环境、改善血液微循环等，从皮肤的基层抑制黑色素细胞合成，抑制酪氨酸酶活性，阻断黑色痘印和红色痘印出现。

三、配方应用案例

含有泰美太®润痘消复方原液的祛痘凝胶的配方示例如表 12-2 所示。

表 12-2 祛痘凝胶的配方示例

原料名称	含量/%
A 相	
去离子水	添加至 100
汉生胶	0.2
卡波姆	0.3
甘油	3
丁二醇	5
B 相	
水	5
三乙醇胺	0.3
C 相	
泰美太®润痘消复方原液	5
抗坏血酸丙二醇透明质酸酯（VCHA）	0.5
PCA 锌	0.3
防腐剂 PE9010	0.5

四、配方制备工艺

（1）将 A 相去离子水升温至 90℃保温 30min 灭菌，再加入 A 项其他原料充分搅拌至完全溶化。

（2）温度降至 60℃时，加入 B 相混合液进行中和。

（3）温度降至 45℃时，依次加入 C 相各原料，充分搅拌 30min 即可。

第三节　抗敏、舒缓类功效复方产品
——泰美太® 润敏舒（RLTPep® Anti-sensitide）复方原液

一、产品科学架构

泰美太®润敏舒（RLTPep® Anti-sensitide）复方原液结合舒敏肽、保湿多糖和核酸生命源活性成分，全方位改善肌肤的屏障受损问题，提高肌肤的耐受性，有效减轻肌肤的红肿、发痒、刺痛等不适症状，具有舒缓和减少红疹的功效，可应用于晒后、舒缓、去红、敏感紧肤护理和敏感头皮护理产品。

二、核心原料作用机制

泰美太®润敏舒中的乙酰基二肽-1鲸蜡酯可抑制辣椒素门控离子通道蛋白1受体的激活，发挥预防和缓解皮肤过敏症状的功效，已被证实在体内具有更快更明显的舒缓作用，还可刺激胶原蛋白的合成，既有抗炎功效又能紧致皮肤，有效降低皮肤对刺激物的神经性反应，提高皮肤耐受能力。泰美太®润敏舒中的多聚脱氧核糖核苷酸通过激活腺苷A2A受体，发挥消炎、促进细胞再生、组织修复、促进伤口愈合等修复功效。泰美太®润敏舒中的乙酰化透明质酸钠，兼具亲水性和亲脂性，可以促进表皮细胞增殖，深层修复受损的表皮细胞，增强表皮角质层屏障功能，提高肌肤的自然抵御能力。

三、配方应用案例

含有泰美太®润敏舒复方原液的舒敏修护喷雾的配方示例如表12-3所示。

表 12-3　　　　　　　　　舒敏修护喷雾的配方示例

原料名称	含量/%
A 相	
去离子水	添加至 100
依克多因	0.5
B 相	
甘油	2
1,3-丁二醇	5
1,2-己二醇	0.5
对羟基苯乙酮	0.5
C 相	
泰美太®润敏舒复方原液	5
100mg/kg 棕榈酰三肽-8	3
150mg/kg 基肽 3000	5

四、配方制备工艺

（1）将 A 相去离子水升温至 90℃ 保温 30min 灭菌，再加入其他原料充分搅拌至完全溶化。

（2）温度降至 50℃ 时，将 B 相各原料提前混合制备成溶液，加入 A 相充分搅拌均匀。

（3）温度降至 45℃ 时，依次加入 C 相各原料，充分搅拌 30min 即可。

第四节　抗氧化、防晒类功效复方产品
——泰美太® 润无瑕（RLTPep® RealRadiance）复方原液

一、产品科学架构

泰美太®润无瑕（RLTPep® RealRadiance）复方原液，是通过抗氧化多肽发挥抗老化、抗黑色素合成、抗细胞损伤、缓解炎症等多种作用，预防外源性因素引起的皮肤损伤。本产品具有优良的抗氧化效果，肌肽、六肽-11 和三肽-1 均具有抗氧化作用，三者从不靶点作用，提高抗氧化能力。

二、核心原料作用机制

泰美太®润无瑕中的肌肽以侧链上的组氨酸残基作为氢的受体，清除超氧阴离子、羟自由基，抑制脂质氧化，抗羰基化、抗自由基，具有较好的抗氧化作用；肌肽能够保护细胞膜，穿膜参与细胞内的过氧化反应，保护线粒体功能、防止 DNA 受损。泰美太®润无瑕中的六肽-11 可以提高体内抗氧化基因的表达，防止氧化应激导致的细胞过早衰老，同时促进胶原蛋白生成，改善皮肤弹性。泰美太®润无瑕中的棕榈酰三肽-1 和三肽-1 能保护胶原蛋白不被活性羰基类物质破坏和交联，促进胶原蛋白生成，增加皮肤厚度，增强皮肤抵抗力。

三、配方应用案例

含有泰美太®润无瑕复方原液的晒后修复精华乳的配方示例如表 12-4 所示。

表 12-4　　　　　　　　晒后修复精华乳的配方示例

原料名称	含量/%
A 相	
水	添加至 100
聚丙烯酸钠接枝淀粉	0.2
1,3-丁二醇	5
1,2-己二醇	0.5
对羟基苯乙酮	0.5
B 相	
聚丙烯酰基二甲基牛磺酸钠、氢化聚癸烯、十三烷醇聚醚-10	1.5
角鲨烷	1
生育酚乙酸酯	0.5
C 相	
泰美太®润无瑕复方原液	4
100mg/kg 棕榈酰三肽-8 原液	2
依克多因	1
D-泛醇	0.5

四、配方制备工艺

（1）将 A 相去离子水升温至 90℃保温 30min 灭菌，再加入其他原料充分搅拌至完全溶解。

（2）将 B 相各原料充分搅拌混合均匀，然后在搅拌状态下加入 A 相中，均质 5min，搅拌 20min。

（3）温度降至 45℃，依次加入 C 相各原料，充分搅拌 15min 即可。

第五节　抑黑、美白类功效复方产品
——泰美太® 润之皙（RLTPep® RealBright）复方原液

一、产品科学架构

泰美太®润之皙（RLTPep® RealBright）复方原液可从源头抑制黑色素，通过九肽-1、六肽-2弱化黑色素母细胞的活性，减少黑色素产生量，起到均匀和提亮肤色的效果。同时，可紧致肌肤并全面修复，六肽-9、寡肽-1作用于表皮、表皮真皮连接区、真皮层，基于表观遗传学发挥全方位的抗衰修复紧致功效。产品配料协同起效，均为天然人体内源性因子，配方过敏率较低，安全无刺激。

二、核心原料作用机制

泰美太®润之皙中的九肽-1可竞争性地封闭黑色素母细胞上受体与各种因子信号的入口，通过与α-促黑素细胞激素竞争结合黑色素皮脂素受体-1，弱化黑色素母细胞的活性，减少黑色素产生量，起到均匀和提亮肤色的效果。泰美太®润之皙中六肽-2可对靶向胶原蛋白基因沉默的 miR-29 表达和靶向黑色素合成途径的 miR-218 表达发挥调控作用，增加Ⅰ和Ⅲ型胶原蛋白的表达，发挥美白、淡斑、祛红斑及改善暗沉等功效，同时可减少皱纹数量、面积、深度和长度。

三、配方应用案例

含有泰美太®润之皙复方原液的美白精华液的配方示例如表 12-5 所示。

表 12-5　　　　　　　　　　美白精华液的配方示例

原料名称	含量/%
A 相	
去离子水	添加至 100

续表

原料名称	含量/%
罗望子提取物	0.3
PDRN	0.2
B 相	
1,3-丁二醇	5
甘油	5
1,2-己二醇	0.5
对羟基苯乙酮	0.5
C 相	
抗坏血酸丙二醇透明质酸酯（VCHA）	0.5
脱羧基肽	0.1
乙酰化 HA	0.1
烟酰胺	2
泰美太®润之皙复方原液	6
500mg/kg 卤虫提取物（GP4G）原液	3

四、配方制备工艺

（1）将 A 相去离子水升温至 90℃保温 30min 灭菌，再加入其他原料充分搅拌至完全溶解。

（2）温度降至 50℃，将 B 相各原料提前混合制备成溶液，加入 A 相充分搅拌均匀。

（3）温度降至 45℃，依次加入 C 相各原料，充分搅拌 30min 即可。

第六节　乌发生发类功效复方产品
——泰美太® 润发茂（RLTPep® RealHair）复方原液

一、产品科学架构

泰美太®润发茂（RLTPep® RealHair）复方原液复配多种人体自身乌发生发过程中的仿生肽，协同起效，符合人体生物机制，摒弃传统乌发生发药品对身体的长期损害。多肽类作为内源性活性物质，是符合人体生物学调节规律的治疗手段。本产品通过激活构成头发的角蛋白基因表达，促进毛发增长，除生发作用外，还复配有加固毛囊基部的多肽，通过加快毛囊细胞周围胶原蛋白生成，加固毛发根部，重建和修复头皮细胞结构，发挥整体、系统的生发乌发效果，重现头发乌黑茂密。

二、核心原料作用机制

泰美太®润发茂中生物素三肽-1 和乙酰基四肽-3 可靶向毛囊蛋白发挥防脱固发功能。二者增强了皮肤乳头的细胞外基质中蛋白质的形成，包括刺激胶原蛋白Ⅳ和层粘连蛋白 5，直接促进毛囊的锚定，使毛发固着在毛囊中，发挥防脱效果。泰美太®润发茂中乙酰基六肽-1 通过增加黑色素细胞中酪氨酸酶的活性来刺激黑色素的合成，保护头发免受紫外辐射的影响，加强头发自身对日常紫外线的抵御能力，提供持久的自然色彩。通过刺激色素沉着、保护和修复 DNA 损伤以及减少由紫外线引发的炎症，配方中的乙酰基六肽-1 大大增强头发对紫外线和自由基破坏作用的防御能力。

三、配方应用案例

含有泰美太®润发茂复方原液的生发乌发精华液的配方示例如表 12-6 所示。

表 12-6 生发乌发精华液的配方示例

原料名称	含量/%
A 相	
去离子水	添加至 100
汉生胶	0.2
B 相	
1,3-丁二醇	5
甘油	2
丙二醇	3
C 相	
泰美太®润发茂复方原液	5
500mg/kg 卤虫提取物（GP4G）原液	3
D-泛醇	1
防腐剂 PE9010	0.5

四、配方制备工艺

（1）将 A 相去离子水升温至 90℃保温 30min 灭菌，再加入其他原料充分搅拌至完全溶解。

（2）温度降至 50℃，将 B 相各原料提前混合制备成溶液，加入 A 相充分搅拌均匀。

（3）温度降至 45℃，依次加入 C 相各原料，充分搅拌 30min 即可。

第七节　眼部护理类功效复方产品
——泰美太® 润之眸（RLTPep® Realuminatide）复方原液

一、产品科学架构

泰美太®润之眸（RLTPep® Realuminatide）复方原液复配眼周护理肽、眼周抗皱肽以及眼周修复肽，协同作用，改善眼周血液循环，抗眼周浮肿。

二、核心原料作用机制

泰美太®润之眸中的乙酰基四肽-5、二肽-2可以抑制血管紧张素转化酶，改善血管压力来促进血液循环，改善黑眼圈和祛眼袋。泰美太®润之眸中的芋螺多肽能够阻断神经和肌肉间的神经信号传递，有效改善眼周表情纹。泰美太®润之眸六肽-9作用于皮肤表层、表皮真皮连接区、真皮层，全方位发挥持久抗衰作用。

三、配方应用案例

含有泰美太®润之眸复方原液的眼周护理精华乳的配方示例如表12-7所示。

表12-7　　　　　　　　　眼周护理精华乳的配方示例

原料名称	含量/%
A 相	
去离子水	添加至 100
聚丙烯酸钠接枝淀粉	0.2
1,3-丁二醇	5
1,2-己二醇	0.5
对羟基苯乙酮	0.5
B 相	
聚丙烯酰基二甲基牛磺酸钠、氢化聚癸烯、十三烷醇聚醚-10	1.5
角鲨烷	1
生育酚乙酸酯	0.5
C 相	
泰美太®润之眸复方原液	5
500mg/kg 卤虫提取物（GP4G）原液	2
1000mg/kg 乙酰基六肽-8 原液	5
乙酰化透明质酸钠	0.1

四、配方制备工艺

（1）将 A 相去离子水升温至 90℃保温 30min 灭菌，再加入其他原料充分搅拌至完全溶解。

（2）将 B 相各原料充分搅拌混合均匀，然后在搅拌状态下加入 A 相中，均质 5min，搅拌 20min。

（3）温度降至 45℃，依次加入 C 相各原料，充分搅拌 15min 即可。

第八节　疤痕修复类功效复方产品
——泰美太® 润之修（RLTPep® RealPair）复方原液

一、产品科学架构

泰美太®润之修（RLTPep® RealPair）复方原液基于再生医学的里程碑式功效成分多聚脱氧核糖核苷酸，复配具有修复作用的多肽，协同发挥疤痕修复功效。产品针对皮肤成纤维细胞合成胶原蛋白、弹性蛋白等生物大分子，增强皮肤对抗紫外线照射的能力。

二、核心原料作用机制

泰美太®润之修中 PDRN 对皮肤成纤维细胞及纤维母细胞具有显著的促进作用，通过作用 A2A 受体及补救途径，促进细胞增殖，参与伤口愈合及组织再生。泰美太®润之修中棕榈酰三肽-5 通过模拟人体自身 TGF-β 产生胶原蛋白的机制，有效地弥补皮肤中的胶原蛋白缺失，让皮肤年轻化。泰美太®润之修中棕榈酰三肽-1 和棕榈酰四肽-7 维持真皮结缔组织完整性，进行免疫调节，降低疤痕修复中白细胞介素-6 等炎症因子的表达水平，加速皮肤伤口修复基因的表达。

三、配方应用案例

含有泰美太®润之修复方原液的密集修复精华霜的配方如表 12-8 所示。

表 12-8　　　　　密集修复精华霜配方示例

原料名称	含量/%
A 相	
丙烯酸（酯）类共聚物钠、卵磷脂	1
聚二甲基硅氧烷	2
异壬酸异壬酯	1.5
鲸蜡硬脂醇	2
辛酸/癸酸甘油三酯	3
生育酚乙酸酯	0.5
B 相	
去离子水	添加至 100
甘油	5
丙二醇	3
丙烯酸（酯）类/C10~30 烷醇丙烯酸酯交联聚合物	0.3
C 相	
去离子水	0.5
氨基丁酸	2
D 相	
泰美太®润之修复方原液	4
500mg/kg 卤虫提取物（GP4G）原液	2
172mg/kg 极致修复肽原液	3
防腐剂 PE9010	0.5

四、配方制备工艺

（1）将 A 相各原料投入油相釜边搅拌边加热至 85℃，搅拌至各原料完全溶化待用。

（2）将 B 相各原料投入水相釜边搅拌边加热至 85℃，搅拌至各原料完全溶解待用。

（3）抽真空先将 A 相吸入乳化釜，再将 B 相吸入乳化釜，均质 10min，快速搅拌 30min。

（4）温度降至 60℃，加入 C 相进行混合至均匀。

（5）温度降至 45℃，依次加入 D 相各原料，充分搅拌 20min 即可。

第十三章　化妆品新原料注册备案和功效评价

随着科技水平的快速发展和消费者需求的持续升级，开发并宣称具有特别功效或新功效的化妆品已成为企业增强市场竞争力的重要砝码。为规范化妆品生产经营活动，加强化妆品监督管理，保证化妆品质量安全，促进化妆品产业健康发展，我国对化妆品企业、市场监管措施以及注册备案资料提出了更加规范和严格的要求。自2020年6月29日《化妆品监督管理条例》发布后，《化妆品注册备案管理办法》《化妆品新原料注册备案资料管理规定》《化妆品分类规则和分类目录》《化妆品标签管理办法》《化妆品功效宣称评价规范》等若干化妆品相关的法规和规范相继出台实施。本次法规的大幅度变革，推动化妆品新原料管理进入注册备案双轨制新时代；同时对功效宣称和评价有了更加严格的要求，推进了我国化妆品功效宣称评价监管走向规范性，保证了功效宣称评价的科学性、准确性和可靠性。

第一节　化妆品新原料注册备案

《化妆品监督管理条例》提出对化妆品新原料进行分类管理，对风险程度较高的化妆品新原料实行注册管理，对其他化妆品新原料实行备案管理。自2021年5月1日条例附属文件《化妆品注册备案管理办法》落地以来，大大激发了化妆品原料生产企业及化妆品生产企业的原料研发热情，截至2024年9月中旬，已有86个原料取得化妆品新原料备案凭证。同时，新注册或备案的原料将设3年的监测期，不仅保证了新原料安全风险的持续监控，同时保护了创新企业的利益，鼓励其在研发的投入。

一、化妆品新原料的定义及管理规定

化妆品新原料是指在我国境内首次用于化妆品的天然或者人工原料。国家药品

监督管理局于 2021 年 4 月 27 日发布的《已使用化妆品原料目录（IECIC）（2021 年版）》（2021 年第 62 号），是判断原料是否属于化妆品新原料的依据；不在此目录内的原料，即被认为化妆品新原料，需要通过注册/备案，才可加入化妆品中。此外，调整已使用的化妆品原料的使用目的、安全使用量等，应当按照新原料注册、备案要求申请注册、进行备案。

化妆品新原料根据风险程度进行分类管理，具有防腐、防晒、着色、染发、祛斑美白功能的化妆品新原料，经国务院药品监督管理部门注册后方可使用；其他化妆品新原料应当在使用前向国务院药品监督管理部门备案。此外，具有多种功能的化妆品新原料，注册人、备案人在申请注册或进行备案前，应当对新原料可能具有的实际功能进行全面梳理，只要其中某一功能属于应当申报注册的情形，该新原料就应当按照《化妆品新原料注册备案资料管理规定》要求申报注册，经批准注册后方可使用；如果具有的多种功能均不属于应当申报注册的情形，无论功能种类多少，在使用前按照《化妆品新原料注册备案资料管理规定》要求向国家药品监督管理局进行备案即可。化妆品新原料注册人、备案人不得故意隐瞒新原料实际具有的功能，不得对应当申报注册的化妆品新原料仅进行备案便用于化妆品生产，此种行为一经查实，将依照《化妆品监督管理条例》第五十九条第三项的规定进行处罚。

值得注意的是，备案的真实意义是新原料备案人向药品监管部门提交资料备查。化妆品新原料备案人完成备案后，国家药监局公布新原料备案信息，仅代表该原料已完成备案资料的提交，符合形式要求，而对其资料内容的真实性、科学性、充分性可能尚未核查。公开已完成备案的化妆品新原料相关信息不代表认可该新原料的安全性与功能性，更无"成功获得批准备案"。根据《化妆品监督管理条例》《化妆品注册备案管理办法》规定，化妆品新原料完成备案后，药品监督管理部门将组织技术审评机构对新原料的备案资料开展技术核查，并对化妆品新原料的使用和安全情况进行跟踪评估，发现已备案化妆品新原料的备案资料不符合要求的，将责令限期改正。其中，与化妆品新原料安全性有关的备案资料不符合要求的，可以同时责令暂停新原料的销售、使用；发现化妆品新原料不属于备案范围，或者备案时提交虚假资料等问题的，将取消化妆品新原料的备案；化妆品新原料被责令暂停使用或者取消备案，化妆品注册人、备案人应当同时暂停或者停止生产、经营使用该新原料的化妆品。

此外，经注册、备案的化妆品新原料投入使用 3 年内，新原料注册人、备案人应当每年向国务院药品监督管理部门报告新原料的使用和安全问题。对存在安全问题的化妆品新原料，由国务院药品监督管理部门撤销注册或者取消备案。3 年期满未发生安全问题的化妆品新原料，纳入国务院监督管理部门制定的已使用的化妆品原料目录。

二、化妆品新原料注册备案流程

根据《化妆品注册备案管理办法》《化妆品注册备案资料管理规定》《化妆品新原料注册备案资料管理规定》等相关规定，化妆品新原料注册人、备案人或境内责任人应首先通过化妆品新原料注册备案信息服务平台（以下简称信息服务平台）填报化妆品新原料注册人、备案人信息、化妆品新原料注册人、备案人安全风险监测和评价体系概述等相关内容，进行用户信息登记；然后根据新原料分类，在信息服务平台进行化妆品新原料注册或备案申请，提交以下资料：①注册人、备案人和境内责任人的名称、地址、联系方式；②新原料研制报告；③新原料的制备工艺、稳定性及其质量控制标准等研究资料；④新原料安全评估资料。此外，化妆品新原料注册人、备案人或境内责任人应当根据申报注册或进行备案新原料的具体情形分类，按照化妆品新原料注册和备案资料要求整理并提交相应的注册和备案资料。国家药品监督管理局收到提交相关资料后，首先组织专家对材料进行评审，对符合条件的提交给国家药监局；国家药品监督管理局对符合条件的材料予以受理，审查资料不能满足要求的，告知申请人限期补正；国家药品监督管理局不予受理的，告知申请人原因并说明理由；对于逾期仍未整改或复查不合格的，责令其重新申请；如果在规定期限内仍未作出决定或者复议期间申请复审，国家药监局将视为撤回材料。申请人应当自收到受理之日起 15 日内向国家药品监督管理局提交补正材料。国家药监局对符合要求的材料进行核验，审核通过的，核验结果与资料一致的，审核结果为通过；审核不通过的，以信息系统中显示为准。化妆品注册备案流程图如图 13-1 所示。

三、化妆品新原料注册备案资料相关规定

（一）一般要求

化妆品新原料注册备案资料应当清楚阐述新原料的来源和研制情况、制备工艺及其质量控制情况和安全评估情况等内容，应当能够充分证明在限定的使用条件

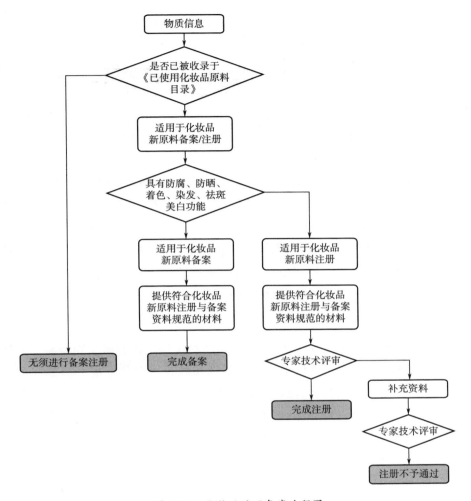

图 13-1　化妆品注册备案流程图

下，将新原料用于化妆品生产的安全性和风险可控性。化妆品新原料注册备案资料中引用科学文献或法规资料，应当与申报注册或进行备案的新原料具有相关性，其中载明的原料来源、使用目的、使用规格、适用范围等限制性条件应当适用于注册或备案的新原料。

（二）检验相关资料要求

1. 检验报告要求

（1）检验报告出具机构要求　新原料注册人、备案人应当按照检验相关要求，自行或委托相关检验检测机构对新原料开展必要的检验，并根据检验项目的需求，向承担检验工作任务的检验机构提供真实有效的检验样品。

理化和微生物检验报告及防腐、防晒、祛斑美白、防脱发之外的功能评价报告等可由化妆品新原料注册人、备案人自行或者委托具备相应检验能力的检验检测机构出具。毒理学试验报告和防腐、防晒、祛斑美白、防脱发功效评价等项目的检验报告，应当由取得化妆品领域的检验检测机构资质认定（China Inspection Body and Laboratory Mandatory Approval，CMA）或中国合格评定国家认可委员会（China National Accreditation Service for Conformity Assessment，CNAS）认可，或者符合国际通行的良好临床操作规范（Good Clinical Practice，GCP）或良好实验室操作规范（Good Laboratory Practice，GLP）等资质认定或认可的检验机构出具。

（2）检验报告书要求与体例要求　承担化妆品新原料检验工作任务的检验机构，应当参照国家药品监督管理局发布的《化妆品注册和备案检验工作规范》的相关规定要求，出具相应检验项目的检验报告。

2. 检验方法要求

（1）理化微生物和评价方法要求　化妆品新原料理化和微生物检验、人体安全性和功效评价试验项目，原则上应当参考《化妆品安全技术规范》或《中华人民共和国药典》等规定的检验方法。《化妆品安全技术规范》《中华人民共和国药典》未规定方法的项目，应当按照国家标准、国际通行方法或者使用自行开发的试验方法进行检验。使用自行开发试验方法的，应当同时提交该方法的适用性和可靠性相关资料。

（2）毒理学方法要求　新原料毒理学试验项目应当按照《化妆品安全技术规范》规定的试验方法开展。《化妆品安全技术规范》未规定方法的项目，应当按照国家标准或国际通行方法进行检验。

（3）动物替代方法要求　使用动物替代方法进行毒理学安全性评价的，应当根据原料的结构特点、特定的毒理学终点选择合适的整合测试和评估方法（IATA）评价新原料的毒性。应用的动物替代试验方法尚未收录于我国《化妆品安全技术规范》的，该项替代试验方法应当为国际权威替代方法验证机构已收录的方法，且应当同时提交该方法能准确预测该毒理学终点的证明资料。证明资料应当包括该项替代试验方法研究过程简述和不少于 10 种已知毒性受试物的研究数据、结果分析、研究结论等内容。

（三）毒理学安全性评价相关资料要求

1. 总体要求

化妆品新原料注册人、备案人应当根据申报注册或进行备案化妆品新原料的具体情形，选择适当的毒理学试验项目，进行毒理学安全性评价，并提供相应的毒理学安全性评价资料。应当结合新原料开展的毒理学试验项目，在逐项对每个毒理学试验的方法、试验过程、毒理学终点等进行总结的基础上，对新原料的毒理学安全性评价进行综述，并得出安全性评价结果。

化妆品新原料毒理学安全性评价资料可以是化妆品新原料注册人、备案人自行或委托开展的毒理学试验项目的试验报告、科学文献资料和国内外政府官方网站、国际组织网站发布的内容。

2. 毒理学试验项目要求

申请注册或进行备案的化妆品新原料，原则上应当提供以下毒理学试验项目资料，可以根据申报注册或进行备案新原料的用途、理化特性、定量构效关系、毒理学资料、临床研究、人群流行病学调查以及类似化合物的毒性等情况，增加或减免相应的毒理学试验项目。

（1）急性经口或急性经皮毒性试验。

（2）皮肤和眼刺激性/腐蚀性试验。

（3）皮肤变态反应试验。

（4）皮肤光毒性试验（原料具有紫外线吸收特性需做该项试验）。

（5）皮肤光变态反应试验（原料具有紫外线吸收特性需做该项试验）。

（6）致突变试验（至少应当包括一项基因突变试验和一项染色体畸变试验）。

（7）亚慢性经口或经皮毒性试验（如果该原料在化妆品中使用经口摄入可能性大时，应当提供亚慢性经口毒性试验）。

（8）致畸试验。

（9）慢性毒性/致癌性结合试验。

（10）吸入毒性试验（原料有可能吸入暴露时须做该项试验）。

（11）长期人体试用安全试验。

（12）根据原料的特性和用途，需提供其他项目的毒理学试验资料。

3. 情形分类和相应的资料项目要求

情形1：国内外首次使用的具有防腐、防晒、着色、染发、祛斑美白、防脱发、祛痘、抗皱（物理性抗皱除外）、去屑、除臭功能以及其他国内外首次使用的具有较高生物活性的化妆品新原料，应当提交上述第 1~12 项毒理学试验资料。

情形 2：国内外首次使用的，不具有防腐、防晒、着色、染发、祛斑美白、防脱发、祛痘、抗皱（物理性抗皱除外）、去屑、除臭功能的新原料，应当提交上述第 1~7 项毒理学试验资料。

情形 3：不具有防腐、防晒、着色、染发、祛斑美白、防脱发、祛痘、抗皱（物理性抗皱除外）、去屑、除臭功能的新原料，且能够提供充分的证据材料证明该原料在境外上市化妆品中已有三年以上安全使用历史的，应当提交上述第 1~6 项毒理学试验资料。

能够同时提供国际权威安全评价机构评价结论认为在化妆品中使用是安全的安全评估报告或符合伦理学条件下的人体安全性检验报告的，可不提供急性经口或急性经皮毒性试验资料。

情形 4：具有防腐、防晒、着色、染发、祛斑美白、防脱发、祛痘、抗皱（物理性抗皱除外）、去屑、除臭功能，且能够提供充分的证据材料证明该原料在境外上市化妆品中已有三年以上安全使用历史的新原料，应当提交上述第 1~7 项毒理学试验资料。

情形 5：具有安全食用历史的化妆品新原料（原料所使用的部位应与食用部位一致），应当提交上述第 2~5 项毒理学试验资料，并应根据原料的暴露量、使用方式等对原料进行风险评估。

情形 6：化学合成的由一种或一种以上结构单元，通过共价键连接，平均相对分子质量大于 1000，且相对分子质量小于 1000 的低聚体含量少于 10%，结构和性质稳定的聚合物（具有较高生物活性的原料除外），应当提交上述第 2 项和第 4 项毒理学试验资料。

4. 安全使用历史相关资料要求

具备以下所有条件的，可被视为在境外上市化妆品中已有三年以上安全使用历史的新原料，符合上述情形 3 和情形 4 的新原料应当同时提供相应的资料。

（1）新原料与在境外上市化妆品中使用的原料的质量规格、使用目的、适用或使用范围相同，新原料的安全使用量不高于境外上市化妆品中的使用量。

（2）含该原料的化妆品在境外上市不得少于 3 年。

（3）能够证明含该原料的化妆品在境外已有足够使用人群的相关证据材料。

（4）在境外上市的含该原料的化妆品未出现过因该原料引起的严重不良反应或者群体不良反应事件。

（5）未见该原料涉及可能对人体健康产生危害相关文献报道。

5. 安全食用历史相关资料要求

具备以下条件之一的，可被视为具有安全食用历史的新原料，符合上述情形5的新原料应当同时提供相应的资料。

（1）取得我国相关监督管理部门食品安全认证或其他相应资质的食品用原料。

（2）经国内外相关监督管理部门、技术机构或其他权威机构发布的可安全食用的原料。

第二节　我国化妆品功效宣称分类管理情况

一、化妆品功效宣称分类

2021年1月1日起实施的《化妆品监督管理条例》，将化妆品定义为：以涂擦、喷洒或者其他类似方法，施用于皮肤、毛发、指甲、口唇等人体表面，以清洁、保护、美化、修饰为目的的日用化学工业产品，分为特殊化妆品和普通化妆品两种类别。其中用于染发、烫发、祛斑美白、防晒、防脱发的化妆品以及宣称新功效的化妆品为特殊化妆品，特殊化妆品以外的统称普通化妆品。作为实现化妆品分类管理重要依托的《化妆品分类规则和分类目录》于2021年4月发布，按功效宣称、作用部位、产品剂型、使用人群，同时考虑使用方法，对化妆品进行了细化分类，包含了26个功效宣称类别，分别为：染发、烫发、祛斑美白、防晒、防脱发（调激素、促生发的产品除外）、祛痘（调激素、杀/抗/抑菌和消炎的产品除外）、滋养（通过其他功效间接达到滋养作用的产品除外）、修护（用于疤痕、烫伤、烧伤、破损等损伤部位的产品除外）、清洁、卸妆、保湿、美容修饰（人造指甲或固体装饰物类如假睫毛等产品除外）、芳香、除臭（单纯通过抑制微生物生长达到除臭目的的产品除外）、抗皱、紧致、舒缓、控油、去角质、爽身（针对病理性多汗产品除外）、护发、防断发、去屑、发色护理（为改变头发颜色的产品除外）、脱毛、辅助剃须剃毛（剃须、剃毛工具除外）。

另外，按普通化妆品备案并监管的牙膏，可宣称具有防龋、抑牙菌斑、抗牙本质敏感、减轻牙龈问题等功效。适用于《化妆品监督管理条例》管理的香皂，可宣称具有特殊化妆品功效。

二、化妆品功效宣称的标签标识规定

加强化妆品功效宣称的标签管理，是保障产品信息准确传递和风险防控的重要前提。根据化妆品的属性特点，《化妆品监督管理条例》要求化妆品广告内容应当真实，符合相关法律、行政法规、部门规章、强制性国家标准和技术规范的要求。就产品功效宣称而言，不允许宣称或标注的内容有：使用医疗术语、医学名人的姓名、描述医疗作用和效果的词语、已经批准的药品名、明示或者暗示产品具有医疗作用；使用虚假、夸大、绝对化的词语进行虚假或者引人误解地描述；利用商标、图案、字体颜色大小、色差、谐音或者暗示性的文字、字母、汉语拼音、数字、符号等方式暗示医疗作用或者进行虚假宣称；通过宣称所用原料的功能暗示产品实际不具有或者不允许宣称的功效；使用未经相关行业主管部门确认的标识、奖励等进行化妆品安全及功效相关宣称及用语；表示功效、安全性的断言或者保证等。结合《化妆品命名规定》和《化妆品命名指南》等要求，梳理了化妆品功效宣称的常见禁用语，如表 13-1 所示。涉及虚假或夸大宣传的如除痘、除纹、防皱、丰胸、丰乳、瘦身、抗疲劳等，涉及明示或暗示医疗作用的如安神、补肾、补血、止脱、生发、理气、益气等。

表 13-1　　　　　　　　　　化妆品功效宣称的常见禁用语

序号	类别	禁用语
1	虚假夸大宣传	除痘、除纹、防皱、丰胸、丰乳、更新肌肤、活肤、活氧、活颜、肌因、减肥、清脂、燃脂、溶脂、抗氧化、抗老、抗衰、排毒、皮肤提升、瘦脸、瘦身、瘦腿、速白、复活、再生、新生、更生、重生、换肤、抗疲劳
2	明示或暗示对疾病的治疗作用和效果	安神、补肾、补血、除菌、除湿、调节内分泌、抗癌、防癌、杀菌、防菌、抑菌、抗菌、消毒、脱敏、抗敏、防敏、活血、抗炎、消炎、利尿、止脱、生发、净斑、平衡荷尔蒙、祛疤、祛风、润燥、生肌、通脉、行气、理气、益气、氧脑、镇定

2021 年 6 月发布的《化妆品标签管理办法》进一步明确了化妆品标签的监督查处办法，为化妆品功效宣称标签标识的规范监管提供了法规依据。根据情形严重程度的不同，对于违反《化妆品标签管理办法》的功效宣称分别给予相应的处罚。如，生产经营的化妆品标签存在瑕疵，但不影响质量安全且不会对消费者造成误导的，由负责药品监督管理的部门责令改正；拒不改正的，处 2000 元以下罚款；对

于违反相关条例规定的，没收违法所得；违法生产经营的化妆品可没收专门用于违法生产经营的原料、包装材料、工具、设备等物品。违法生产经营的化妆品货值金额不足 1 万元的，并处 1 万元以上 3 万元以下罚款；货值金额 1 万元以上的，并处货值金额 3 倍以上 10 倍以下罚款；情节严重的，责令停产停业、由备案部门取消备案或者由原发证部门吊销化妆品许可证件，对违法单位的法定代表人或者主要负责人、直接负责的主管人员和其他直接责任人员处以其上一年度从本单位取得收入的 1 倍以上 2 倍以下罚款，5 年内禁止其从事化妆品生产经营活动。

三、化妆品功效宣称评价要求

2021 年发布的《化妆品分类规则和分类目录》（以下简称《目录》）中明确了化妆品的功效分类，并对每一个功效类别附有释义说明和宣称指引。《目录》中还规定了功效宣称、作用部位或者使用人群的分类编码中出现字母的产品，属于宣称新功效的化妆品。化妆品注册人、备案人应当根据产品的属性和功能，按照分类规则和分类目录合理的选择功效宣称的分类编码，功效宣称的分类与功效宣称评价的科学依据应当相符。《目录》中功效类别的释义说明和宣称指引是对化妆品功能类别的解释以及对功效宣称的引导，并不是产品宣传用语的"正面清单"。

《化妆品功效宣称评价规范》对应将《目录》中的 26 个功效类别分为几种情形，分别提出了不同的评价项目要求，其中可免予公布摘要或可以不通过开展评价试验证实功效的包括 13 类，如可通过感官识别的或物理作用发生效果的功效，保湿和护发两类功效可通过文献资料、研究数据或产品功效评价资料作为功效宣称的科学依据。抗皱、紧致等 7 个功效类别，需要通过开展产品的功效宣称评价试验进行评价；祛斑美白、防晒等 6 个功效类别，需要开展产品的人体功效评价试验进行评价；宣称新功效的产品，需要根据功效宣称的具体情况，进行科学合理的分析，选择合适的评价方式，具体评价要求如表 13-2 所示。

表 13-2　　　　　　　　　　化妆品功效宣称评价项目要求

功效宣称	人体功效实验	消费者测试	实验室实验	文献/研究数据
清洁、卸妆、美容修饰、芳香、爽身、染发、烫发、发色护理、脱毛、除臭、辅助剃须剃毛		可不做功效宣称评价		

续表

功效宣称	人体功效实验	消费者测试	实验室实验	文献/研究数据
祛斑美白、防晒、防脱发、祛痘、滋养、修护	√			
抗皱、紧致、舒缓、控油、去角质、防断发、去屑	*	*	*	△
保湿、护发	*	*	*	*
宣称原料功效	*	*	*	*
宣称温和（无刺激）	*	*	*	△
宣称量化指标的（时间、统计数据等）	*	*	*	△
宣称适用敏感皮肤、无泪配方	*	*		
宣称新功效	根据具体功效宣称选择合适的评价依据			

注：1. 选项栏中画√的，为必做项目；2. 画*的，为可选项目，但必须从中选择至少一项；3. 画△的，为可搭配项目，但必须配合人体功效评价试验、消费者使用测试或者实验室试验一起使用。

此外，一个产品通常有多方面的"宣称"，有些与产品使用效果及作用机理相关，如美白皮肤、隔离紫外线、清洁皮肤、补充水分等，这些"宣称"属于化妆品功效类别的具体描述，可按照功效类别对应的评价项目要求开展评价。还有一些"宣称"是与产品功能或安全性相关的宣称，如适用于敏感皮肤、温和不刺激、无泪配方、效果保持24h等，这些宣称应当有相应的科学依据来证实。因此，《化妆品功效宣称评价规范》中还对与功效相关的4类宣称提出了相应的评价要求。宣称适用于敏感皮肤的产品和宣称无泪配方的产品，可通过产品的人体功效评价试验或者消费者使用测试进行评价。宣称温和（无刺激）的产品以及宣称与产品功效相关的时间、统计数据等量化指标的产品，可以通过人体功效评价试验、消费者使用测试或实验室试验，结合文献资料或研究数据进行评价。宣称原料功效的产品，除了需要按照评价项目要求对产品开展功效宣称评价之外，还要提供与产品功效具有相关性的原料功效评价依据，原料功效的评价依据可以是文献资料、研究数据分析或者原料的功效宣称评价试验。

第三节　我国化妆品功效宣称评价标准

一、化妆品功效评价标准的选择

《化妆品功效宣称评价规范》明确了不同类别化妆品的相应功效评价原则和标准检测方法，指出能够通过视觉、嗅觉等感官直接识别的（如清洁、卸妆、美容修饰、芳香、爽身、染发、烫发、发色护理、脱毛、除臭和辅助剃须剃毛等），或通过简单物理遮盖、附着、摩擦等方式产生效果（如物理遮盖祛斑美白、物理方式去角质和物理方式去黑头等），且在标签上明确标识仅具物理作用的功效宣称，可豁免功效评价。上述之外的化妆品注册或备案均需按要求进行功效宣称评价试验，并在药监管理部门规定的专门网站公布功效宣称依据的相关资料，接受社会的监督。

在方法的选择方面，应根据化妆品类别与产品特性的不同，化妆品功效宣称评价方法在保持原则的基础上，应充分考虑方法选择的灵活性，在某种程度上打破产品特定功效评价方法的限制。但对于化妆品功效宣称评价试验的选择，需要优先选择我国化妆品强制性国家标准、技术规范规定的方法，或我国其他相关法规、国家标准、行业标准载明的方法；国家标准和法规等未作规定的，可参照国外相关法规或技术标准规定的方法，或国内外权威组织、技术机构以及行业协会技术指南发布的方法、专业学术杂志、期刊公开发表的方法或自行拟定建立的方法开展试验。

二、化妆品功效宣称评价标准

根据化妆品类别与产品特性的不同，化妆品功效宣称评价方法在保持原则的基础上，充分考虑了方法选择的灵活性，在某种程度上打破了产品特定功效评价方法的限制。但对于化妆品功效宣称评价试验的选择，需要优先选择我国化妆品强制性国家标准、技术规范规定的方法，或我国其他相关法规、国家标准、行业标准载明的方法；国家标准和法规等未作规定的，可参照国外相关法规或技术标准规定的方法，或国内外权威组织、技术机构以及行业协会技术指南发布的方法、专业学术杂志、期刊公开发表的方法或自行拟定建立的方法开展试验。

继《化妆品安全技术规范》（2015 年版）收录的防晒化妆品功效评价方法和 QB/T 4256—2011《化妆品保湿功效评价指南》两个基础参考标准之后，2021 年国家药品监督管理局第 17 号通告发布，将《化妆品祛斑美白功效测试方法》和《化妆品防脱发功效测试方法》纳入《化妆品安全技术规范》（2015 年版），进一步为产品的注册和备案提供了科学、有效的参照标准。其中《化妆品祛斑美白功效测试方法》采用了紫外线诱导人体皮肤黑化模型祛斑美白功效测试法或人体开放使用祛斑美白功效测试法；《化妆品防脱发功效测试方法》采用了 60 次梳发法和毛发密度分级评分的标准，对受试防脱化妆品进行功效评价。

除上述《化妆品安全技术规范》（2015 年版）和轻工业标准外，化妆品功效评价主要依据团体标准和检测机构自拟的方法进行，相关标准如表 13-3 所示。

表 13-3　　　　　　　　　化妆品功效评价标准一览表

序号	发布部门	标准编号	标准名称
1	国家药品监督管理局	《化妆品安全技术规范》（2015 年版）	防晒化妆品防晒指数（SPF 值）测试方法
2	国家药品监督管理局	《化妆品安全技术规范》（2015 年版）	防晒化妆品防水性能测试方法
3	国家药品监督管理局	《化妆品安全技术规范》（2015 年版）	防晒化妆品长波紫外线防护指数（PFA 值）测试方法
4	国家药品监督管理局	《化妆品安全技术规范》（2015 年版）	化妆品祛斑美白测试方法
5	国家药品监督管理局	《化妆品安全技术规范》（2015 年版）	化妆品防脱发功效测试方法
6	中国工业和信息化部	QB/T 4256—2011	《化妆品保湿功效评价指南》
7	广东省日化商会	T/GDCDC 030—2023	化妆品舒缓功效测试　体外巨噬细胞一氧化氮（NO）释放抑制测定
8	广东省日化商会	T/GDCDC 029—2023	化妆品紧致功效测试　体外成纤维细胞弹性蛋白含量测定
9	福建省日用化学品商会	T/FDCA 008—2023	化妆品温和（无刺激）功效评价-斑马鱼胚胎尾鳍切口中性粒细胞测试方法
10	广东省化妆品学会	T/GDCA 017—2023	发用产品护发功效测评方法

续表

序号	发布部门	标准编号	标准名称
11	浙江省健康产品化妆品行业协会	T/ZHCA 019—2022	化妆品去屑功效测试方法
12	广东省化妆品学会	T/GDCA 016—2022	化妆品舒缓功效的评价　斑马鱼胚胎法
13	上海日用化学品行业协会	T/SHRH 045—2022	化妆品修护、舒缓功效评估-基于紫外线　诱导皮肤红斑反应模型的测试方法
14	上海日用化学品行业协会	T/SHRH 042—2022	化妆品保湿功效消费者使用测试评价
15	江苏省保健食品化妆品安全协会	T/SHFCA 003—2022	化妆品滋养功效宣称评价测试方法
16	全国城市工业品贸易中心联合会	T/QGCML 450—2022	化妆品　修复功效的测定　斑马鱼胚法
17	全国城市工业品贸易中心联合会	T/QGCML 421—2022	化妆品　抗皱功效的测定　斑马鱼胚法
18	全国城市工业品贸易中心联合会	T/QGCML 420—2022	化妆品紧致功效的测定　斑马鱼胚法
19	山东省化妆品行业协会	T/QLMZ 4—2022	基于斑马鱼模型的化妆品温和（无刺激）功效评价方法
20	山东省化妆品行业协会	T/QLMZ 3—2022	基于斑马鱼模型的化妆品舒缓功效评价方法
21	山东省化妆品行业协会	T/QLMZ 2—2022	基于斑马鱼模型的化妆品紧致功效评价方法
22	山东省化妆品行业协会	T/QLMZ 1—2022	基于斑马鱼模型的化妆品抗皱功效评价方法
23	江苏省保健食品化妆品安全协会	T/SHFCA 001—2022	化妆品紧致功效宣称评价测试方法
24	广东省化妆品学会	T/GDCA 012—2022	发用产品留香功效测评方法

续表

序号	发布部门	标准编号	标准名称
25	北京日化协会	T/BDCA 0003—2020	中国特色植物资源化妆品功效评价指南
26	福建省日用化学品商会	T/FDCA 007—2022	化妆品舒缓功效评价 体外 NO 炎症介质含量测定 脂多糖诱导巨噬细胞 RAW264.7 测试方法
27	广东省化妆品学会	T/GDCA 010—2022	去屑产品去屑功效测试方法
28	中国产学研合作促进会	T/CAB 0152—2022	化妆品抗皱、紧致、保湿、控油、修护、滋养、舒缓七项功效测试方法
29	广州开发区黄埔化妆品产业协会	T/HPCIA 005—2022	化妆品 美白功效的测定 斑马鱼胚法
30	山东省日用化学工业协会	T/SDCIA 1011—2022	化妆品紧致功效–人体功效评价测试方法
31	山东省日用化学工业协会	T/SDCIA 1010—2022	化妆品修护功效–人体功效评价测试方法
32	广东省日化商会	T/GDCDC 024—2022	化妆品控油功效人体评价方法
33	广东省日化商会	T/GDCDC 023—2022	化妆品祛痘功效测试方法
34	广东省日化商会	T/GDCDC 022—2022	头发梳理性功效测试方法
35	广东省日化商会	T/GDCDC 021—2022	化妆品舒缓功效测试方法
36	广东省日化商会	T/GDCDC 020—2022	化妆品紧致功效测试方法
37	广东省化妆品学会	T/GDCA 009—2022	化妆品修护功效人体评价方法
38	浙江省健康产品化妆品行业协会	T/ZHCA 016—2022	化妆品舒缓功效评价 斑马鱼幼鱼中性粒细胞抑制率法
39	浙江省健康产品化妆品行业协会	T/ZHCA 015—2022	化妆品紧致功效评价 斑马鱼幼鱼弹性蛋白基因相对表达量法
40	浙江省健康产品化妆品行业协会	T/ZHCA 014—2022	化妆品抗皱功效评价 斑马鱼幼鱼尾鳍皱缩抑制率法
41	浙江省健康产品化妆品行业协会	T/ZHCA 012—2021	化妆品美白功效测试 斑马鱼胚胎黑色素抑制功效测试方法

续表

序号	发布部门	标准编号	标准名称
42	广东省化妆品学会	T/GDCA 008—2021	洁面产品的保湿和控油功效人体测试方法
43	广东省日化商会	T/GDCDC 019—2021	化妆品抗皱功效测试方法
44	上海日用化学品行业协会	T/SHRH 018—2021	化妆品改善眼角纹功效　临床评价方法
45	天津市日用化学品协会	T/TDCA 004—2021	化妆品祛痘功效测试方法
46	天津市日用化学品协会	T/TDCA 003—2021	化妆品紧致功效测试方法
47	上海日用化学品行业协会	T/SHRH 034—2021	化妆品舒缓功效测试-体外 TNF-α 炎症因子含量测定　脂多糖诱导巨噬细胞 RAW264.7 测试方法
48	上海日用化学品行业协会	T/SHRH 032—2020	化妆品紧致、抗皱功效测试-体外角质形成细胞活性氧（ROS）抑制测试方法
49	上海日用化学品行业协会	T/SHRH 031—2020	化妆品紧致、抗皱功效测试-体外成纤维　细胞 I 型胶原蛋白含量测定
50	广东省日化商会	T/GDCDC 012—2020	发用产品强韧功效评价方法
51	中国口腔清洁护理用品工业协会	T/COCIA 10—2020	口腔清洁护理用品　牙膏功效评价抗牙石效果的临床方法
52	中国口腔清洁护理用品工业协会	T/COCIA 9—2020	口腔清洁护理用品　牙膏功效评价抗口臭效果的临床方法
53	中国口腔清洁护理用品工业协会	T/COCIA 8—2020	口腔清洁护理用品　牙膏功效评价去除外源性色斑效果的临床方法
54	中国口腔清洁护理用品工业协会	T/COCIA 7—2020	口腔清洁护理用品　牙膏功效评价去除外源性色斑效果实验室评价方法
55	中国口腔清洁护理用品工业协会	T/COCIA 6—2020	功效型口腔清洁护理液

续表

序号	发布部门	标准编号	标准名称
56	中国非公立医疗机构协会	T/CNMIA 0015—2020	舒敏类功效性护肤品临床评价标准
57	中国非公立医疗机构协会	T/CNMIA 0014—2020	舒敏类功效性护肤品产品质量评价标准
58	中国非公立医疗机构协会	T/CNMIA 0013—2020	舒敏类功效性护肤品安全/功效评价标准
59	中国非公立医疗机构协会	T/CNMIA 0012—2020	祛痘类功效性护肤品临床评价标准
60	中国非公立医疗机构协会	T/CNMIA 0011—2020	祛痘类功效性护肤品产品质量　评价标准
61	中国非公立医疗机构协会	T/CNMIA 0010—2020	祛痘类功效性护肤品安全/功效评价标准
62	浙江省健康产品化妆品行业协会	T/ZHCA 006—2019	化妆品抗皱功效测试方法
63	上海日用化学品行业协会	T/SHRH 023—2019	化妆品屏障功效测试　体外重组 3D 表皮模型　测试方法
64	上海日用化学品行业协会	T/SHRH 022—2019	化妆品保湿功效评价　体外重组 3D 表皮模型　测试方法
65	上海日用化学品行业协会	T/SHRH 021—2019	化妆品美白功效测试　体外重组 3D 黑色素模型　测试方法
66	浙江省健康产品化妆品行业协会	T/ZHCA 002—2018	化妆品控油功效测试方法
67	浙江省健康产品化妆品行业协会	T/ZHCA 001—2018	化妆品美白祛斑功效测试方法

参考文献

［1］ Jin S, Li K, Zong X, et al. Hallmarks of skin aging: Update ［J］. *Aging Dis*, 2023, 14（6）: 2167-2176.

［2］ He X, Wan F, Su W, et al. Research progress on skin aging and active ingredients ［J］. *Molecules*, 2023, 28（14）: 5556.

［3］ Fitsiou E, Pulido T, Campisi J, et al. Cellular senescence and the senescence-associated secretory phenotype as drivers of skin photoaging ［J］. *Journal of Investigative Dermatology*, 2021, 141（4）: 1119-1126.

［4］ Wlaschek M, Maity P, Makrantonaki E, et al. Connective tissue and fibroblast senescence in skin aging ［J］. *Journal of Investigative Dermatology*, 2021, 141（4）: 985-992.

［5］ Shin S H, Lee Y H, Rho N K, et al. Skin aging from mechanisms to interventions: focusing on dermal aging ［J］. *Frontiers in Physiology*, 2023, 14: 1195272.

［6］ Nurzyńska-Wierdak R, Pietrasik D, Walasek-Janusz M. Essential oils in the treatment of various types of acne—A review ［J］. *Plants*, 2022, 12（1）: 90.

［7］ Ranu H, Thng S, Goh B K, et al. Periorbital hyperpigmentation in Asians: an epidemiologic study and a proposed classification ［J］. *Dermatologic surgery*, 2011, 37（9）: 1297-1303.

［8］ Sharma A, Kroumpouzos G, Kassir M, et al. Rosacea management: a comprehensive review ［J］. *Journal of cosmetic dermatology*, 2022, 21（5）: 1895-1904.

［9］ Chen J J, Zhang S. Heme-regulated eIF2α kinase in erythropoiesis and hemoglobinopathies ［J］. *Blood*, 2019, 134（20）: 1697-1707.

［10］ 孔凡真. 过多摄取蛋白质对身体无益 ［J］. 山东食品科技, 2001, 3（12）: 28-30.

［11］ 周韫珍. 蛋白质与氨基酸 ［J］. 科技进步与对策, 1999, （1）: 111-112.

［12］ Rezvani Ghomi E, Nourbakhsh N, Akbari Kenari M, et al. Collagen-based biomaterials for biomedical applications ［J］. *Journal of Biomedical Materials Research Part B: Applied Biomaterials*, 2021, 109（12）: 1986-1999.

［13］ Fields G B. Synthesis and biological applications of collagen-model triple-helical peptides ［J］. *Organic & Biomolecular Chemistry*, 2010, 8（6）: 1237-1258.

［14］ Asghar A, Henrickson R L. Chemical, biochemical, functional, and nutritional characteristics of collagen in food systems ［J］. *Advances in Food Research*, 1982, 28（1）: 231-372.

［15］ Gelse K, Pschl E, Aigner T. Collagens—structure, function, and biosynthesis ［J］. *Elsevier*, 2003, 55（12）: 1531-1546.

［16］ Sionkowska A, Skrzyński S, Śmiechowski K, et al. The review of versatile application of collagen ［J］. *Polymers for Advanced Technologies*, 2017, 28（1）: 4-9.

［17］ 顾其胜, 蒋丽霞. 胶原蛋白与临床医学 ［M］. 上海, 第二军医大学出版社, 2003.

［18］ Chowdhury S R, Mh Busra M F, Lokanathan Y, et al. Collagen type I: A versatile biomaterial ［J］. *Novel Biomaterials for Regenerative Medicine*, 2018, 1077: 389-414.

［19］ Saito M, Takenouchi Y, Kunisaki N, et al. Complete primary structure of rainbow trout type I collagen consisting of α1 (I) α2 (I) α3 (I) heterotrimers ［J］. *European Journal of Biochemistry*, 2001, 268 (10): 2817-2827.

［20］ Liu Z, Oliveira A C M, Su Y C. Purification and characterization of pepsin-solubilized collagen from skin and connective tissue of giant red sea cucumber (*Parastichopus californicus*) ［J］. *Journal of Agricultural and Food Chemistry*, 2010, 58 (2): 1270-1274.

［21］ Karsdal M A. Biochemistry of collagens, laminins and elastin: structure, function and biomarkers ［M］. London, United Kingdom: *Academic Press*, 2019.

［22］ Davison-Kotler E, Marshall W S, García-Gareta E. Sources of collagen for biomaterials in skin wound healing ［J］. *Bioengineering*, 2019, 6 (3): 56.

［23］ Fedarko N S. Osteoblast/osteoclast development and function in osteogenesis imperfecta ［J］. *Osteogenesis Imperfecta*, 2014: 45-56.

［24］ Miller E J. Isolation and characterization of a collagen from chick cartilage containing three identical alpha chains ［J］. *Biochemistry*, 1971, 10 (9): 1652.

［25］ 刘浩, 徐乐, 常亚南, 等. 构建软骨支架的天然生物材料 ［J］. 河北科技大学学报, 2015, 36 (5): 7.

［26］ Sun Y L, Luo Z P, Fertala A, et al. Stretching type II collagen with optical tweezers ［J］. *Journal of Biomechanics*, 2004, 37 (11): 1665-1669.

［27］ 蒋萍, 蔚芃, 赵明才, 陈琼, 王梓. I, II型胶原蛋白对人软骨细胞生物学特性的影响 ［J］. 中国组织工程研究, 2014, 18 (30): 4845-4850.

［28］ Annamalai R T, Mertz D R, Daley E L H, et al. Collagen Type II enhances chondrogenic differentiation in agarose-based modular microtissues ［J］. *Cytotherapy*, 2016, 18 (2): 263-277.

［29］ Winterpacht A, Hilbert M, Schwarze U, et al. Kniest and Stickler dysplasia phenotypes caused by collagen type II gene (COL2A1) defect ［J］. *Nature Genetics*, 1993, 3 (4): 323-326.

［30］ Juan L, Xiao Z, Song Y, et al. Safety and immunogenicity of a novel therapeutic DNA vaccine encoding chicken type II collagen for rheumatoid arthritis in normal rats ［J］. *Human Vaccines & Immunotherapeutics*, 2015, 11 (12): 2777-2783.

［31］ De Almagro M C. The use of collagen hydrolysates and native collagen in osteoarthritis ［J］. *American Journal of Biomedical Science & Research*, 2020, 6: 530-532.

［32］ Wu S, Letchworth G J. High efficiency transformation by electroporation of Pichia pastoris pretreated with lithium acetate and dithiothreitol ［J］. *Biotechniques*, 2004, 36 (1): 152-154.

［33］ Rajamanickam V, Metzger K, Schmid C, et al. A novel bi-directional promoter system allows tunable recombinant protein production in Pichia pastoris ［J］. *Microbial Cell Factories*, 2017, 16 (1): 1-7.

［34］ Jacobs P P, Geysens S, Vervecken W, et al. Engineering complex-type N-glycosylation in Pichia pastoris using Glyco Switch technology ［J］. *Nat Protoc*, 2009, 4 (1): 58-70.

［35］ Wang Z, Wang Y, Zhang D, et al. Enhancement of cell viability and alkaline polygalacturonate lyase production by sorbitol co-feeding with methanol in Pichia pastoris fermentation ［J］. *Bioresource Technology*, 2010, 101 (4): 1318-1323.

［36］ Yu Z, An B, Ramshaw J A M, et al. Bacterial collagen－like proteins that form triple－helical structures ［J］. *Journal of Structural Biology*, 2014, 186（3）: 451－461.

［37］ Song X, Zhu C, Fan D, et al. A novel human－like collagen hydrogel scaffold with porous structure and sponge－like properties ［J］. *Polymers*, 2017, 9（12）: 638.

［38］ Cen L, Liu W E I, Cui L E I, et al. Collagen tissue engineering: development of novel biomaterials and applications ［J］. *Pediatric Research*, 2008, 63（5）: 492－496.

［39］ Has C, South A, Uitto J. Molecular Therapeutics in Development for Epidermolysis Bullosa: Update 2020 ［J］. *Molecular Diagnosis & Therapy*, 2020, 24: 299－309.

［40］ Hynes R O, Yamada K M. Fibronectins: multifunctional modular glycoproteins ［J］. *The Journal of Cell Biology*, 1982, 95（2 Pt 1）: 369－377.

［41］ Patten J, Wang K. Fibronectin in development and wound healing ［J］. *Advanced Drug Delivery Reviews*, 2021, 170: 353－368.

［42］ Hocking DC, Kowalski K. A cryptic fragment from fibronectin's III1 module localizes to lipid rafts and stimulates cell growth and contractility ［J］. *The Journal of Cell Biology*, 2002, 158（1）: 175－184.

［43］ Gui L, Wojciechowski K, Gildner C D, et al. Identification of the heparin－binding determinants within fibronectin repeat Ⅲ1 ［J］. *Journal of Biological Chemistry*, 2006, 281（46）: 34816－34825.

［44］ Roy D C, Wilke－Mounts S J, Hocking D C. Chimeric fibronectin matrix mimetic as a functional growth－and migration－promoting adhesive substrate ［J］. *Biomaterials*, 2011, 32（8）: 2077－2087.

［45］ Hocking D C, Brennan J R, Raeman C H. A small chimeric fibronectin fragment accelerates dermal wound repair in diabetic mice ［J］. A*dvances in Wound Care*, 2016, 5（11）: 495－506.

［46］ Mooradian D L, Lucas R C, Weatherbee J A, et al. Transforming growth factor－β1 binds to immobilized fibronectin ［J］. *Journal of Cellular Biochemistry*, 1989, 41（4）: 189－200.

［47］ Wijelath E S, Murray J, Rahman S, et al. Novel vascular endothelial growth factor binding domains of fibronectin enhance vascular endothelial growth factor biological activity ［J］. *Circulation Research*, 2002, 91（1）: 25－31.

［48］ Wijelath E S, Rahman S, Namekata M, et al. Heparin－Ⅱ domain of fibronectin is a vascular endothelial growth factor－binding domain: enhancement of VEGF biological activity by asingular growth factor/matrix protein synergism ［J］. *Circulation Research*, 2006, 99（8）: 853－860.

［49］ Pankov R, Yamada K M. Fibronectin at a glance ［J］. *Journal of Cell Science*, 2002, 115（20）: 3861－3863.

［50］ 王斌, 吴学军, 张世阳, 等. 纤连蛋白（FN）国内研究开发及临床应用新进展 ［J］. 基础医学与临床, 2012, 32（8）: 964－967.

［51］ Feroz S, Muhammad N, Ratnayake J, et al. Keratin－Based materials for biomedical applications ［J］. *Bioactive materials*, 2020, 5（3）: 496－509.

［52］ Schweizer J, Bowden P E, Coulombe P A, et al. New consensus nomenclature for mammalian keratins ［J］. *The Journal of Cell Biology*, 2006, 174（2）: 169－174.

［53］ McKittrick J, Chen P Y, Bodde S G, et al. The structure, functions, and mechanical properties of keratin ［J］. *Jom*, 2012, 64: 449－468.

［54］ 王海洋，尹国强，冯光炷，等. 羽毛角蛋白/CMC 复合膜的制备及结构和性能［J］. 材料导报，2014，28（16）：67-71.

［55］ Wang B, Yang W, McKittrick J, et al. Keratin：Structure, mechanical properties, occurrence in biological organisms, and efforts at bioinspiration［J］. *Progress in Materials Science*, 2016, 76：229-318.

［56］ Park M, Kim B S, Shin H K, et al. Preparation and characterization of keratin-based biocomposite hydrogels prepared by electron beam irradiation［J］. *Materials Science and Engineering*：C, 2013, 33（8）：5051-5057.

［57］ Poole A J, Lyons R E, Church J S. Dissolving feather keratin using sodium sulfide for bio-polymer applications［J］. *Journal of Polymers and the Environment*, 2011, 19：995-1004.

［58］ Shavandi A, Silva T H, Bekhit A A, et al. Keratin：dissolution, extraction and biomedical application［J］. *Biomaterials science*, 2017, 5（9）：1699-1735.

［59］ 孙晓霞. 角蛋白复合凝胶的制备及其性能应用研究［D］. 贵阳：贵州大学，2020.

［60］ Ye W, Qin M, Qiu R, et al. Keratin-based wound dressings：From waste to wealth［J］. *International Journal of Biological Macromolecules*, 2022, 211：183-197.

［61］ Tachibana A, Furuta Y, Takeshima H, et al. Fabrication of wool keratin sponge scaffolds for long-term cell cultivation［J］. *Journal of Biotechnology*, 2002, 93（2）：165-170.

［62］ Ikkai F, Naito S. Dynamic light scattering and circular dichroism studies on heat-induced gelation of hard-keratin protein aqueous solutions［J］. *Biomacromolecules*, 2002, 3（3）：482-487.

［63］ Aboushwareb T, Eberli D, Ward C, et al. A keratin biomaterial gel hemostat derived from human hair：evaluation in a rabbit model of lethal liver injury［J］. *Journal of Biomedical Materials Research Part B*：Applied Biomaterials, 2009, 90（1）：45-54.

［64］ Ahmed R, Augustine R, Chaudhry M, et al. Nitric oxide-releasing biomaterials for promoting wound healing in impaired diabetic wounds：state of the art and recent trends［J］. *Biomed Pharmacother*, 2022, 149：112707.

［65］ Zahid A A, Augustine R, Dalvi Y B, et al. Development of nitric oxide releasing visible light crosslinked gelatin methacrylate hydrogel for rapid closure of diabetic wounds［J］. *Biomed Pharmacother*, 2021, 140：111747.

［66］ Wan X Z, Liu S, Xin X X, et al. S-nitrosated keratincomposite mats with NO release capacity for wound healing［J］. *Chem Eng J*, 2020, 400：125964.

［67］ Kang H J, Ko N, Oh S J, An S Y, Hwang Y-S, Kim S Y. Injectable Human Hair Keratin-Fibrinogen Hydrogels for Engineering 3D Microenvironments to Accelerate Oral Tissue Regeneration［J］. *International Journal of Molecular Sciences*, 2021, 22（24）：13269.

［68］ Yang G, Chen Q, Wen D, et al. A therapeutic micro-needle patch made from hair-derived keratin for promoting hair regrowth［J］. *ACS Nano*, 2019, 13（4）：4354-4360.

［69］ Irvine A D, McLean W H I, Leung D Y M. Filaggrin mutations associated with skin and allergic diseases［J］. *New England Journal of Medicine*, 2011, 365（14）：1315-1327.

［70］ Sandilands A, Terron-Kwiatkowski A, Hull P R, et al. Comprehensive analysis of the gene encoding filaggrin uncovers prevalent and rare mutations in ichthyosis vulgaris and atopic eczema［J］. *Nature genetics*, 2007, 39（5）：650-654.

［71］ Fleckman P, Dale B A, Holbrook K A. Profilaggrin, a high-molecular-weight precursor of filaggrin in human epidermis and cultured keratinocytes ［J］. *Journal of Investigative Dermatology*, 1985, 85（6）: 507-512.

［72］ Matsui T, Miyamoto K, Kubo A, et al. SASPase regulates stratum corneum hydration through profilaggrin-to-filaggrin processing ［J］. *EMBO Molecular Medicine*, 2011, 3（6）: 320-333.

［73］ O'Regan G M, Sandilands A, McLean W H I, et al. Filaggrin in atopic dermatitis ［J］. *Journal of Allergy and Clinical Immunology*, 2008, 122（4）: 689-693.

［74］ Rawlings A V, Harding C R. Moisturization and skin barrier function ［J］. *Dermatologic therapy*, 2004, 17: 43-48.

［75］ Hoste E, Kemperman P, Devos M, et al. Caspase-14 is required for filaggrin degradation to natural moisturizing factors in the skin ［J］. *Journal of investigative dermatology*, 2011, 131（11）: 2233-2241.

［76］ Kamata Y, Taniguchi A, Yamamoto M, et al. Neutral cysteine protease bleomycin hydrolase is essential for the breakdown of deiminated filaggrin into amino acids ［J］. *Journal of Biological Chemistry*, 2009, 284（19）: 12829-12836.

［77］ Hsu C Y, Henry J, Raymond A A, et al. Deimination of human filaggrin-2 promotes its proteolysis by calpain 1 ［J］. *Journal of Biological Chemistry*, 2011, 286（26）: 23222-23233.

［78］ Brown S J, McLean W H I. One remarkable molecule: filaggrin ［J］. *Journal of Investigative Dermatology*, 2012, 132（3）: 751-762.

［79］ McAleer M A, Irvine A D. The multifunctional role of filaggrin in allergic skin disease ［J］. *Journal of Allergy and Clinical Immunology*, 2013, 131（2）: 280-291.

［80］ Mithieux S M, Weiss A S. Elastin ［J］. *Advances in Protein Chemistry*, 2005, 70: 437-461.

［81］ Aziz J, Shezali H, Radzi Z, et al. Molecular mechanisms of stress-responsive changes in collagen and elastin networks in skin ［J］. *Skin Pharmacology and Physiology*, 2016, 29（4）: 190-203.

［82］ Schmelzer C E H, Hedtke T, Heinz A. Unique molecular networks: formation and role of elastin cross-links ［J］. *IUBMB life*, 2020, 72（5）: 842-854.

［83］ Annabi N, Mithieux S M, Camci-Unal G, et al. Elastomeric recombinant protein-based biomaterials ［J］. *Biochemical Engineering Journal*, 2013, 77: 110-118.

［84］ Debelle L, Alix A J P, Jacob M P, et al. Bovine elastin and κ-elastin secondary structure determination by optical spectroscopies ［J］. *Journal of Biological Chemistry*, 1995, 270（44）: 26099-26103.

［85］ Kamaruzaman N, Fauzi M B, Yusop S M. Characterization and Toxicity Evaluation of Broiler Skin Elastin for Potential Functional Biomaterial in Tissue Engineering ［J］. *Polymers*, 2022, 14（5）: 963.

［86］ Cao M, Shen Y, Wang Y, et al. Self-assembly of short elastin-like amphiphilic peptides: Effects of temperature, molecular hydrophobicity and charge distribution ［J］. *Molecules*, 2019, 24（1）: 202.

［87］ Blanes-Mira C, Clemente J, Jodas G, et al. A synthetic hexapeptide（Argireline）with antiwrinkle activity ［J］. *International journal of cosmetic science*, 2002, 24（5）: 303-310.

［88］ 郭建维, 钟星, 徐晓健. 药妆品胜肽的合成及作用机制研究进展 ［J］. 广东工业大学学报, 2013, 30（3）: 1-8.

［89］ 燕欣, 凌峰, 魏少敏. 肽在个人护理用品中的应用现状与展望 ［J］. 日用化学工业, 2022, 52

（9）：999-1004.

［90］ Wang Y，Wang M，Xiao S，et al. The anti-wrinkle efficacy of argireline，a synthetic hexapeptide，in Chinese subjects：a randomized，placebo-controlled study ［J］. *American Journal of Clinical Dermatology*，2013，14：147-153.

［91］ Campiche R，Pascucci F，Jiang L，et al. Facial expression wrinkles and their relaxation by a synthetic peptide ［J］. *International Journal of Peptide Research and Therapeutics*，2021，27：1009-1017.

［92］ Campiche R，Pascucci F，Jiang L，et al. Facial expression wrinkles and their relaxation by a synthetic peptide ［J］. *International Journal of Peptide Research and Therapeutics*，2021，27：1009-1017.

［93］ 张成国，孙国祥，杨晓，等. 谷胱甘肽抑制氧化应激反应进展 ［J］. 科技创新与应用，2021（11）：50-55.

［94］ 王婷，郑云云，查建生，等. 还原型和氧化型谷胱甘肽在化妆品领域的应用比较研究 ［J］. 中国化妆品，2021（9）：92-97.

［95］ Weschawalit S，Thongthip S，Phutrakool P，et al. Glutathione and its antiaging and antimelanogenic effects ［J］. Clinical，*Cosmetic and Investigational Dermatology*，2017，10：147-153.

［96］ 赵新玲，牛真真，公衍玲，等. 谷胱甘肽的抗过敏活性 ［J］. 青岛科技大学学报（自然科学版），2019（3）：23-28.

［97］ Decker E A，Crum A D，Calvert J T. Differences in the antioxidant mechanism of carnosine in the presence of copper and iron ［J］. *Journal of Agricultural and Food Chemistry*，1992，40（5）：756-759.

［98］ Tamaki N，Tsunemori F，Wakabayashi M，et al. Effect of histidine-free and-excess diets on anserine and carnosine contents in rat gastrocnemius muscle ［J］. *Journal of Nutritional Science and Vitaminology*，1977，23（4）：331-340.

［99］ Bellia F，Vecchio G，Cuzzocrea S，et al. Neuroprotective features of carnosine in oxidative driven diseases ［J］. *Mol Aspects Med*，2011，32（4-6）：258-66.

［100］ 黄亚东，项琪作. 基因工程技术与重组多肽的开发应用 ［M］. 武汉：华中科技大学出版社，2021.

［101］ Yun Wu，et al. Protective and Anti-Aging Effects of 5 cosmeceutical peptide mixtures on hydrogen peroxide-induced premature senescence in human skin fibroblasts ［J］. *Skin Pharmacol Physiol*，2021，34（4）：194-202.

［102］ Marczak E D，Usui H，Fujita H，et al. New antihypertensive peptides isolated from rapeseed ［J］. *Peptides*，2003，24（6）：791-798.

［103］ Marczak ED，Usui H，Fujita H，et al. New antihypertensive peptides isolated from rapeseed ［J］. *Peptides*，2003，24：791-8.

［104］ Lintner K. Cosmetic or dermopharmaceutical compositions which are used to reduce bags and circles under the eyes：U. S. Patent 7，998，493 ［P］. 2011-8-16.

［105］ Jayawickreme C K，Quillan J M，Graminski G F，et al. Discovery and structure-function analysis of alpha-melanocyte-stimulating hormone antagonists ［J］. *Journal of Biological Chemistry*，1994，269（47）：29846-29854.

［106］ Anan Abu Ubeid，et al. Short-sequence oligopeptides with inhibitory activity against mushroom and human tyrosinase [J]. *J Invest Dermatol*, 2009, 129 (9): 2242-2249.

[107] Ramírez S P, Carvajal A C, Salazar J C, et al. Open-label evaluation of a novel skin brightening system containing 0.01% decapeptide-12 in combination with 20% buffered glycolic acid for the treatment of mild to moderate facial melasma [J]. *J Drugs Dermatol*, 2013, 12 (6): e106-110.

[108] Du Z, Fan B, Dai Q, et al. Supramolecular peptide nanostructures: Self-assembly and biomedical applications [J]. *Giant*, 2022, 9: 100082.

[109] Pauling L, Corey R B, Branson H R. The structure of proteins: two hydrogen-bonded helical configurations of the polypeptide chain [J]. *Proceedings of the National Academy of Sciences*, 1951, 37 (4): 205-211.

[110] Tao K, Makam P, Aizen R, et al. Self-assembling peptide semiconductors [J]. *Science*, 2017, 358 (6365): eaam9756.

[111] Hendricks M P, Sato K, Palmer L C, et al. Supramolecular assembly of peptide amphiphiles [J]. *Accounts of Chemical Research*, 2017, 50 (10): 2440-2448.

[112] Gelain F, Luo Z, Zhang S. Self-assembling peptide EAK16 and RADA16 nanofiber scaffold hydrogel [J]. Chemical reviews, 2020, 120 (24): 13434-13460.

[113] Amit M, Yuran S, Gazit E, et al. Tailor-made functional peptide self-assembling nanostructures [J]. *Advanced Materials*, 2018, 30 (41): 1707083.

[114] Wang C, Zhang Y, Shao Y, et al. pH-responsive frame-guided assembly with hydrophobicity controllable peptide as leading hydrophobic groups [J]. *Giant*, 2020, 1: 100006.

[115] Cheng K, Ding Y, Zhao Y, et al. Sequentially responsive therapeutic peptide assembling nanoparticles for dual-targeted cancer immunotherapy [J]. *Nano letters*, 2018, 18 (5): 3250-3258.

[116] Jiang Y, Pang X, Liu R, et al. Design of an amphiphilic iRGD peptide and self-assembling nanovesicles for improving tumor accumulation and penetration and the photodynamic efficacy of the photosensitizer [J]. *Acs Applied Materials & Interfaces*, 2018, 10 (37): 31674-31685.

[117] Dhawan S, Ghosh S, Ravinder R, et al. Redox sensitive self-assembling dipeptide for sustained intracellular drug delivery [J]. *Bioconjugate Chemistry*, 2019, 30 (9): 2458-2468.

[118] Lampel A, McPhee S A, Park H A, et al. Polymeric peptide pigments with sequence-encoded properties [J]. *Science*, 2017, 356 (6342): 1064-1068.

[119] Stephanopoulos N. Peptide-oligonucleotide hybrid molecules for bioactive nanomaterials [J]. *Bioconjugate Chemistry*, 2019, 30 (7): 1915-1922.

[120] Hong F, Zhang F, Liu Y, et al. DNA origami: scaffolds for creating higher order structures [J]. *Chemical Reviews*, 2017, 117 (20): 12584-12640.

[121] Stephanopoulos N, Ortony J H, Stupp S I. Self-assembly for the synthesis of functional biomaterials [J]. *Acta Materialia*, 2013, 61 (3): 912-930.

[122] MacCulloch T, Buchberger A, Stephanopoulos N. Emerging applications of peptide-oligonucleotide conjugates: Bioactive scaffolds, self-assembling systems, and hybrid nanomaterials [J]. *Organic & Biomolecular Chemistry*, 2019, 17 (7): 1668-1616.

[123] Zhou K, Ke Y, Wang Q. Selective in situ assembly of viral protein onto DNA origami [J]. *Journal of the American Chemical Society*, 2018, 140 (26): 8074-8077.

［124］ Saccà B, Niemeyer C M. Functionalization of DNA nanostructures with proteins ［J］. *Chemical Society Reviews*, 2011, 40 （12）: 5910−5921.

［125］ Dutta P K, Zhang Y, Blanchard A T, et al. Programmable multivalent DNA−origami tension probes for reporting cellular traction forces ［J］. *Nano letters*, 2018, 18 （8）: 4803−4811.

［126］ Li C, Chen P, Shao Y, et al. A writable polypeptide − DNA hydrogel with rationally designed multi−modification sites ［J］. *Small* （Weinheim an der Bergstrasse, Germany）, 2014, 11 （9−10）: 1138−1143.

［127］ Burdick J A, Prestwich G D. Hyaluronic acid hydrogels for biomedical applications ［J］. *Advanced Materials*, 2011, 23 （12）: H41−H56.

［128］ Abla M J, Banga A K. Formulation of tocopherol nanocarriers and in vitro delivery into human skin ［J］. *International Journal of Cosmetic Science*, 2014, 36 （3）: 239−246.

［129］ Ahmad U, Ahmad Z, Khan A A, et al. Strategies in development and delivery of nanotechnology based cosmetic products ［J］. *Drug Research*, 2018, 68 （10）: 545−552.

［130］ Arndt S, Haag S F, Kleemann A, et al. Radical protection in the visible and infrared by a hyperforin−rich cream−in vivo versus ex vivo methods ［J］. *Experimental Dermatology*, 2013, 22 （5）: 354−357.

［131］ Bangale M S, Mitkare S S, Gattani S G, et al. Recent nanotechnological aspects in cosmetics and dermatological preparations ［J］. *International Journal of Pharmacy and Pharmaceutical Sciences*, 2012, 4 （2）: 88−97.

［132］ Bokov A, Chaudhuri A, Richardson A. The role of oxidative damage and stress in aging ［J］. *Mechanisms of Ageing and Development*, 2004, 125 （10−11）: 811−826.

［133］ Brandt F S, Cazzaniga A, Hann M. Cosmeceuticals: current trends and market analysis ［C］ // Seminars in cutaneous medicine and surgery. *WB Saunders*, 2011, 30 （3）: 141−143.

［134］ Carrouel F, Viennot S, Ottolenghi L, et al. Nanoparticles as anti−microbial, anti−inflammatory, and remineralizing agents in oral care cosmetics: a review of the current situation ［J］. *Nanomaterials*, 2020, 10 （1）: 140.

［135］ Darvin M E, Haag S F, Meinke M C, et al. Determination of the influence of IR radiation on the antioxidative network of the human skin ［J］. *Journal of Biophotonics*, 2011, 4 （1−2）: 21−29.

［136］ Dreher F, Maibach H. Protective effects of topical antioxidants in humans ［J］. *Current Problems in Dermatology*, 2001, 29: 157−164.

［137］ Dureja H, Kaushik D, Gupta M, et al. Cosmeceuticals: An emerging concept ［J］. *Indian Journal of Pharmacology*, 2005, 37 （3）: 155−159.

［138］ Gautam A, Singh D, Vijayaraghavan R. Dermal exposure of nanoparticles: an understanding ［J］. *Journal of Cell and Tissue Research*, 2011, 11 （1）: 2703−2708.

［139］ Kohen R. Skin antioxidants: their role in aging and in oxidative stress—new approaches for their evaluation ［J］. *Biomedicine & pharmacotherapy*, 1999, 53 （4）: 181−192.

［140］ Logothetidis, S. Nanostructured materials and their applications ［J］. *NanoScience and Technology*, 2012, 12: 220.

［141］ Maynard A D. A research strategy for addressing risk ［J］. *Nanotechnology*, *Woodrow Wilson International Center for Scholars*, 2006, 444: 267−269.

［142］ Meinke M C, Syring F, Schanzer S, et al. Radical protection by differently composed creams in the UV/VIS and IR spectral ranges [J]. *Photochem. Photobiol*, 2013, 89, 1079-1084.

[143] Mélot M, Pudney P D A, Williamson A M, et al. Studying the effectiveness of penetration enhancers to deliver retinol through the stratum cornum by in vivo confocal Raman spectroscopy [J]. *Journal of Controlled Release*, 2009, 138 (1): 32-39.

[144] Mihranyan A, Ferraz N, Strømme M. Current status and future prospects of nanotechnology in cosmetics [J]. *Progress in Materials Science*, 2012, 57 (5): 875-910.

[145] Montenegro L, Sinico C, Castangia I, et al. Idebenone-loaded solid lipid nanoparticles for drug delivery to the skin: In vitro evaluation [J]. *International Journal of Pharmaceutics*, 2012, 434 (1-2): 169-174.

[146] Mukta S. and Adam, F. Cosmeceuticals in day-to-day clinical practice [J]. *Journal of Drugs in Dermatology*, 2010, 9: 62-69.

[147] Pastrana H, Avila A, Tsai C S J. Nanomaterials in cosmetic products: The challenges with regard to current legal frameworks and consumer exposure [J]. *Nanoethics*, 2018, 12: 123-137.

[148] Raj S, Jose S, Sumod U S, et al. Nanotechnology in cosmetics: Opportunities and challenges [J]. *Journal of Pharmacy & Bioallied Sciences*, 2012, 4 (3): 186-193.

[149] Revia R A, Wagner B A, Zhang M. A portable electrospinner for nanofiber synthesis and its application for cosmetic treatment of alopecia [J]. *Nanomaterials*, 2019, 9 (9): 1317.

[150] Rigano L, Lionetti N. Nanobiomaterials in galenic formulations and cosmetics [M] //Nanobiomaterials in galenic formulations and cosmetics. *William Andrew Publishing*, 2016: 121-148.

[151] Santos A C, Panchal A, Rahman N, et al. Evolution of hair treatment and care: prospects of nanotube-based formulations [J]. *Nanomaterials*, 2019, 9 (6): 903.

[152] Saha R. Cosmeceuticals and herbal drugs: practical uses [J]. *International Journal of Pharmaceutical Sciences and Research*, 2012, 3 (1): 59-65.

[153] Srinivas K. The current role of nanomaterials in cosmetics [J]. *Journal of Chemical and Pharmaceutical Research*, 2016, 8 (5): 906-914.

[154] Yoshihisa Y, Honda A, Zhao Q L, et al. Protective effects of platinum nanoparticles against UV-light-induced epidermal inflammation [J]. *Experimental dermatology*, 2010, 19 (11): 1000-1006.

[155] Zastrow L, Groth N, Klein F, et al. The missing link-light-induced (280-1, 600 nm) free radical formation in human skin [J]. *Skin pharmacology and physiology*, 2009, 22 (1): 31-44.

[156] Mozafari M R. Liposomes: an overview of manufacturing techniques [J]. *Cellular and molecular biology letters*, 2005, 10 (4): 711-719.

[157] Mozafari M R. Method for the preparation of micro-and nano-sized carrier systems for the encapsulation of bioactive substances: U.S. *Patent Application 12/790, 991* [P]. 2010-9-23.

[158] Shilakari G, Singh D, Asthana A. Novel vesicular carriers for topical drug delivery and their application's [J]. *International Journal of Pharmaceutical Sciences Review and Research*, 2013, 21 (1): 77-86.

[159] Bangham A D. Liposomes: realizing their promise [J]. *Hospital Practice*, 1992, 27 (12): 51-62.

[160] Bhadoriya S S, Mangal A, Madoriya N, et al. Bioavailability and bioactivity enhancement of herbal drugs by "Nanotechnology": a review [J]. *Journal of Current Pharmaceutical Research*,

2011, 8（1）：1-7.

［161］ Liposome Dermatics：Griesbach Conference ［M］. *Springer Science & Business Media*, 2012.

［162］ Pal T K, Mondal O. Prospect of nanotechnology in cosmetics：Benefit and risk assess-ment ［J］. *World Journal of Pharmaceutical Research*, 2014, 3（2）：1909-1919.

［163］ Ganesan P, Choi D K. Current application of phytocompound-based nanocosmeceuticals for beauty and skin therapy ［J］. *International Journal of Nanomedicine*, 2016：1987-2007.

［164］ Karimi N, Ghanbarzadeh B, Hamishehkar H, et al. Phytosome and liposome：the beneficial encapsulation systems in drug delivery and food application ［J］. *Applied Food Biotechnology*, 2015, 2（3）：17-26.

［165］ Kopke D, Müller R H, Pyo S M. Phenylethyl resorcinol smartLipids for skin brightening-Increased loading & chemical stability ［J］. *European Journal of Pharmaceutical Sciences*, 2019, 137：104992.

［166］ Srinivas K. The current role of nanomaterials in cosmetics ［J］. *Journal of Chemical and Pharmaceutical Research*, 2016, 8（5）：906-914.

［167］ Laouini A, Jaafar-Maalej C, Limayem-Blouza I, et al. Preparation, characterization and applications of liposomes：state of the art ［J］. *Journal of colloid Science and Biotechnology*, 2012, 1（2）：147-168.

［168］ De Leeuw J, De Vijlder H C, Bjerring P, et al. Liposomes in dermatology today ［J］. *Journal of the European Academy of Dermatology and Venereology*, 2009, 23（5）：505-516.

［169］ Nanocarrier technologies：frontiers of nanotherapy ［M］. *Dordrecht：Springer*, 2006, 225.

［170］ Mozafari M R. Nanomaterials and nanosystems for biomedical applications ［M］. *Springer*, 2007.

［171］ Reza Mozafari M, Johnson C, Hatziantoniou S, et al. Nanoliposomes and their applications in food nanotechnology ［J］. *Journal of Liposome Research*, 2008, 18（4）：309-327.

［172］ Nastruzzi C, Esposito E, Menegatti E, et al. Use ano stability of liposomes in dermatological preparations ［J］. *Journal of Applied Cosmetology*, 1993, 11：77-91.

［173］ Nohynek G J, Dufour E K, Roberts M S. Nanotechnology, cosmetics and the skin：is there a healthrisk? ［J］. *Skin Pharmacology and Physiology*, 2008, 21（3）：136-149.

［174］ Patravale V B, Mandawgade S D. Novel cosmetic delivery systems：an application update ［J］. *International Journal of Cosmetic Science*, 2008, 30（1）：19-33.

［175］ Reva T, Vaseem A, Satyaprakash S, et al. Liposomes：the novel approach in cosmaceuticals ［J］. *World Journal of Pharmacy and Pharmaceutical Sciences*, 2015, 4（6）：1616-1640.

［176］ Sharma A, Sharma U S. Liposomes in drug delivery：progress and limitations ［J］. *International Journal of Pharmaceutics*, 1997, 154（2）：123-140.

［177］ Singh A, Malviya R, Sharma P K. Novasome-a breakthrough in pharmaceutical technology a review article ［J］. *Advance in Biological Research*, 2011, 5（4）：184-189.

［178］ 张伟, 孟丽萱, 张华, 等. 化妆品功效宣称评价的法规动态与监管建议 ［J］. 香精香料化妆品, 2022（6）：108-112.

［179］ 罗飞亚, 苏哲, 黄湘鹭, 等. 国内外化妆品功效宣称管理要求 ［J］. 环境卫生学杂志, 2022, 12（2）：75-79.